软件测试分析与实践

高炽扬　主编

電子工業出版社
Publishing House of Electronics Industry
北京•BEIJING

内 容 简 介

本书从实际出发，通过典型案例系统地介绍了软件测试的流程和相应的测试技术。其中，第 1、2 章的主要内容是软件测试的起源及发展、现状及前景，以及软件测试的定义、分类、标准等；第 3 章、第 4 章的主要内容是软件测试的重点与难点分析、常见测试类型、测试策略与方法、常见软件问题等；第 5 章主要讲述的是软件测试 5 个典型阶段的工作要点；第 6 章的主要内容是测试过程管理的配置管理、质量监督和成果评审；第 7 章的主要内容是测试项目实践。

本书内容丰富，论述深入浅出，有较强的实用性和可操作性，可供软件测试、软件工程等专业的大学生、研究生及工程技术人员学习和参考。

图书在版编目（CIP）数据

软件测试分析与实践 / 高炽扬主编. —北京：电子工业出版社，2022.8

ISBN 978-7-121-44034-2

Ⅰ. ①软… Ⅱ. ①高… Ⅲ. ①软件－测试－分析 Ⅳ. ①TP311.55

中国版本图书馆 CIP 数据核字（2022）第 133451 号

责任编辑：陈韦凯　　　　特约编辑：田学清
印　　刷：北京天宇星印刷厂
装　　订：北京天宇星印刷厂
出版发行：电子工业出版社
　　　　　北京市海淀区万寿路 173 信箱　　邮编：100036
开　　本：720×1000　1/16　印张：20.25　字数：453.6 千字
版　　次：2022 年 8 月第 1 版
印　　次：2022 年 8 月第 1 次印刷
定　　价：98.00 元

凡所购买电子工业出版社图书有缺损问题，请向购买书店调换。若书店售缺，请与本社发行部联系，联系及邮购电话：（010）88254888，88258888。

质量投诉请发邮件至 zlts@phei.com.cn，盗版侵权举报请发邮件至 dbqq@phei.com.cn。

本书咨询联系方式：liujt@phei.com.cn，（010）88254504。

《软件测试分析与实践》
编委会

主编： 高炽扬

编委：（按姓氏笔画排序）

王秀娟　王　健　李亚伟

邵红李　罗文兵　徐海波

陶新昕

前言

随着我国信息化的不断深入和发展，作为信息产业核心的软件产业取得了飞速发展，软件产品的规模不断增大，软件结构日趋复杂，社会生产和生活对软件的依赖程度越来越高，软件产品的质量也越来越重要。软件测试作为提高软件质量的关键手段之一，其重要性不断凸显，国内外对测试技术和管理进行了大量的理论研究与实践，持续发展软件测试的定义，逐步完善软件测试的模型、方法、工具和流程等，不断制定相关的标准和规范，用于指导软件测试从业组织和人员的工作。

编者作为从业者之一，结合自身20余年的工作经验，针对信息系统中的嵌入式软件和非嵌入式软件，围绕软件测试的重点与难点、常见测试类型及要求、测试策略与方法等内容进行了总结归纳，并依据典型软件测试流程，对测试过程管理的实际应用进行阐述，目的是帮助软件测试从业人员深入了解软件测试的过程，精准掌握软件测试的基本技能。

全书共7章。

第1章软件测试概述，对软件测试的起源及发展、现状及前景进行了简单的介绍，并提出了软件测试工程师应具备的素质。

第2章软件测试基础，从不同角度对软件测试的多种定义进行了分析，并列出了软件测试的原则、目标、分类和标准。

第 3 章非嵌入式软件测试分析，对非嵌入式软件的定义、开发过程运行和开发平台、特点进行了介绍，还重点讨论了非嵌入式软件的主要测试内容、测试环境与工具，包括重点与难点分析、常见测试类型、测试策略与方法等，最后总结了非嵌入式软件测试的常见问题。

第 4 章嵌入式软件测试分析，对嵌入式软件的基本定义、开发过程、运行和开发平台、特点进行了介绍，还重点讨论了嵌入式软件的主要测试内容、测试环境与工具，包括重点与难点分析、常见测试类型、测试策略与方法等，最后总结了嵌入式软件测试的常见问题。

第 5 章测试设计与实现，对软件测试 5 个典型阶段的主要工作进行了论述，包括测试需求分析、测试策划、测试设计和实现、测试执行、测试总结。

第 6 章测试过程管理，从配置管理、质量监督和成果评审方面对测试过程管理进行了阐述。

第 7 章测试项目实践，结合编者多年的工作经验，依据典型测试流程，以一个实际软件为例进行了具体分析，并给出了相应的示例。

由于时间仓促和编者的能力有限，书中难免存在不妥之处，恳请读者提出宝贵意见，帮助本书不断改进和完善。

编者

2022 年 3 月

第1章

软件测试概述

1.1 软件测试的起源及发展

软件测试作为软件研发过程中旨在发现软件缺陷的一种活动，伴随着软件研发的出现而出现，只不过在早期的软件研发活动中，软件产品的总体规模都比较小，软件结构也都比较简单，软件研发过程相对比较随意，没有严格的研发过程管理手段和要求，所以软件测试的含义就比较狭窄，基本等同于软件调试，大部分情况下也是由软件研发人员自己完成的，目的是发现并纠正软件中存在的各种故障。

在早期的软件研发过程中，没有对软件测试的专门投入，也没有独立的软件测试人员，软件测试通常介入得也比较晚，常常是在软件编码完成之后进行简单的验证而已。直到 1957 年，软件测试才逐渐与软件调试区别开来，作为一种独立的活动以发现软件缺陷。但是，软件测试工作由于未受到足够的重视，通常被视为软件生命周期中的最后一项活动，加之当时软件测试技术不够先进，缺乏有效的测试方法，主要依靠错误推测法寻找软件中的缺陷，因此大量软件交付后，仍存在很多问题，软件产品的质量无法保证。

到了 20 世纪 70 年代，这个阶段开发的软件仍然不复杂，但人们已经开始思考软件开发流程的问题了，尽管当时对软件测试的重视程度依然不够，对其真正含义也缺乏共识，但软件测试这一词条已经频繁出现，一些软件测试的探索者建议在软件生命周期的开始阶段就根据软件需求制定测试计划，这时也涌现出一批软件测试的宗师，如 Bill Hetzel 博士就是其中的领导者。1972 年，Bill Hetzel 博士在美国的北卡罗来纳大学组织了历史上第一次正式的关于软件测试的会议。1973 年，Bill Hetzel 博士首先给出了软件测试的定义：建立一种信心，认为程序能够按预期的设想运行（Establish confidence that a program does what it is supposed to do）。1983 年，他又将软件测试的定义修订为：评价一个程序和系统的特性或能力，并确定它是否能达到预期的结果，软件测试就是以此为目的的任何行为（Any activities aimed at evaluating an attribute or capability of a program or system）。在他的定义中，“设想”和“预期的结果”其实就是我们现在所说的用户需求或功能设计。另外，他还把软件的质量定义为“符合要求”。他的核心观点就是软件测试是试图验证软件是能够正常工作的。

后来，Glenford J. Myers 针对软件测试的定义提出了新的观点，他认为软件测试不应该着眼于验证软件是能够正常工作的，相反，应该首先认定软件是有错误的，然后用逆向思维发现尽可能多的错误。他还从人的心理学的角度进行了论证，如果将“验证软件是能够正常工作的”作为测试目的，那么会非常不利于测试人员发现软件的错误。于是他于 1979 年提出了软件测试的定义：测试是为发现错误而执行的一个程序或系统的过程（The process of executing a program or system with the intent of finding errors）。这个定义得到了业界的广泛认可，经常被引用。Myers 提出的“软件测试的目的是证伪”这一概念推翻了过去“为表明软件正确而进行测试”的错误认识，为软件测试的发展指明了方向，软件测试的理论、方法在之后得到了长足的发展。

到了 20 世纪 80 年代初期，软件和 IT 行业进入了发展时期，软件产品的规模不断增大，软件结构日趋复杂，软件产品的质量越来越重要。相应地，有关软件测试的基础理论和实用技术开始逐步形成，人们也开始为软件研发过程设计各种流程和管理方法，软件研发过程也逐渐由混乱无序向规范化方向发展，软件工程思想得以提出。软件测试作为软件工程全生命周期的独立活动，地位和作用逐渐得到提升。软件测试的定义也开始有了行业标准（IEEE/ANSI），1983 年，IEEE 提出的《IEEE 软件工程标准术语》中给软件测试下了定义：使用人工或自动的手段来运行或测定某个软件系统的过程，目的在于检验它是否满足规定的需求或弄清预期结果与实际结果之间的差别。这个定义明确指出软件测试的目的是检验软件系统是否满足规定的需求。它再也不是一次性的、只是开发后期的活动，而是与整个开发流程融合成一体。软件测试已成为一个专业，需要运用专门的方法和手段，需要专门的人才和专家来承担。

之后，有关软件测试的理论、方法和模型得到快速发展，专门针对软件测试的相关国际标准开始逐步实施，包括 ISO/IEC 9126:1991《软件产品评估 质量特性及其使用指南纲要》、ISO/IEC 12119:1994《信息技术 软件包 质量要求和测试》、ISO/IEC 14598:1999《软件工程 产品评价》等，都极大地推动了软件测试的发展。

在我国，软件测试相比于发达国家而言，受重视程度一直较低，直到 2000 年“千年虫问题”的出现，我国开始逐渐重视软件测试工作。同时，随着我国信息化建设的不断发展，软件产业作为信息产业的核心，也被国家列入重点发展计划。为此，国务院先后颁布了《国务院关于印发鼓励软件产业和集成电路产业发展若干政策的通知》（国发〔2000〕18 号）（简称 18 号文件）、《振兴软件产业行动纲要（2002 年至 2005 年）》（简称 47 号文件）等文件，推动了软件产业政策环境的不断改善，软件产业进入快速发展期。

然而，由于软件质量跟不上软件产业发展的步伐，各种软件应用问题日益突出，软件测试作为提升软件质量的重要手段，逐渐得到相关管理部门的重视和推广。

为加强行业软件质量的管理，我国部分行业信息化管理部门陆续出台了一些行业性的软件检测管理规范。例如，卫生部早在 2002 年就成立了卫生部信息化工作领导小组，编制发布了《医院信息系统基本功能规范》，以此为基础，卫生部组织了多次商品化医院信息系统选型测试工作，推荐优秀的软件产品，供各级医院在进行信息化建设时参考。2002 年，教育部为促进教育系统应用管理软件的规范化管理，实现教育系统软件数据库结构、数据元格式的一致性，保证各级部门数据纵向、横向交换的顺利进行，负责组织编制并发布了《教育管理信息化标准》，并委托第三方专业软件机构按此标准对全国所有学校的教育信息管理软件进行标准符合性测试。2006 年，国家食品药品监督管理局组织编制了《互联网药品交易服务系统软件测评大纲》系列标准，规定只有通过认定的第三方软件机构的软件检测并取得相应的检测报告后，企业才可以通过互联网进行药品交易，旨在加强药品监督管理，规范互联网药品交易服务。2011 年，中国人民银行发布《非金融机构支付服务业务系统检测认证管理规定》，明确要求非金融机构在申请支付许可证时，必须进行业务系统技术标准符合性和安全性检测认证等。

与此同时，国际上对软件研发企业的过程质量管理也在逐步加强，在ISO9000、能力成熟度模型集成（CMMI）等系列质量管理体系认证中逐步细化了对软件研发过程和方法的要求，突出了软件研发企业产品质量测试要求，凸显了软件测试对保障软件质量的重要性。

2005年，在ISO/IEC 9126和ISO/IEC 14598的基础上，演变出了SQuaRE系列国际标准，包括ISO/IEC 2500n 质量管理分部（ISO/IEC 25000《SQuaRE指南》、ISO/IEC 25001《规划和管理》），ISO/IEC 2501n 质量模型分部（ISO/IEC 25010《系统和软件质量模型》、ISO/IEC 25012《数据质量模型》），ISO/IEC 2502n 质量测量分部（ISO/IEC 25020《测量参考模型和指南》、ISO/IEC 25021《质量度量元素》、ISO/IEC 25022《使用质量测量》、ISO/IEC 25023《系统和软件产品质量测量》、ISO/IEC 25024《数据质量测量》），ISO/IEC 2503n 质量要求分部（ISO/IEC 25030《质量要求》），ISO/IEC 2504n 质量评价分部（ISO/IEC 25040《评价过程》、ISO/IEC 25041《开发方、需方和独立评估方的评估指南》、ISO/IEC 25042《评估模块》、ISO/IEC 25045《易恢复性评估模块》）和ISO/IEC 25050～25099 扩展的标准和技术报告，并在后续根据技术的发展进行了持续更新。

2013年在BS 7925和IEEE 1008的基础上，演变出ISO/IEC/IEEE 29119系列标准，包括ISO/IEC/IEEE 29119-1:2022《系统与软件工程 软件测试 第1部分：概念和定义》、ISO/IEC/IEEE 29119-2:2021《系统与软件工程 软件测试 第2部分：测试过程》、ISO/IEC/IEEE 29119-3:2021《系统与软件工程 软件测试 第3部分：测试文档》、ISO/IEC/IEEE 29119-4:2021《系统与软件工程 软件测试 第4部分：测试技术》，2016年又补充了ISO/IEC/IEEE 29119-5:2016《系统与软件工程 软件测试 第5部分：关键字驱动测试》，并在后续扩展了ISO/IEC TR 29119-6:2021《系统与软件工程 软件测试 第6部分：在敏捷项目中使用 ISO/IEC/IEEE 29119（所有部分）的指南》、ISO/IEC DTR 29119-8《系统与软件工程 软件测试 第8部分：基于模型的测试》（发展中）、ISO/IEC TR 29119-11:2020《系统与软件工程 软件测试 第11部分：基于人工智能的系统测试指南》、ISO/IEC DTR 29119-13《系统与软件工程 软件测试 第13部分：ISO/IEC/IEEE 29119 在生物识别系统测试中的使用指南》（发展中）。

我国也根据国际标准的发展逐步制定了对应的国家标准，包括基于 ISO 25000 系列的标准：

GB/T 25000.1—2021《系统与软件工程 系统与软件质量要求和评价（SQuaRE） 第 1 部分：SQuaRE 指南》；

GB/T 25000.2—2018《系统与软件工程 系统与软件质量要求和评价（SQuaRE） 第 2 部分：计划与管理》；

GB/T 25000.10—2016《系统与软件工程 系统与软件质量要求和评价（SQuaRE） 第 10 部分：系统与软件质量模型》；

GB/T 25000.12—2017《系统与软件工程 系统与软件质量要求和评价（SQuaRE） 第 12 部分：数据质量模型》；

GB/T 25000.20—2021《系统与软件工程 系统与软件质量要求和评价（SQuaRE） 第 20 部分：质量测量框架》；

GB/T 25000.21—2019《系统与软件工程 系统与软件质量要求和评价（SQuaRE） 第 21 部分：质量测度元素》；

GB/T 25000.22—2019《系统与软件工程 系统与软件质量要求和评价（SQuaRE） 第 22 部分：使用质量测量》；

GB/T 25000.23—2019《系统与软件工程 系统与软件质量要求和评价（SQuaRE） 第 23 部分：系统与软件产品质量测量》；

GB/T 25000.24—2017《系统与软件工程 系统与软件质量要求和评价（SQuaRE） 第 24 部分：数据质量测量》；

GB/T 25000.30—2021《系统与软件工程 系统与软件质量要求和评价（SQuaRE） 第 30 部分：质量需求框架》；

GB/T 25000.40—2018《系统与软件工程 系统与软件质量要求和评价（SQuaRE）第 40 部分：评价过程》；

GB/T 25000.41—2018《系统与软件工程 系统与软件质量要求和评价（SQuaRE） 第 41 部分：开发方、需方和独立评价方评价指南》；

GB/T 25000.45—2018《系统与软件工程 系统与软件质量要求和评价（SQuaRE） 第 45 部分：易恢复性的评价模块》；

GB/T 25000.51—2016《系统与软件工程 系统与软件质量要求和评价（SQuaRE） 第51部分：就绪可用软件产品（RUSP）的质量要求和测试细则》；

GB/T 25000.62—2014《软件工程 软件产品质量要求与评价（SQuaRE） 易用性测试报告行业通用格式（CIF）》。

还包括基于ISO/IEC/IEEE 29119的标准：

GB/T 38634.1—2020《系统与软件工程 软件测试 第1部分：概念和定义》；

GB/T 38634.2—2020《系统与软件工程 软件测试 第2部分：测试过程》；

GB/T 38634.3—2020《系统与软件工程 软件测试 第3部分：测试文档》；

GB/T 38634.4—2020《系统与软件工程 软件测试 第4部分：测试技术》。

可以说，目前，国内外各种政策和环境的变化对推动软件测试的发展起到了积极的促进作用，软件测试在国内外都受到了高度的重视，软件测试正面临着前所未有的发展机遇。

1.2 软件测试的现状及前景

1. 软件测试日益受到业界的关注和重视

目前，随着我国信息化的不断深入和发展，作为信息产业核心的软件产业取得飞速发展，软件或包含软件产品的应用逐渐渗透到人们的日常生活和出行的方方面面，并进而上升到国家安全方面，与国家战略安全也息息相关。因此，软件产品和信息系统的质量也越来越为人们所关注，相应地，软件测试作为保障软件产品和信息系统质量的重要手段，也日益受到人们的重视。

如前所述，自2000年以后，我国与信息化相关的各行业主管部门为提升本行业软件产品的质量，促进行业软件的规范和有序化发展，积极、广泛地推进了软件测试工作，先后颁布了一系列与软件测试相关的行业性规范和要求。在此引导下，我国各软件研发企业也逐渐加强了企业内部软件测试团队建设，参考国际、国内相关标准，如CMMI、GJB 5000A—2008《军用软件研制能力成熟度模型》等质量管理体系要求，加强软件研发过程的软件验证和确认测试工作，有效提升了软件测试在软件研发中的地位。

与此同时，第三方软件测试在我国也取得了长足的发展，无论在民用软件检测领域，还是在军用软件检测领域，第三方软件测试机构的数量都在急剧增加，测试人员队伍和测试能力都有了较大提升。为规范我国第三方测试机构的发展，中国合格评定国家认可委员会及有关行业主管机关顺应时代潮流，紧跟国际标准的发展，不断跟进第三方测试实验室的建设、发展要求，及时颁布和更新关于第三方测试实验室的基本要求与测试执行要求，包括 GB/T 27025—2019《检测和校准实验室能力的通用要求》、GJB 2725A—2001《测试实验室和校准实验室通用要求》、《军用软件测评实验室测评过程和技术能力要求》等。

可以说，当前软件测试在我国已经进入一个高速发展时期，从软件企业、用户单位到相关管理机构，均认识到软件测试的重要性，加强了对软件测试的管理。

2. 软件测试的流程和方法逐步规范

早期的软件测试被很多人等同于调试，基本上都是开发人员自己测试自己的程序。随着软件工程的不断发展，软件测试作为一个独立的专业过程被提取出来，同时，关于软件测试的模型和方法研究逐渐完善，软件测试的流程和方法逐步规范。

目前，在软件研发、系统集成企业内部的质量管理体系中，软件测试也基本是作为一个单独的质量保障环节存在的，有独立的流程和要求。在 CMMI、GJB 5000B—2021《军用软件能力成熟度模型》等国际和国家标准中，也把软件验证、软件确认作为单独的关键过程域进行阐述和要求，以此为基准，各软件研发企业逐步建立了企业内部的测试流程和规范。

对于第三方软件测试机构，国家也通过一些标准和规范的引导明确了开展软件测试的一般要求，包括软件测试流程和质量评估方法等。例如，在民用软件测试领域，各软件测试实验室基本会参考 GB/T 27025—2019《检测和校准实验室能力的通用要求》、GB/T 25000.51—2016《系统与软件工程 系统与软件质量要求和评价（SQuaRE） 第 51 部分：就绪可用软件产品（RUSP）的质量要求和测试细则》等标准建立自己的测试管理体系和流程。在军用软件测试领域，原中国人民解放军总装备部颁布了 GJB 2725A—2001《测试实验室和校准实验室通用要求》，作为软件测试实验室建设的基本依据，同时，《军用软件测评实验室测评过程和技术能力要求》更是将软件测试明确划分为 5 个阶段，即测试需求分析阶段、测试策划阶段、测试设计和实现阶段、测试执行阶段、测试总结阶段。

同时，在很多行业，各主管机关也进一步明确了行业软件测试的流程和方法，甚至包括测试的轮次要求等。应该说，目前关于软件测试的整体流程和方法已经日趋规范，制约软件测试质量的关键在于严格实施，以及强化测试过程监督，确保测试按要求执行。

3. 软件测试内容和范围日趋深化

软件测试在国外的发展时间比较长，国外的软件研发企业也一直比较重视软件测试对软件质量的提升作用。而我国由于各种原因的限制，软件测试在过去并不为人们所认可和接受。近几年，随着软件质量愈发受到重视，人们开始加大对软件测试的投入和关注，软件测试的内容和范围日趋深化。

在测试内容方面，之前我国大部分软件研发企业更偏重于软件黑盒测试，即以软件功能测试为主。之后，随着软件应用范围越来越广，使用软件的用户越来越多，多用户、高并发条件下的软件性能问题日趋突出，针对软件的性能测试终于被提上日程并迅速推广。目前，软件应用范围更加广泛，软件在关键领域的应用越来越多，软件产品存储的各类信息越来越复杂，信息被窃取、软件被攻击的可能性逐渐增加，人们对软件的安全性要求越来越高，因此，软件安全性测试已经成为软件测试的重点内容。

而随着武器装备的信息化，软件成为武器装备的重要组成部分，随着以信息技术为核心的高新技术的迅猛发展，军用软件在装备建设中的地位日益重要，武器装备体系中软件的含量与水平已经成为信息化程度的主要标志。因此，为了最大限度地保证武器装备的质量，必须对武器装备软件的质量进行深度分析和测试，确保测试的充分性。这就必然会引入代码测试，对军用软件的逻辑实现进行更加全面的检测和评估。代码测试因此也成为军用软件测试必不可少的一项测试内容。

另外，随着各种新兴技术的不断发展和应用，基于云计算、物联网、移动终端、大数据、人工智能的软件产品越来越多，针对这些新技术和新应用的软件测试内容也在逐步研究之中，进一步推动着软件测试内容和范围的不断深化。

4. 对软件测试工程师的能力和水平要求逐步提高

随着软件测试内容和范围的不断拓展，对软件测试工程师的能力和水平要求也在逐步提高。首先，软件测试工程师面临着从黑盒测试技术向白盒测试技术的转变，要求软件测试工程师应具有更好的软件编程能力，或者很好的编程基础，可以更快读懂被测软件代码，更熟练地编写测试脚本。

另外，随着安全性测试的不断推进，也要求软件测试工程师必须掌握针对软件安全性的专门测试工具，必要时，应具备一些安全攻击实施能力，可以最大限度地评估被测软件的安全防护能力等。

同时，随着云计算、物联网、移动终端、FPGA、大数据、人工智能等新兴技术的发展，针对这些领域的测试已经越来越成为软件测试工程师面临的挑战。特别是随着集成电路的不断发展，基于FPGA的应用越来越多，FPGA在系统中担负的责任越来越重要，其研发质量对整个系统质量的影响越来越大，越来越不可忽视。基于此，在继续深入开展嵌入式软件、非嵌入式软件测试的基础上，相关企业和部门纷纷提高了对FPGA产品的测试要求。以上这些因素使得软件测试工程师必须实现更全面的技术和更专业的服务能力。

5. 软件测试已贯穿软件研发的全生命周期

综合分析软件生命周期中的策略，可以发现在软件研发的全过程中，都有可能产生错误，因此，必须强化对软件研发全生命周期的测试工作，这已经成为业内的共识。

将软件测试工作延伸到软件研发的全生命周期的目的就是更早地发现问题，延伸后的软件测试被认为是软件测试的广义概念。

软件研发的全生命周期中，在需求分析阶段，测试人员将参与软件需求的审核，确认需求具有可测试性，并在一定程度上论证需求是否可以满足用户的要求，从而降低需求风险；在设计阶段，测试人员可以充分了解系统的运行过程，有利于安排测试计划，进行详细的测试用例设计，同时对设计文档进行审查，提出改进建议等；在编码阶段，测试人员可以及时开展针对软件代码的白盒测试工作，尽早发现软件逻辑实现错误，减少损失；在测试阶段，可以对已经开发的软件模块和产品进行集成测试、确认测试和系统测试等，测试内容包括软件功能测试、性能测试、兼容性测试等，确保软件投入使用后可以满足用户的实际使用要求。

软件测试若与软件生命周期结合，则可以有效地保证测试的目标和覆盖率，当然，这也需要整个开发团队和测试团队的全力配合和协作，只有这样，才能完成相关的工作。

6. 软件测试将呈现更加专业化的发展

合格的测试人员是测试团队的重要资源和核心竞争力，没有一个稳定的、富有战斗力的测试团队，测试工作很难发挥出提高应用软件交付质量的作用。

目前，信息化已经融入国家发展的各个层面，各行各业都在大力推进本行业业务处理的信息化。而显然，每个行业的业务处理逻辑和要求是不一样的，这就对软件测试工作和软件测试人员提出了更高的要求。传统的通用软件测试工作出现分化，逐渐向更加专业化的方向发展。

例如，对金融系统的测试来说，软件测试是一门融合测试专业和金融专业的复合型学科，需要参与者拥有复合知识背景，同时需要计算机技术和金融业务人员在测试领域充分融合，只有这样，测试人员才能真正对业务系统是否符合金融业务的需要做出合理判断。

同理，对军用软件测试来说，每个软件所属的武器装备都有着自己明确的战技指标，作为测试人员，必须拥有相应的专业知识，同时，测试机构或厂所必须可以构建足够模拟或仿真未来战场的各种海空情、电磁条件等，只有基于这种复杂条件下的软件测试工作才能保证军用软件的实战质量，这也是确保武器装备软件能够真正投入使用的前提。

因此，在软件测试日益发展的今天，培养专业化的软件测试人才，积累专业化的软件测试能力已经成为软件测试机构、软件研发企业的必然选择。在推动基础通用软件测试能力持续发展的基础上，不断扩展专业测试能力，补充专业测试设备，培养软件测试领域与各业务专业领域的专业知识相结合的复合型人才已逐渐成为一种趋势。

1.3 软件测试工程师应具备的素质

作为一名合格的软件测试工程师，不仅需要具备扎实的计算机专业知识和软件测试专业知识，还应积极研究和了解被测软件所属行业领域的相关业务知识，形成复合型的人才知识结构，这也是软件测试发展对软件测试人员提出的现实要求。同时，软件测试行业和其他行业一样，也需要从业人员具有良好的职业素养，以及细致认真的工作态度、积极向上的工作热情，只有这样，才能确保软件质量，快速、高效地完成软件测试工作。

因此，软件测试工程师应具备的素质主要体现在三个方面，即计算机及软件测试的基础知识方面、行业领域的业务知识方面和职业素养方面。

1. 计算机及软件测试的基础知识方面

显然，熟悉并掌握相关的计算机及软件测试基础知识是所有从事软件测试的工程师必备的专业技能之一，也是开展软件测试工作的首要前提。俗话说“隔行如隔山”，对一个没有任何 IT 知识背景的人来说，要想从事软件测试工作并成为一名很好的软件测试工程师，恐怕会面临很多的麻烦，毕竟，软件测试是为了找出软件研发和运行过程中可能出现的各种缺陷，这就要求我们对软件研发、软件运行及其附属的各种软、硬件平台都不能太陌生，否则，将无法开展相关的软件测试工作，或者至少不能做出专业、高效的判断。

当前，软件测试已经发展成为一个很有潜力的专业，要想成为一名优秀的软件测试工程师，首先应该具有扎实的软件测试专业基础知识。软件测试专业基础知识涉及的范围很广，既包括黑盒测试、白盒测试等测试方法和测试用例设计技术，又包括测试团队管理、测试流程管理等测试项目管理知识，还包括对各种自动化测试工具的应用，如白盒测试工具、性能测试工具、安全测试工具等。只有深入了解并掌握了这些软件测试相关的基础知识，在开展软件测试工作时，才能做到有条不紊、得心应手。

为了进一步发现软件研发过程中的逻辑错误，特别是如果你还参与部分白盒测试工作，或者作为企业内部测试人员，要协助指出软件编程中的缺陷的话，那么具备良好的软件编程能力就是必需的了。软件编程能力在很大程度上也应该是软件测试人员的必备技能之一，在国外很多大型 IT 企业中，测试人员都拥有多年的开发经验。因此，测试人员要想得到较好的职业发展，必须能够编写程序。只有具备编写程序的能力，才可以胜任诸如单元测试、集成测试、性能测试等难度较大的测试工作。

此外，由于软件测试中经常需要配置、调试各种测试环境，搭建软件运行平台，如果是性能测试工程师，那么还需要根据测试数据对软件运行情况（包括软件本身及其各种运行平台，如网络、操作系统、数据库资源使用情况）进行分析与调优，因此，测试人员需要掌握更多关于网络、操作系统、数据库的知识。在网络方面，测试人员应该掌握基本的网络协议及网络工作原理，尤其要掌握一些网络环境的配置。这些都是测试工作中经常要用到的知识。在操作系统和中间件方面，应该掌握操作系统和中间件的基本使用及安装、配置等。而数据库知识则是更应该掌握的技能，现在的应用系统几乎离不开数据库。因此，软件测试工程师不仅要掌握基本的安装、配置知识，还要掌握 SQL 语句的使用，便于数据检索和检查、测试数据准备等。

总之，作为一名测试人员，尽管不能精通所有计算机相关知识，但要想成为一名优秀的软件测试工程师，应该尽可能地去学习更多的与测试工作相关的知识。

2. 行业领域的业务知识方面

行业主要指测试人员所在单位和企业研发的软件产品面向的应用领域，如金融、电信、烟草、广电、电子商务、政府、军工等。这些领域都有自己特定的业务处理逻辑、特殊的行业习惯用语，以及长期形成的业务运行规则和用户使用习惯等。同时，如果行业不一样，那么对软件产品的质量要求可能也不一样，有的更关注软件的用户使用体验，有的更注重软件产品的运行性能，有的尤其注重软件运行的可靠性和安全性等。不同的行业对软件测试的详细程度要求也不一样。例如，对一般的办公系统而言，更强调业务流程的符合性和正确性；对金融、电信系统而言，数据处理的正确性和运行性能无疑是一个关键点；对军用软件而言，软件运行的正确性和代码的可靠性是重点。

因此，了解这些行业领域对应的业务知识和软件测试要求，可以更好地促进测试人员正确认识被测软件的产品，合理规划测试计划和编写测试用例，更好地完成测试工作。

可以说，软件产品对应的这些行业知识是软件测试人员做好测试工作的一个前提条件，只有深入地了解了被测软件的产品业务流程和业务需求，才可以及时判断开发人员实现的产品功能是否正确，以及是否可以适应实际业务的使用需求。

很多时候，软件运行起来没有异常，但是功能不一定正确。只有掌握了相关的行业知识，才可以判断用户的业务需求是否得到了实现。

当然，行业领域的业务知识与工作经验有一定的关系，可以通过在项目测试过程中与委托方、软件承研方多多交流，及时学习和总结，必要时可以聘请专业的业务人员进行业务知识讲解来完成知识积累。一般来说，只要善于学习、多经历几个类似的项目，掌握行业内的一般业务知识应该是可以的。如果要特别深入研究一个行业的业务，成为这个领域的业务测试专家，那么就得付出长期的代价，只有经过长时间的积累才能实现。

3. 职业素养方面

良好的职业素养不仅是软件测试人员应该具备的基本素质，还是所有行业的从业人员应该遵循的职业要求。其实对任何一个行业而言，从业者都必须具备细致认真的工作态度、积极向上的工作热情，只有这样，才能及时、高效地完成本职工作。

因此，软件测试工程师也不能例外，也必须遵循一些基本的职业素养。一般来说，一名优秀的软件测试工程师，首先要对测试工作有兴趣，测试工作很多时候是有些枯燥的，因此，只有热爱测试工作，才更容易做好测试工作。另外还必须具有责任心、谨慎细心、认真专心，同时，要善于沟通，能够及时总结和交流等。

责任心是做好一切工作必备的素质之一，软件测试工程师更应该将其发扬光大。如果测试中没有尽到责任，甚至敷衍了事，那么就会把一个存在很多隐患的软件产品直接交到最终用户手上，一旦软件在具体使用中出现了缺陷，将会给用户造成直接损失。这种损失对于一般的产品，可能是经济损失和声誉损失；对于武器装备软件，可能是战士的生命，甚至国家的安危，因此，测试工程师必须严把测试关，以高度的责任心面对所有的测试工作。

谨慎细心是指做测试工作需要思维严密，什么问题都要考虑到。对于软件运行中的每个细节过程，都要给予关注，确保完成预期的业务要求，不可以忽略一些细节。软件测试是一项细致的工作，软件测试工程师必须沉下心来，全面思考，最大限度地再现用户可能的应用场景，只有这样，才能发现更多的软件缺陷，提高软件质量。

认真专心是指测试人员在开展测试工作、执行项目测试任务的过程中，要专心致志，不能一心二用。经验表明，高度集中精神不仅能够提高效率，还能发现更多的软件缺陷，业绩最好的往往是团队中做事精力最集中的那些成员。

善于沟通、及时总结和交流是指测试人员应该与软件产品的所有关联方积极展开交流与沟通，包括软件用户方、软件使用方、软件承研方、项目测试委托方等，还包括软件测试团队的内部组成人员等。这些都是需要积极沟通的对象，而且在面对不同人员时，需要有不同的语气、不同的态度。例如，与用户方沟通要多了解他们对测试的要求及软件产品的使用需求等，与研发人员沟通要多描述问题的现象和本质，就事论事，不要掺杂其他的个人感情色彩，避免激化与研发人员的矛盾等。

以上是软件测试工程师应该具备的一些基本职业素质，当然，要想成为一名优秀的软件测试工程师，要想让自己的职业生涯实现更好的发展，还应该具有很多其他的职业素养，如团队合作、积极奉献、敢于承担责任和自我督促等。

第2章

软件测试基础

2.1 软件测试的定义

关于软件测试的定义，不同学者有不同的观点，了解软件测试的定义，对于日后的工作很有帮助。

首先要明确测试的定义，测试，就是以检验产品是否满足需求为目标的过程。

而软件测试，自然是为了发现软件（产品）的缺陷而运行软件（产品）。

在 IEEE 标准中，软件测试的定义为使用人工或自动的手段运行或测定某个系统的过程，其目的在于检验软件是否满足规定的需求或弄清预期结果与实际结果之间的差别。

在软件的发展过程中，软件测试的定义也是一个逐步发展的过程。

早期，G. J. Myers 给出的定义：程序测试是为了发现错误而执行程序的过程。这个定义被软件测试业界所认可，并经常被引用。但实际上，这一定义还不能完全反映软件测试的内涵，仍局限于“程序测试”。

随后，G. J. Myers 进一步提出了有关程序测试的 3 个重要观点，那就是：

（1）测试是为了证明程序有错，而不是证明程序无错误。

（2）一个好的测试用例在于它能发现至今未发现的错误。

（3）一个成功的测试是发现了至今未发现的错误。

要完整地理解软件测试，就要从不同方面和视角去辩证地审视软件测试。概括起来，软件测试就是贯穿软件整个开发生命周期、对软件产品（包括阶段性产品）进行验证和确认的活动过程，其目的是尽快尽早地发现软件产品中存在的各种问题——与用户需求、预先的定义不一致的地方。

以下是关于软件测试的各种观点。

2.1.1 软件测试的狭义和广义观点

G. J. Myers 给出了测试定义：程序测试是为了发现错误而执行程序的过程。实际上这是一个狭义的概念，因为他认为测试是执行程序的过程，也就是传统意义上的测试——代码完成后，通过运行程序来发现程序代码或软件系统中的错误。但是，这种意义上的测试不能在代码完成之前发现软件系统需求及设计上的问题。如果把需求、设计上的问题遗留到后期，最终在代码中体现出来，那么就可能会造成设计部分、编程部分或全部返工。需求阶段和设计阶段的缺陷在开发过程中会产生扩大效应，缺陷随时间发展越来越严重，会大大增加软件开发的成本，延长开发的周期等。这种狭义的观点主要受软件开发瀑布模型的影响，难以保证软件质量。

延伸后的软件测试，被认为是软件测试的一种广义概念。这就引出了广义的软件测试的两个概念：静态测试和动态测试。静态测试和动态测试构成了一个全过程的、完整的软件测试，而且静态测试显得更为重要。

2.1.2 软件测试的辩证观点

G. J. Myers 的第 2 个观点是：测试是为了证明程序有错，而不是证明程序无错误，引出了软件测试的另外一个争论。

软件测试究竟是证明所有软件的功能特性是正确的，还是相反——对软件系统进行各种试探和攻击，找出软件系统中不正常或不工作的地方？

编者认为，两者都有一定道理：前者（证明或验证所有软件的功能特性是正确的）从质量保证的角度思考软件测试；后者（证明程序有错）从软件测试的直接目标和测试效率来思考。两者应该相辅相成。在后者的思想背景下，可以认为测试不是为了证明所有的功能都能正常工作，恰恰相反，测试就是为了找出那些不能正常工作、不一致性的地方，也就是说，测试的工作就是发现缺陷（Detect Bug），即在软件开发过程中，分析、设计与编码等工作都是建设性的，唯独测试带有“破坏性”，它想方设法发现软件所存在的问题。软件测试就是在这两者之间获得平衡，但对于不同的应用领域，两者的比重是不一样的。例如，国防、航天、银行等软件系统承受不了系统的任何一次失效，因为任何失效都完全有可能导致灾难性的损失，所以这些领域强调前者，以保证非常高的软件质量。而一般的软件应用或服务，则可以强调后者，质量目标设置为“用户可接受水平”，以降低软件开发成本，加快软件发布速度，有利于市场的扩张。

1. 验证软件是“工作的”

以正向思维方式，针对软件系统的所有功能点，逐项验证正确性。

2. 证明软件是“不工作的”

以反向思维方式，不断思考开发人员的理解的误区、不良的习惯、程序代码的边界、无效数据的输入及系统的弱点，试图破坏系统、摧毁系统，目标就是发现系统中各种各样的问题。该观点的代表人物就是上面多次提到的 G. J. Myers。他强调，一个成功的测试必须是发现缺陷的测试，不然就没有价值。

2.1.3 软件测试的风险观点

测试被定义为对软件系统中潜在的各种风险进行评估的活动，这是软件测试的风险观点。一方面，软件测试自身的风险性是人们公认的，测试的覆盖率不能达到 100%；另一方面，软件测试的标准有时不清楚，软件规格说明书虽然是测试中的一个标准，但不是唯一的标准。因为规格说明书本身的内容完全有可能是错误的，它所定义的功能特性不是用户所需要的。所以，我们常常强调软件测试人员应该站在客户的角度进行测试，除了发现程序中的错误，还要发现需求定义的错误、规格说明书设计的缺陷。但是，测试在大多数时间/情况下是由工程师完成的，而不是客户自己来做的，所以又怎么能保证工程师和客户想的一样呢？

有人把开发比作打靶，目标明确，就是按照规格说明书去实现系统的功能。而把测试比作捞鱼，目标不明确，自己判断哪些地方鱼多，就去哪些地方捞。如果只捞大鱼（严重缺陷），网眼就可以大些，撒网区域相对比较集中（测试点集中在主要功能上）。如果想把大大小小的鱼都捞上来，网眼就要小，普遍撒网，不放过任何一块区域（测试点遍及所有功能）。

在“风险”观点的框架下，软件测试可以看作是一个动态的监控过程，对软件开发全过程进行测试，随时发现不健康的征兆，发现问题后报告问题，并重新评估新的风险，设置新的监控基准，不断地持续下去。软件测试包括回归测试。这时，软件测试完全可以看作是控制软件质量的过程。

按照这种观点，可以制定基于风险的测试策略，首先要评估测试的风险，每个功能出问题的概率有多大？根据 Pareto 原则（也叫 80/20 原则），哪些功能是用户最常用的功能（约占 20%）?如果某个功能出问题，对用户的影响又有多大?然后，根据风险大小确定测试的优先级。优先级高的功能特性，测试优先得到执行。一般来讲，高优先级功能（用户最常用的功能，约占 20%）的测试会得到完全的、充分的执行，而低优先级功能（用户不常用的功能，约占 80%）的测试就可能由于时间或经费的限制，降低测试的要求，减少测试工作量，这样做风险性并不是很大。

2.1.4 软件测试的经济学观点

“一个好的测试用例在于它能发现至今未发现的错误”，这体现了软件测试的经济学观点。实际上，软件测试的经济学问题至今仍是业界关注的问题之一。经济学的核心就是要盈利，盈利的基础就是要有一个清楚的商业性目标。同样，商业性目标是否正确直接决定了企业是否盈利。在多数情况下，软件测试是在公司内执行的。正是公司的行为目的决定了软件测试的含义或定义经济性的一面。正如软件质量的定义不仅仅局限于“与客户需求的一致性、适用性”，而且要增加其他的要求，如开发成本控制在预算内、按时发布软件、系统易于维护。

软件测试也一样，要尽快尽早地发现更多的缺陷，并督促和帮助开发人员修正缺陷。原因很简单，缺陷发现得越早，所付出的代价就越低。例如，在编程阶段发现一个需求定义上的错误，其代价将 10 倍于在需求阶段就发现该缺陷的代价。这就是用经济学的观点来说明测试进行得越早越好这样一个道理。

2.1.5 软件测试的标准观点

从标准观点来看，软件测试可以定义为“验证”和“有效性确认”活动构成的整体，即软件测试=V&V。

“验证”是检验软件是否已正确地实现了软件需求规格说明书所定义的系统功能和特性。验证过程须提供证据表明软件相关产品与所有生命周期活动的要求（如正确性、完整性、一致性、准确性等）一致。相当于以软件产品设计规格说明书为标准进行软件测试的活动。

“有效性确认”是确认所开发的软件是否满足用户真正需求的活动。一切从客户出发，理解客户的需求，并对软件需求定义和设计存疑，以发现需求定义和产品设计中的问题。它主要通过各种软件评审活动来实现，保证让客户参加评审和测试活动。

当然，软件测试的对象是产品（包括阶段性产品，如市场需求说明书、产品规格说明书、技术设计文档、数据字典、程序包、用户文档等），而质量保证和管理的对象集中于软件开发的标准、流程和方法等方面。

软件测试是使用人工操作或者软件自动运行的方式来检验软件是否满足规定的需求，或弄清预期结果与实际结果之间的差别的过程。

软件测试是帮助识别开发完成（中间或最终的版本）的计算机软件（整体或部分）的正确度（Correctness）、完全度（Completeness）和质量（Quality）的过程，是软件质量保证（Software Quality Assurance，SQA）的重要子域。

2.2 软件测试原则

在软件测试中一般要遵循以下原则。

1. 尽早不断测试的原则

应当尽早不断地进行软件测试。据统计，约60%的错误来自设计以前，并且修正一个软件错误所需的费用将随着软件生命周期的进展而增加。错误发现得越早，修正它所需的费用就越少。

2．输入–加工–输出（IPO）原则

测试用例由测试输入数据和与之对应的预期输出结果这两部分组成。

3．独立测试原则

软件测试工作由在经济上和管理上独立于开发机构的组织进行。程序员应避免检查自己的程序，程序设计机构也不应测试自己开发的程序。软件开发者难以客观、有效地测试自己的软件，而找出那些因为对需求的误解而产生的错误就更加困难。

4．合法和非合法原则

测试用例应当包括合法的输入条件和不合法的输入条件。

5．错误群集原则

软件错误呈现群集现象。经验表明，某程序段剩余的错误数目与该程序段中已发现的错误数目成正比，所以应该对错误群集的程序段进行重点测试。

6．严格性原则

应当严格执行测试计划，排除测试的随意性。

7．覆盖原则

应当对每一个测试结果做全面的检查。

8．定义功能测试原则

检查程序是否做了要做的事仅是成功的一半，另一半是看程序是否做了不属于它做的事。

9．回归测试原则

应妥善保留测试用例，测试用例不仅可以用于回归测试，也可以为以后的测试提供参考。

10．错误不可避免原则

在测试时不能首先假设程序中没有错误。

2.3 软件测试目标

测试工作具有不同的目标和目的。通常的目标如下。

（1）查找可能为程序员在开发软件时创建的缺陷。

（2）获得信心并提供有关质量水平的信息。

（3）防止缺陷。

（4）确保最终结果满足业务和用户要求。

（5）确保最终结果满足业务需求规格说明书（BRS）和系统需求规格说明书（SRS）。

（6）通过提供优质的产品来赢得客户的信任。

（7）发现一些可以通过测试避免的开发风险。

（8）实施测试来降低所发现的风险。

2.4 软件测试分类

软件测试的分类多种多样，一般可以从是否关心内部结构、是否执行程序、软件开发过程阶段等方面划分。

2.4.1 从是否关心内部结构划分

从是否关心内部结构方面，软件测试划分为白盒测试和黑盒测试两种。

2.4.1.1 白盒测试

白盒测试也称结构测试或逻辑驱动测试，按照程序内部的结构测试程序，通过测试来检测产品内部动作是否按照设计规格说明书的规定正常进行，并检验程序中的每条通路是否都能按预定要求正确工作。这一方法是把测试对象看作一个打开的盒子，测试人员依据程序内部逻辑结构相关信息，设计或选择测试用例，对程序所有逻辑路径进行测试，通过在不同点检查程序的状态，确定实际的状态是否与预期的状态一致。

白盒测试用例设计方法主要是逻辑覆盖法，原则如下。

（1）保证一个模块中的所有独立路径至少被使用一次。

（2）对所有逻辑值均需测试 true 和 false。

（3）在上下边界及可操作范围内运行所有循环。

（4）检查内部数据结构以确保其有效性。

2.4.1.2 黑盒测试

黑盒测试也称功能测试，通过测试来检测每个功能是否都能正常使用。在测试中，把程序看作一个不能打开的黑盒子，在完全不考虑程序内部结构和内部特性的情况下，在程序接口进行测试，只检查程序功能是否按照需求规格说明书的规定正常使用，以及程序是否能适当地接收输入数据而产生正确的输出信息。黑盒测试着眼于程序外部结构，不考虑内部逻辑结构，主要针对软件界面和软件功能进行测试。

具体的黑盒测试用例设计方法包括等价类划分法、边界值分析法、错误推测法、因果图法、正交试验设计法、判定表驱动法、功能图法等。

等价类划分法是先把程序的输入域划分成若干部分，然后从每个部分中选取少数代表性数据当作测试用例。每一类的代表性数据在测试中的作用等价于这一类中的其他值。

边界值分析法是指选择等价类边界的测试用例。边界值分析法不仅重视输入条件边界，而且也必须考虑输出域边界。

错误推测法就是基于经验和直觉推测程序中所有可能存在的错误，从而有针对性地设计测试用例的方法。

因果图法从用自然语言书写的程序规格说明书的描述中找出因（输入条件）和果（输出或程序状态的改变），可以通过因果图转换为判定表。

正交试验设计法是使用已经造好了的正交表格来安排测试并进行数据分析的一种方法，目的是用最少的测试用例达到最高的测试覆盖率。

2.4.2 从是否执行程序划分

从是否执行程序方面，软件测试可以划分为静态测试和动态测试两种。

2.4.2.1 静态测试

静态测试是指不运行被测程序本身，仅通过分析或检查源程序的语法、结构、过程、接口等来检查程序的正确性，对软件需求规格说明书、软件设计说明书、源程序做结构分析、流程图分析、符号执行来找错。静态测试通过程序静态特性的分析，找出欠缺和可疑之处，如不匹配的参数、不适当的循环嵌套和分支嵌套、不允许的递归、未使用过的变量、空指针的引用和可疑的计算等。静态测试结果可用于进一步的查错，并为测试用例的选取提供指导。

静态测试可以采用手工或软件工具来进行，具有以下特点。

（1）静态测试不必动态地运行程序，也不必进行测试用例设计和结果判断等工作。

（2）静态测试可以由人工进行，充分发挥人的逻辑思维优势。

（3）静态测试的执行不需要特别的条件，容易开展。

静态测试包括：

（1）代码审查（Code Inspection 或 Code Review）。

（2）代码走查（Walkthrough）。

（3）桌面检查。

（4）技术评审（软件需求分析和设计评审）。

（5）静态分析（使用软件工具进行，包括控制流分析、数据流分析、接口分析和表达式分析等）。

2.4.2.2 动态测试

动态测试指通过运行被测程序，检查运行结果与预期结果的差异，并分析运行效率和健壮性等性能。动态测试是在抽样测试数据上执行程序并分析输出以发现错误的过程，具有以下特点。

（1）实际运行被测程序，取得程序运行的真实情况、动态情况，进而进行分析。

（2）必须生成测试数据来运行程序，测试质量依赖于测试数据。

（3）生成测试数据、分析测试结果的工作量大，使开展测试工作费时、费力、费人。

（4）动态测试涉及多方面工作，且人员多、设备多、数据多，要求有较好的管理和工作规程。

2.4.3 从软件开发过程阶段划分

从软件开发过程阶段方面，软件测试划分为单元测试、集成测试、确认测试和系统测试四种。

2.4.3.1 单元测试

单元测试是指对软件中的最小可测试单元进行检查和验证。单元测试中单元的含义，一般来说，要根据实际情况判定具体含义，如 C 语言中单元指一个函数，Java 里单元指一个类，图形化的软件中的单元可以指一个窗口或一个菜单等。总的来说，单元就是人为规定的最小的被测功能模块。单元测试是在软件开发过程中要进行的最低级别的测试活动，软件的独立单元将在与程序的其他部分相隔离的情况下进行测试。

单元测试的目的是验证程序与详细设计说明书的一致性，检验每个软件单元能否正确地实现功能，满足性能和接口要求。

单元测试主要评价单元的 5 个主要特性。

（1）单元接口；

（2）局部数据结构；

（3）重要的执行路径；

（4）错误处理的路径；

（5）影响上述 4 点的边界条件。

单元测试技术要求如下。

（1）语句覆盖率达到 100%；

（2）分支覆盖率达到 100%；

（3）覆盖错误处理路径；

（4）单元的软件特性覆盖，包括功能、性能、属性、设计约束、状态数目、分支的行数等。

2.4.3.2 集成测试

集成测试，也叫组装测试或联合测试。在单元测试的基础上，将所有模块按照设计要求（如根据结构图）组装成为子系统或系统，进行集成测试。实践表明，一些模块虽然能够单独地工作，但并不能保证连接起来也能正常地工作。程序在某些局部反映不出来的问题，在全局上很可能暴露出来，影响功能的实现，也就是应该考虑以下问题。

（1）在把各个模块连接起来的时候，穿越模块接口的数据是否会丢失；

（2）各个子功能组合起来，能否达到预期要求的父功能；

（3）一个模块的功能是否会对另一个模块的功能产生不利的影响；

（4）全局数据结构是否有问题；

（5）单个模块的误差积累起来，是否会放大，从而达到不可接受的程度。

因此，单元测试后，有必要进行集成测试，发现并排除在模块连接中可能发生的上述问题，最终构成要求的软件子系统或系统。

对子系统的集成测试也叫部件测试。是否合理地组织集成测试，即选择什么方式把模块组装起来形成一个可运行的系统，直接影响到模块测试用例的形式、所用测试工具的类型、模块编号和测试的次序、生成测试用例和调试的费用。

通常，模块有两种不同的组装方式：一次性组装和增殖式组装。

1. 一次性组装

一次性组装方式是一种非增殖式组装，也叫整体拼装。按这种组装方式，首先对每个模块分别进行模块测试，然后把所有模块组装在一起进行测试，最终得到要求的软件系统。例如，有一块系统结构，如图 2-1（a）所示。其单元测试和组装顺序如图 2-1（b）所示。

图 2-1 中，模块 d1，d2，d3，d4，d5 是对各个模块做单元测试时建立的驱动模块，s1，s2，s3，s4，s5 是为单元测试而建立的桩模块。这种一次性组装方式试图在辅助模块的协助下，在模块单元测试的基础上，将所测模块连接起来进行测试。但是由于程序中不可避免地存在模块间接口、全局数据结构等方面的问题，所以一次试运行成功的可能性并不很大。如果结果发现有错误，但茫然找不到原因，那么查错和改错都会遇到困难。

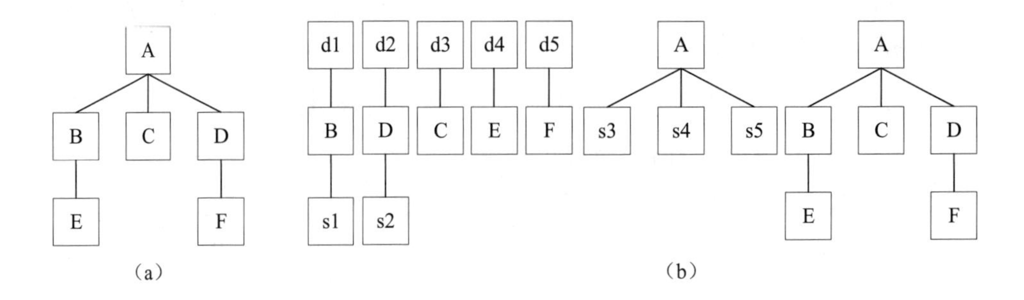

图 2-1　一次性组装方式

2. 增殖式组装

增殖式组装又称渐增式组装。首先对一个个模块进行模块单元测试，然后将这些模块组装成较大系统，在组装的过程中边连接边测试，以发现连接过程中产生的问题。最后，增殖逐步组装成为要求的软件系统。

1）自顶向下的增殖方式

这种组装方式是将模块按系统程序结构，沿控制层次自顶向下组装。自顶向下的增殖方式（按深度方向组装）如图 2-2 所示，步骤如下。

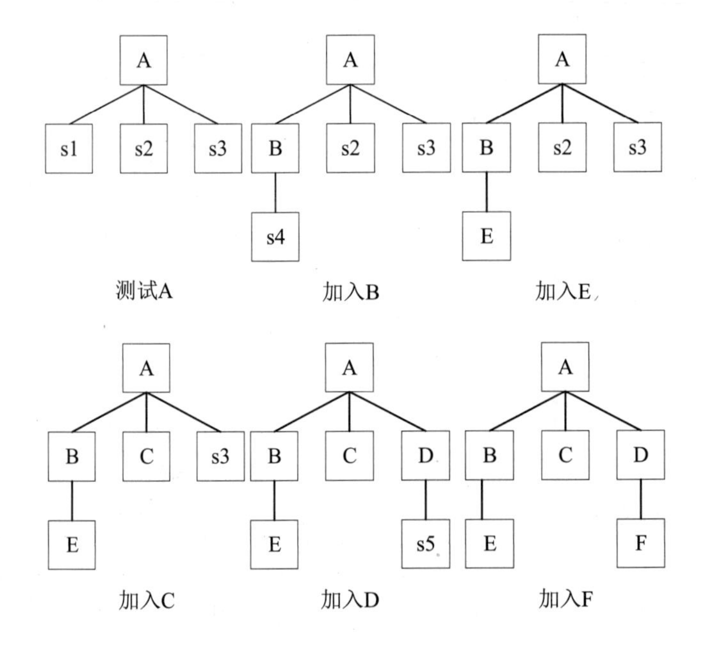

图 2-2　自顶向下的增殖方式（按深度方向组装）

（1）以主模块为所测模块兼驱动模块，所有直属于主模块的下属模块全部用桩模块对主模块进行测试。

（2）采用深度优先（Depth-first）或宽度优先（Breadth-first）的策略，先用实际模块替换相应桩模块，再用桩模块代替它们的直接下属模块，与已测试的模块或子系统组装成新的子系统。

（3）进行回归测试（重新执行以前做过的全部测试或部分测试），排除组装过程中可能引起的错误。

（4）判断是否所有的模块都已组装到系统中，是则结束测试，否则转到步骤（2）去执行。

自顶向下的增殖方式在测试过程中较早地验证了主要的控制和判断点。在一个功能划分合理的程序模块结构中，判断常常出现在较高的层次里，因而较早就能遇到。如果主要控制有问题，那么尽早发现它能够减少以后的返工，所以这是十分必要的。如果选用按深度方向组装的方式，那么可以实现和验证一个完整的软件功能，对逻辑输入的分支进行组装和测试，检查和克服潜藏的错误和缺陷，验证功能的正确性，为其后对主要加工分支的组装和测试提供保证。

此外，功能可行性较早得到证实，能够给开发者和用户带来成功的信心。

自顶向下的组装和测试存在一个逻辑次序问题。在为了充分测试较高层的处理而需要较低层处理的信息时，就会出现这类问题。自顶向下组装阶段还需要用桩模块代替较低层的模块，为了能够准确地实施测试，应当让桩模块正确而有效地模拟子模块的功能和合理的接口，不能用只包含返回语句或只显示该模块已调用信息、不执行任何功能的哑模块。如果不能使桩模块正确地向上传递有用的信息，可以采用以下解决办法。

（1）将很多测试推迟到用实际模块替代了桩模块之后进行。

（2）进一步开发能模拟实际模块功能的桩模块。

（3）自底向上组装和测试软件。

2）自底向上的增殖方式

这种组装方式从程序模块结构的最底层模块开始组装和测试。因为模块是自底向上进行组装的，对于一个给定层次的模块，它的子模块（包括子模块的所有下属模块）已经组装并测试完成，所以不再需要桩模块。在模块的测试过程中可以直接运行子模块得到需要从子模块中得到的信息。自底向上增殖的步骤如下。

（1）由驱动模块控制最底层模块进行并行测试，也可以把最底层模块组合成实现某一特定软件功能的簇，由驱动模块控制它进行测试。

（2）用实际模块代替驱动模块，与它已测试的直属子模块组装成子系统。

（3）为子系统配备驱动模块，进行新的测试。

（4）判断是否已组装到达主模块，是则结束测试，否则执行步骤（2）。

以图 2-1（a）所示的系统结构为例，用图 2-3 来说明自底向上组装和测试的顺序。

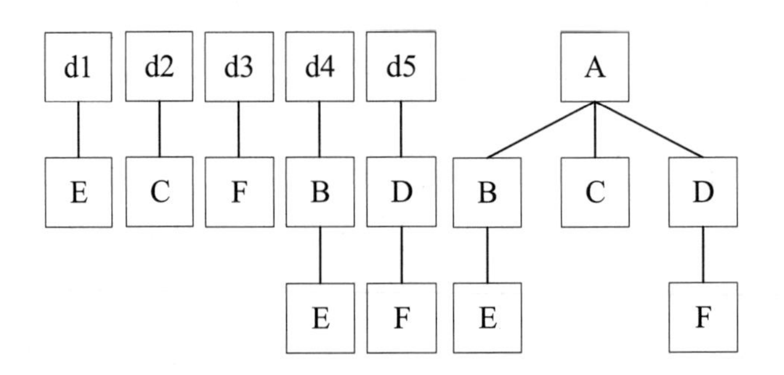

图 2-3　自底向上的增殖方式

自底向上进行组装和测试时，需要为所测模块或子系统编制相应的驱动模块。

随着组装层次的向上移动，驱动模块将大为减少。如果对程序模块结构的最上面两层模块自顶向下进行组装和测试，可以明显地减少驱动模块的数目，而且可以大大减少把几个系统组装起来所需要做的工作。

3）混合增殖式测试

自顶向下的增殖方式和自底向上的增殖方式各有优缺点。一般来讲，一种方式的优点是另一种方式的缺点。

自顶向下增殖方式的缺点是需要建立桩模块。要使桩模块能够模拟实际子模块的功能十分困难，因为桩模块在接收所测模块发送的信息后，需要按照它所代替的实际子模块功能返回应该回送的信息，这必将增加建立桩模块的复杂度，而且会增加一些附加的测试，同时涉及复杂算法和真正输入/输出的模块一般在底层。它们是最容易出问题的模块，到组装和测试的后期才遇到这些模块。一旦发现问题，就会导致过多的回归测试，而自顶向下增殖方式的优点是能够较早地发现在主要控制方面的问题。

自底向上增殖方式的缺点是程序一直未能作为一个实体存在，直到最后一个模块加上去后才形成一个实体。就是说，在自底向上组装和测试的过程中，直到最后才接触到对主要程序的控制。但这种方式的优点是不需要桩模块，而建立驱动模块一般比建立桩模块容易，同时由于涉及复杂算法和真正输入/输出的模块最先得到组装和测试，可以把最容易出问题的部分在早期解决。此外，自底向上的增殖方式可以实施多个模块的并行测试，提高测试效率。因此，通常是把以上两种方式结合起来进行组装和测试。下面简单介绍三种常见的混合增殖方式。

（1）衍变的自顶向下的增殖测试：基本思想是先强化对输入/输出模块和引入新算法模块的测试，并自底向上组装成功能相当完整且相对独立的子系统，然后由主模块开始自顶向下进行增殖测试。

（2）自底向上和自顶向下的增殖测试：首先对含读操作的子系统自底向上直至根结点模块进行组装和测试，然后对含写操作的子系统做自顶向下的组装与测试。

（3）回归测试：首先采取自顶向下的方式测试所修改的模块及其子模块，然后将这一部分视为子系统，自底向上测试，以检查该子系统与其上级模块的接口是否适配。

在组装测试时，测试者应当确定关键模块，对这些关键模块及早进行测试。关键模块至少应具有以下特征之一。

（1）满足某些软件需求。

（2）在程序的模块结构中位于较高的层次（高层控制模块）。

（3）较复杂、较易发生错误。

（4）有明确定义的性能要求。

2.4.3.3 确认测试

确认测试又称为效性测试。它的任务是验证软件的功能、性能及其特性是否与用户的要求一致。对软件的功能和性能要求在软件需求规格说明书中已经明确规定。软件需求规格说明书中描述了全部用户可见的软件属性，其中有一节叫作有效性准则，包含的信息就是软件确认测试的基础。集成测试完成以后，分散开发的模块被连接起来，构成完整的程序。其中各模块之间接口存在的种种问题都已消除。于是，测试工作进入最后阶段——确认测试（Validation Testing）。关于什么是确认测试，说法众多，其中最简明、最严格的解释是检验所开发的软件是否能按顾客提出的要求运行。

若能达到这一要求，则认为开发的软件是合格的，因而有的软件开发部门把确认测试称为合格性测试（Qualification Testing）。这里所说的顾客要求通常指的是在软件规格说明书中确定的软件功能和技术指标，或是专门为测试所规定的确认准则。

确认测试的目的是向未来的用户表明系统能够像预定要求那样工作。经集成测试后，已经按照设计把所有的模块组装成一个完整的软件系统，接口错误也已经基本排除了，接着就应该进一步验证软件的有效性，这就是确认测试的任务，即软件的功能和性能如同用户所合理期待的那样。

2.4.3.4 系统测试

系统测试是将已经确认的软件、计算机硬件、外部设备、网络等其他元素结合在一起，进行信息系统的各种组装测试和确认测试。系统测试是针对整个产品系统进行的测试，目的是验证系统是否满足了需求规格的定义，找出与需求规格不符或与之矛盾的地方，从而提出更加完善的方案。系统测试发现问题之后，首先要经过调试找出错误原因和位置，然后进行改正。系统测试是基于系统整体需求说明书的黑盒类测试，应覆盖系统所有联合的部件。对象不仅仅包括需测试的软件，还要包含软件所依赖的硬件、外部设备、某些数据、某些支持软件及其接口等。

系统测试的目的在于通过与系统的需求定义做比较，发现软件与系统定义不符合或与之矛盾的地方。系统测试的测试用例应根据需求分析说明书来设计，并在实际使用环境下来运行。

由于软件只是计算机系统中的一个组成部分，软件开发完成以后，最终还要与系统中其他部分配套运行。系统在投入运行以前，各部分需完成组装和确认测试，以保证各组成部分不仅能单独地受到检验，而且在系统各部分协调工作的环境下也能正常工作。这里所说的系统组成部分除软件外，还可能包括计算机硬件及其相关的外部设备、数据及其收集和传输机构、掌握计算机系统运行的人员及其操作等，甚至还可能包括受计算机控制的执行机构。显然，系统的确认测试已经完全超出了软件工作的范围。然而，软件在系统中毕竟占有相当重要的位置：一方面，软件的质量如何、软件的测试工作进行得是否扎实，势必与能否顺利、成功地完成系统测试有很大关系；另一方面，系统测试实际上是针对系统中各个组成部分进行的综合性检验。每一个检验有着特定的目标，所有的检测工作都要验证系统中每个部分均已得到正确的集成，并能完成指定的功能。

2.5 软件测试标准

当前软件测试标准包括软件产品评价、质量模型、测试文档编制规范等多个方面，同时又存在国家标准和国家军用标准等多个体系。

2.5.1 国家标准

常用的国家标准如表2-1所示。

表2-1 常用的国家标准

序号	范 围	国 家 标 准	等同国际标准	主 要 内 容
1	质量模型	GB/T 25000.10—2016《系统与软件工程 系统与软件质量要求和评价（SQuaRE）第10部分：系统与软件质量模型》	ISO/IEC 25010:2011	GB/T 25000的本部分定义了： （1）使用质量模型，该模型由5个特性组成，每个特性又可进一步细分为一些子特性，这些特性关系到产品在特定的使用周境中使用时的交互结果。这一系统模型可以应用于整个人机系统，既包括使用中的计算机系统，也包括使用中的软件产品 （2）产品质量模型，该模型由8个特性组成，每个特性又可进一步细分为一些子特性，这些特性关系到软件的静态性质和计算机系统的动态性质。这一模型既可以应用于计算机系统，也可以应用于软件产品

续表

序号	范 围	国家标准	等同国际标准	主要内容
2	软件产品质量要求与评价	GB/T 25000.51—2016《系统与软件工程 系统与软件质量要求和评价(SQuaRE)第51部分:就绪可用软件产品(RUSP)的质量要求和测试细则》	ISO/IEC 25051:2014	GB/T 25000的本部分确立了: (1)就绪可用软件产品(RUSP)的质量要求 (2)用于测试RUSP的包含测试计划、测试说明和测试结果等的测试文档集要求 (3)RUSP的符合性评价细则
3	测试实验室认可与管理	GB/T 27025—2019《检测和校准实验室能力的通用要求》	ISO/IEC 17025:2017	规定了实验室进行检测和(或)校准的能力的通用要求
4	测试规范	GB/T 15532—2008《计算机软件测试规范》	—	规定了软件在其生命周期内各阶段测试的方法、过程和准则,包括在静态测试方法和动态测试方法中使用的17种常用方法、软件可靠性的推荐模型、软件测试常用模板和规定的测试内容与传统测试内容的对应关系
5	测试文档编制规范	GB/T 9386—2008《计算机软件测试文档编制规范》	—	规定了一组基本的计算机软件测试文档的格式和内容要求,包括测试计划、测试设计说明、测试用例说明、测试规程说明等

2.5.2 国家军用标准

常用的国家军用标准如表2-2所示。

表2-2 常用的国家军用标准

序号	范 围	国家军用标准	主要内容
1	软件产品评价	GJB 2434A—2004《军用软件产品评价》	规定了军用软件产品的评价过程
2	质量模型	GJB 5236—2004《军用软件质量度量》	规定了军用软件产品的质量模型和基本的度量 为确定军用软件质量需求和权衡军用软件产品的能力提供了一个框架
3	测试实验室认可与管理	GJB 2725A—2001《测试实验室和校准实验室通用要求》	规定了实验室进行检测和(或)校准的能力的通用要求
4	软件验证和确认	GJB 5234—2004《军用软件验证和确认》	规定了军用软件验证和确认过程以及军用软件验证和确认计划的编制要求

续表

序号	范 围	国家军用标准	主 要 内 容
5	软件验收要求	GJB 1268A—2004《军用软件验收要求》	规定了军用软件验收基本要求及程序
6	测试规范	GJB/z 141—2004《军用软件测试指南》	规定了软件在其生命周期内各阶段测试的方法、过程和准则，包括在静态测试方法和动态测试方法中使用的17种常用方法、软件可靠性的推荐模型、软件测试常用模板和规定的测试内容与传统测试内容的对应关系
7	测试文档编制规范	GJB 438B—2009《军用软件开发文档通用要求》	规定了软件开发文档编制的格式、内容和要求

第3章

非嵌入式软件测试分析

3.1 概述

非嵌入式软件是我们经常使用的软件之一。本节详细描述了其基本定义、开发过程、运行和开发平台、特点。

3.1.1 基本定义

在国标中，软件的定义是与计算机系统的操作有关的程序、规程、规则及任何与之有关的文档，即软件是程序、数据及文档的集合体。

常见的非嵌入式软件是运行在通用计算机和操作系统上的桌面型软件，按照应用用途等的不同，实现信息化控制及管理的功能。

从软件的应用类别考虑，非嵌入式软件可分为系统软件、应用软件和中间件。从软件架构考虑，软件可分为B/S架构、C/S架构及单机软件。下面就从这几个方面进行叙述。

3.1.1.1 从软件的应用类别划分

1. 系统软件

系统软件为计算机使用提供最基本的功能，负责管理计算机系统中各种独立的硬件，使得它们可以协调工作。系统软件包括操作系统和支撑软件，其中，操作系统是最基本的软件。

（1）操作系统是管理计算机硬件与软件资源的程序，同时也是计算机系统的内核与基石。操作系统提供内存管理与配置、系统资源供需优先次序的决定、输入与输出设备控制、网络控制与文件系统管理等基本功能，同时也提供用户与系统交互的操作接口。

（2）支撑软件是支撑各种软件的开发与维护的软件，又称为软件开发环境，主要包括环境数据库、各种接口软件和工具组。

2. 应用软件

应用软件是针对特定用途而开发的软件，最常见的应用软件包括以下几种。

（1）文字处理软件，用于输入、存储、修改、编辑、打印文字材料等。

（2）信息管理软件，用于输入、存储、修改、检索各种信息。

（3）辅助设计软件，用于高效地绘制、修改工程图纸，进行设计中的常规计算，寻求好的设计方案。

（4）实时控制软件，用于随时搜集生产装置、飞行器等的运行状态信息，以此为依据按预定的方案实施自动或半自动控制，安全、准确地完成任务。

3. 中间件

中间件是一种独立的系统软件或服务程序。通过中间件，分布式应用软件实现了跨平台、跨操作系统环境的信息数据交互。

3.1.1.2 从软件架构划分

1. B/S 架构

B/S（Browser/Server，浏览器/服务器）架构，是 Web 兴起后的一种网络结构模式，Web 浏览器是客户端最主要的应用软件。这种模式统一了客户端，将系统功能实现的核心部分集中到服务器上，简化了系统的开发、维护和使用。客户机上只要安装一个浏览器，如 Chrome、Safari、Microsoft Edge、Netscape Navigator 或 Internet Explorer，服务器安装 SQL Server、Oracle、MYSQL 等数据库。浏览器通过 Web Server 同数据库进行数据交互。目前基于云的软件绝大部分使用的也是 B/S 架构。B/S 架构最大的优点是总体拥有成本低、维护方便、分布性强、开发简单，可以不用安装任何专门的软件就能实现在任何地方操作，客户端零维护，系统扩展非常容易，只要有一台能上网的计算机就能使用；最大的缺点就是通信开销大，系统和数据的安全性较难保障。

2. C/S 架构

C/S（客户/服务器）架构采取两层结构。服务器负责数据的管理，客户机负责完成与用户的交互任务。在 C/S 架构中，应用程序分为两部分：服务器部分和客户机部分。服务器部分是多个用户共享的信息与功能，执行后台服务，如控制共享数据库的操作等；客户机部分为用户所专有，负责执行前台功能，在出错提示、在线帮助等方面都有强大的功能，并且可以在子程序间自由切换。C/S 架构的优点是能充分发挥客户端个人计算机（PC）的处理能力，很多工作可以先在客户端处理后再提交给服务器。应用服务器运行数据负荷较轻，且数据的存储管理功能较为透明。缺点是维护、升级成本较高，且对操作系统的依赖性比较大。

3. 单机软件

单机软件是在计算机中能独立使用的软件，不需要连接互联网或其他计算机就能应用。

3.1.2 开发过程

系统分析是整个系统生命周期的开始，应分析待开发系统特定的预期使用要求，以规定系统需求。系统分析的目的是形成一个清楚的、完整的、一致的和可验收测试的系统需求规格说明书。

在此阶段，系统工程师要用一种反复迭代的方法逐渐扩充、完善系统需求，使其达到完整；对系统结构进行设计，建立系统的顶层结构，并标出硬件部分、软件部分和人工操作部分。通过系统分析，完成系统架构和业务需求说明书、可行性分析报告和系统需求规格说明书，为软、硬件开发人员正确建立所要求的系统提供基础知识。由于本书重点讲述软件测试技术，故开发过程就是软件的开发过程管理。

软件开发过程即软件设计思路和方法的一般过程，包括设计软件的功能和实现的算法和方法、软件的总体结构设计和模块设计、编程和调试、联调测试与维护升级。常见的软件开发模型有瀑布模型、演化模型、快速应用开发模型、快速原型模型、增量模型及螺旋模型等。在实际开发过程中，常采用经典的瀑布模型的方式进行软件的设计开发，具体的瀑布模型如图 3-1 所示。

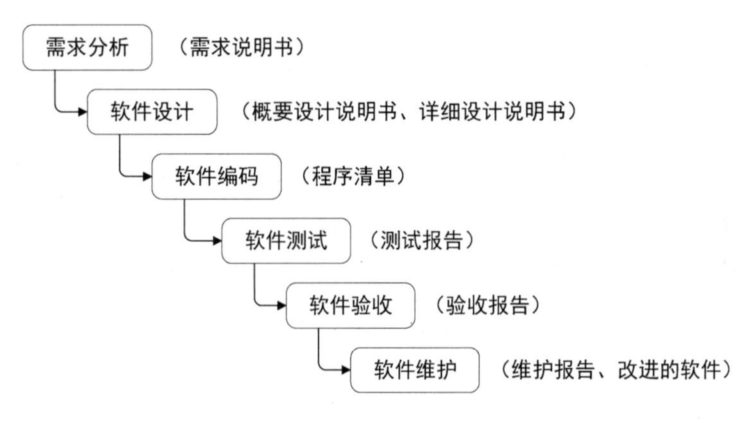

图 3-1 具体的瀑布模型

3.1.2.1 需求分析

需求分析就是分析软件用户的需求是什么，对要解决的问题进行详细的分析，弄清楚问题的要求，包括需要输入什么数据、要得到什么结果、最后应输出什么。需求分析在软件开发的过程中具有举足轻重的地位，通常需求分析的主要内容包括业务对象、业务流程、性能需求、环境需求、可靠性需求、安全保密要求、用户界面需求、资源使用需求、软件成本消耗与开发进度需求。对于一个大型且复杂的软件系统，用户很难一开始就精确完整地提出它的功能和性能要求等。所以，如果需求变更，那么测试需求、计划等方面需要做出相应的变更。

3.1.2.2 软件设计

软件设计是指依据软件需求规格说明书，设计软件的整体接口，划分功能模块，确定每个模块的实现算法及软件架构等，形成软件的具体设计方案。软件设计可以简单划分为概要设计和详细设计两个过程。

1. 概要设计

概要设计过程是从收到需求规格说明书后即可开始的。该过程中通过定义软件概要设计过程，指导设计人员实现能满足用户需求的软件产品。概要设计包括软件系统结构、功能模块设计、界面设计、报表设计、数据库设计、安全保密设计等。

2. 详细设计

详细设计过程从概要设计说明书经过客户认可后开始，是由设计人员负责将概要设计说明书中的概要设计转化为开发人员能实现的详细设计说明书的过程。该过程的目的是通过定义软件详细的设计过程，指导开发人员去实现能满足用户需求的软件产品。

3.1.2.3 软件编码

软件编码是指程序员根据软件需求规格说明书、详细设计说明书及接口文件等，编写程序源代码，包括必要的数据文件，并进行单元测试，实现用户需要的软件功能。单元测试的内容包括模块内程序的逻辑、功能、参数传递、变量引用、出错处理等方面。

3.1.2.4 软件测试

软件测试的目的是以较小的代价发现尽可能多的错误。实现这个目标的关键在于设计一套出色的测试用例（测试数据和预期的输出结果组成了测试用例）。设计出一套出色的测试用例，关键在于理解测试方法。不同的测试方法有不同的测试用例设计方法。具体的测试方法及内容将在后面章节进行详细阐述。

3.1.2.5 软件验收

软件验收主要由验收测试、验收测试问题改正和验收三部分组成。验收测试的主要目的是验证所开发的软件在用户使用环境下是否满足软件需求，从用户的角度验证整个软件的正确性和操作性。

3.1.2.6 软件维护

软件维护是指在已完成对软件的研制（分析、设计、编码和测试）工作并交付使用以后，对软件产品所进行的一些软件工程的活动，根据软件运行的情况，对软件进行适当修改，以适应新的要求，以及纠正运行中发现的错误，编写软件问题报告、软件修改报告。

3.1.3 运行和开发平台

非嵌入式软件的运行和开发需要依托一定的平台。

3.1.3.1 运行平台

非嵌入式软件的运行平台包括硬件和软件两部分。

硬件部分，早期主流的平台使用基于 CISC 架构的 X86、AMD64 等处理器，近年来基于 RISC 架构的 ARM 处理器崭露头角，使用范围越来越大。

软件部分，主要是操作系统、数据库、中间件等。

主流的操作系统包括以下部分。

（1）Windows 系列，从早期的 Windows 3.1 到最新的 Windows 11。

（2）Linux 系列，包括 Ubuntu、Fedora、OpenSUSE、Debian、Mandriva、Mint、PCLinuxOS、Slackware Linux、FreeBSD、CentOS 等。

（3）macOS（IOS）系列。

（4）国产 Linux：深度操作系统、红旗 Linux、银河麒麟、中标麒麟 Linux、共创 Linux 桌面操作系统、SPG 思普操作系统。

主流的数据库包括以下部分。

（1）国外关系型数据库：Oracle、Microsoft SQL Server、MySQL、PostgreSQL、DB2、SQLite。

（2）国外非关系型数据库：MongoDB、Redis。

（3）国产关系型数据库：OpenGauss、达梦、GBase、人大金仓、神州通用。

（4）国产非关系型数据库：TiDB、OceanBase、GaussDB、TDSQL、PolarDB、AnalyticDB、GoldenDB、SequoiaDB。

主流的中间件包括以下部分。

（1）分布式对象中间件：COM/DCOM、J2EE（RMI）、CORBA。

（2）应用服务器：WebLogic、WebSphere、Jboss、TomCat。

3.1.3.2 开发平台

非嵌入式软件的开发平台一般与运行平台一致。硬件以X86、AMD64等处理器为主。软件除操作系统、数据库和中间件之外，主要还需要集成开发环境（IDE）。IDE的选择和所使用的编程语言有关。

1. 编程语言

目前的编程语言有很多种，总的来说可以划分成三类：机器语言、汇编语言、高级语言。

机器语言是计算机能直接识别的程序语言或指令代码，无须经过翻译，每一个操作码在计算机内部都有相应的电路来完成，或指不经翻译即可为机器直接理解和接受的程序语言或指令代码。机器语言使用绝对地址和绝对操作码。不同的计算机都有各自的机器语言，即指令系统。从使用的角度看，机器语言是最低级的语言。

汇编语言的实质和机器语言是相同的，都是直接对硬件进行操作，只不过指令采用了英文缩写的标识符，更容易识别和记忆。它同样需要编程者将每一步具体的操作用指令的形式写出来。汇编程序通常由三部分组成：指令、伪指令和宏指令。汇编程序的每一句指令只能对应实际操作过程中的一个很细微的动作，如移动、自增，因此汇编源程序一般比较冗长、复杂、容易出错。使用汇编语言编程需要有更多的计算机专业知识，通常在非嵌入式软件开发中使用较少，但汇编语言的优点也是显而易见的。用汇编语言所能完成的操作不是一般高级语言所能实现的，源程序经汇编生成的可执行文件不仅比较小，而且执行速度很快。

高级语言是绝大多数编程者的选择。和汇编语言相比，它不仅将许多相关的机器指令合成为单条指令，并且去掉了与具体操作有关但与完成工作无关的细节，如使用堆栈、寄存器等，这样就大大简化了程序中的指令。同时，由于省略了很多细节，编程者也就不需要有太多的专业知识。

常用的高级语言包括如下内容。

（1）Java：服务器端最常用的编程语言。

（2）C++：最通用的编程语言。

（3）C：迄今为止，最值得信任的编程语言。

（4）Python：人工智能（AI）、机器学习方向最佳的编程语言。

（5）JavaScript：客户端最常用的脚本语言。

（6）C#：微软最强有力的面向对象编程语言。

（7）Swift：IOS 端最高效的编程语言。

（8）Go（Golang）：可扩展的编程语言，由谷歌出品。

（9）PHP：最好用的 Web 编程语言。

（10）Ruby：数据科学方面最可靠的编程语言。

2. IDE

IDE 是用于提供程序开发环境的应用程序，一般包括代码编辑器、编译器、调试器和图形用户界面等工具。IDE 是集成了代码编写功能、分析功能、编译功能、调试功能等一体化的开发软件服务套件。常见的 IDE 包括以下几个方面。

1）Visual Studio

Visual Studio（简称 VS）是微软公司的开发工具包系列产品。VS 是一个基本完整的开发工具集，包括整个软件生命周期中所需要的大部分工具，如 UML 工具、代码管控工具、IDE 等。VS 产品包含 C++、C#和 VB.NET 语言。

2）Eclipse

Eclipse 是著名的跨平台开源 IDE，最初主要用 Java 语言开发，通过插件使其作为 C++、Python、PHP 等其他语言的开发工具。Eclipse 的本身只是一个框架平台，但是众多插件的支持使得 Eclipse 拥有较好的灵活性，所以许多软件开发商以 Eclipse 为框架开发自己的 IDE。

3）PyCharm

PyCharm 是由 JetBrains 打造的一款 Python IDE。

PyCharm 具备一般 Python IDE 的功能，如调试、语法高亮、项目管理、代码跳转、智能提示、自动完成、单元测试、版本控制等。

另外，PyCharm 还提供了一些很好的功能用于 Django 开发，支持 Google App Engine，同时还支持 IronPython。

3.1.4 特点

根据对非嵌入式软件的概述和开发过程的阐述，不难发现非嵌入式软件具有以下特点。

1. 庞大的软件规模、复杂的业务流程

随着信息化的发展，软件规模越来越大，业务流程也越来越复杂，主要体现在：

（1）软件应用涉及因素（机构、用户、资源等）众多，规模较大。

（2）以业务过程（或业务流程）为单位实现用户的功能需求。

（3）功能模块之间需要相互协作以完成更复杂的应用需求。

（4）能够通过调整业务流程的方式满足应用需求大的变更。

（5）业务流程与表单（如表格、单据或任务说明等）的处理过程密切相关。

2. 大量的数据交互应用

软件具有大数据量的交互能力，测试中主要体现在大批数据的存取、系统资源的使用情况及吞吐量等方面，尤其是在 B/S 架构的软件中，使用用户比较多。良好的软件性能可以帮助用户及时准确地共享信息。

3. 复杂的接口要求

新软件、新设备层出不穷，接口越来越多样化。在多系统多平台的架构下，经常会有两个或多个软件系统通过接口交互完成某个业务。同时，随着通信协议和数据格式的多样化，软件接口的复杂性越来越明显。好的接口设计充分体现了数据的完整性和接口的异常处理能力。

4. 较高的安全性要求

随着网络的发展及人为的破坏，数据的安全性要求越来越高。在软件和信息系统的开发过程中，较高的软件安全性要求可以妥善解决相应的问题，提高开发效率和产品的质量。

5. 丰富的人机交互界面

软件具有丰富的人机交互界面，通常包括软件启动封面、软件整体框架、软件面板、菜单界面，按钮界面，标签、图标、滚动条、菜单栏目栏、状态栏属性

的界面等，可以使用键盘、鼠标或触摸等方式进行操作。基于易用性的原则，友好的人机交互界面，可以帮助用户更简单、更正确及更迅速地操作。

3.2 主要测试内容

以下从重点与难点分析、常见测试类型和测试策略与方法方面阐述非嵌入式软件的主要测试内容。

3.2.1 重点与难点分析

根据非嵌入式软件的特点，可以发现其测试重点与难点在于以下几个方面。

1. 功能测试

综合的业务流程是测试工程师关注的重点。清晰的业务流程，可以帮助用户合理地完成协同作业。

2. 性能测试

在大数据量下，如何测试并发响应时间、吞吐量等性能指标，是软件测试工程师面临的难题。在性能测试过程中，如何模拟用户使用场景和定位分析性能是关键的问题。

3. 接口测试

检查软件设计实现与软件接口文件是否一致，且满足异常数据处理能力是测试的重点。

4. 安全性测试

在实际中，主要是以程序级的安全性测试为主，制定安全性测试策略是测试工程师的难题。

5. 人机交互界面测试

在测试过程中，如何测试界面信息的一致性及提示信息的准确性是最常见的问题。

3.2.2 常见测试类型

从测试类型的角度考虑，非嵌入式软件测试可分为功能测试、边界测试、性能测试、接口测试、人机交互界面测试、安全性测试、安装性测试、可靠性测试等。

在测试过程中，依据安全关键等级，确定软件测试过程中需要做哪些类型的测试、设计测试用例、执行测试，从而达到全面有效覆盖测试的目标。下面具体介绍常用的几种测试类型。

3.2.2.1 功能测试

功能测试，只需考虑各个功能，不需要考虑整个软件的内部结构及代码。功能测试是为了确保程序以期望的方式运行且按功能要求对软件进行的测试，通过对一个软件所有的特性和功能都进行测试来确保其符合需求和规范。

根据软件需求，设计测试用例、执行测试用例、评价预期结果与实测结果，进而判断软件实现是否满足用户使用的要求，且提出更加符合用户使用的合理建议。功能测试的主要内容包括：

（1）验证单个功能点的实现是否准确且满足需求。

（2）验证业务流程的正确性及异常数据的处理能力。

（3）验证相关业务的关联性是否正确且满足安全性要求。

（4）验证异常数据的处理能力及提示信息的准确性。

3.2.2.2 边界测试

边界测试不仅指输入域/输出域的边界，还包括数据结构的边界、状态转换的边界、功能界限的边界或端点。

测试用例设计阶段，采用等价类划分、边界值法设计测试用例。例如，对于异常数据输入，预期结果：①无法输入异常数据；②输入框中输入异常数据后自动给出提示信息；③单击执行时给出的提示信息。在测试执行阶段，依据等价类划分、边界值法，通常选取七个点的数据进行测试，验证系统异常数据的处理能力。

3.2.2.3 性能测试

根据不同的应用环境，测试工程师模拟用户的使用场景，测试客户端或服务器端等的资源使用情况及用户并发使用下的响应时间。通过使用性能测试工具测试各项指标的实际情况，定位分析系统的性能问题。其测试的主要内容包括：

（1）验证客户端内存、CPU的占用率是否满足系统的性能指标。

（2）验证服务器端内存、CPU的占用率是否满足系统的性能指标。

（3）验证并发响应时间、吞吐量是否满足系统的性能指标。

3.2.2.4 接口测试

接口测试是测试系统组件间接口的一种测试。接口测试主要用于检测外部系统与系统之间以及内部各个子系统之间的交互点。测试的重点是要检查数据的交换、传递和控制管理过程，以及系统间的相互逻辑依赖关系等。其测试的主要内容包括：

（1）验证接口实现是否满足系统接口设计要求。

（2）验证数据库接口是否满足增、删、改、查等操作。

（3）验证系统接口是否满足异常数据处理能力。

3.2.2.5 人机交互界面测试

界面是软件与用户交互的最直接的层，界面测试的目标是确保用户界面向用户提供了适当的访问和浏览测试对象功能的操作。除此之外，界面测试还要确保界面功能内部的对象符合预期要求，并遵循公司或行业的标准。其测试的主要内容包括：

（1）验证窗体、信息框等界面是否满足软件质量因素的要求。

（2）验证控件是否满足软件质量因素的要求。

（3）验证鼠标快捷键是否满足软件质量因素的要求。

3.2.2.6 安全性测试

安全性测试是检验软件中已存在的安全性、安全保密性措施是否有效的测试。其测试的主要内容包括：

（1）验证数据库增、删、改、备份等操作是否满足安全性测试的要求。

（2）验证异常数据是否满足安全性测试的要求。

（3）验证权限认证是否满足安全性测试的要求。

（4）验证互斥业务的执行是否满足安全性测试的要求。

（5）验证网络中断、设备故障等情况是否满足数据降低处理的安全性测试的要求。

（6）验证病毒查杀能力是否满足安全性测试的要求。

3.2.2.7 安装性测试

安装性测试检验安装过程是否符合安装规程的测试，以发现安装过程中的错误。其测试的主要内容包括：

（1）验证安装的自动化程度是否满足软件安装性的要求。

（2）验证安装选项和设置是否满足软件安装性的要求。

（3）验证安装过程的中断是否满足软件安装性的要求。

（4）验证软件安装顺序是否满足软件安装性的要求。

（5）验证软件在不同环境配置下是否满足软件安装性的要求。

（6）验证软件安装的正确性是否满足安装性的要求。

（7）验证修复安装测试和卸载测试是否满足安装性的要求。

3.2.2.8 可靠性测试

软件可靠性是指软件系统在规定的时间内以及规定的环境条件下，完成规定功能的能力。一般情况下，只能通过对软件系统进行测试来度量其可靠性。其测试的主要内容包括：

（1）通过不断加压的方式来验证软件是否满足可靠性测试要求。

（2）通过真实环境下不间断工作的方式来验证软件是否满足可靠性测试要求。

（3）通过随机破坏的方式来验证软件是否满足可靠性测试要求。

3.2.3 测试策略与方法

针对上述的测试类型，本节阐述了对应的测试策略与方法。

3.2.3.1 功能测试

功能测试依据软件需求规格说明书中的功能需求，逐项用正常值、异常值的等价类划分方法进行测试，以验证软件功能是否满足需求。

测试策略：

（1）采用黑盒的方式，根据要求编写测试用例并通过评审后，依次执行测试用例。

（2）采用交叉测试的方式，人工执行相关测试用例，对功能模块逐项进行测试。

（3）对重点的业务流程和功能，在软件功能、界面健壮的条件下，使用自动化测试工具对软件的功能进行测试。

3.2.3.2 边界测试

边界测试对软件处在边界或端点情况下的运行状态进行测试。测试内容可以包括但不限于软件的输入域、输出域的边界或端点的测试，状态转换的边界或端点的测试，功能界限的边界或端点的测试，性能界限的边界或端点的测试。

测试策略：

（1）采用边界值方法进行测试用例的设计。

（2）边界测试一般采用人工方式进行，对于特殊的功能和性能边界，结合自动化测试工具进行测试。

3.2.3.3 性能测试

性能测试对软件需求规格说明书中的性能需求逐项进行测试，测试内容可以包括但不限于资源利用率、业务操作响应时间测试。

测试策略：

（1）性能测试工作主要在功能测试执行完成后、系统相对稳定时进行。

（2）性能测试需求需要根据实际业务需求进行分析。

（3）性能测试环境要尽可能与实际环境一致，测试前期需要多方讨论评估。

（4）大数据量相关性能测试，需要在测试前期进行数据准备。根据实际情况，可采用自动化测试工具 QTP 来进行业务数据快速批量创建，或者直接在数据库中创建大量业务数据，以此作为某些性能测试的基础条件。

（5）根据测试环境情况可采用 Loadrunner 或其他性能测试工具，必要时也可以开发相应的测试工具。

3.2.3.4 接口测试

接口测试依据需求规格说明书和接口文件中的接口需求逐项进行测试。测试内容可以包括但不限于检查外部接口信息格式和内容、输入/输出正常和异常数据、测试内部接口的功能和性能、测试硬件提供接口的可用性。

测试策略：

（1）内部接口，如数据库接口，结合功能测试进行。

（2）与外部应用系统的接口，需要根据接口协议，进行输入和输出接口测试，包括正常接口功能测试和接口异常处理测试。

3.2.3.5 人机交互界面测试

人机交互界面测试对所有人机交互界面提供的操作和显示界面进行测试，测试内容可以包括但不限于测试用户操作和显示界面与软件需求规格说明书中要求的一致性，测试用户操作（非常规操作、误操作、快速操作）对人机界面健壮性的影响，测试对错误指令或非法数据输入的检查能力与提示情况。

测试策略：

（1）人机交互界面测试可与功能、边界、接口等测试相结合进行。

（2）人机交互界面测试一般采用人工执行测试用例的方式进行。

（3）人机交互界面测试采用自动化测试工具快速、重复执行界面操作来检验界面的健壮性。

（4）人机交互界面测试主要在分系统的功能模块测试中进行，在系统测试中可结合系统业务流程和接口进行相关测试。

3.2.3.6 安全性测试

安全性测试是检验软件中已存在的安全性、安全保密性措施是否有效的测试。测试内容可以包括但不限于权限控制的安全性测试、日志记录规范和完整性的安全性测试。

测试策略：

（1）安全性测试需求依据测试要求结合系统实际情况进行分析。

（2）安全性测试结合功能测试等进行测试。

（3）安全性测试主要采用人工方式，必要时可采用测试工具。

3.2.3.7 安装性测试

安装性测试是检验软件的安装、卸载是否按照规程进行的测试。测试内容可以包括但不限于安装与卸载的前进或后退、安装的修复等。

测试策略：

（1）采用人工执行方式进行安装性测试。

（2）要进行不同环境、配置下的安装。

（3）要进行不同方式的卸载。

（4）安装或卸载后要验证是否成功。

3.2.3.8 可靠性测试

可靠性测试是在真实的或仿真的环境中，为做出软件可靠性评估而对软件进行的功能测试，依据系统特点，对系统长时间运行的稳定性进行测试。

测试策略：

（1）可靠性测试必要时采用自动化工具进行。

（2）可靠性测试结合系统功能相关测试一并进行。

3.3 测试环境与工具

测试环境与工具包括测试环境、测试数据和测试工具三个方面。

3.3.1 测试环境

本节阐述了测试环境的构建，以及 B/S 和 C/S 架构软件的测试环境。

3.3.1.1 测试环境的构建

测试环境是软件测试执行的一个重要阶段，不同软件产品对测试环境有着不同的要求。例如，C/S 及 B/S 架构相关的软件产品，由于架构不同，在构建测试环境时应根据其各自特点搭建测试环境，总体的构建策略如下。

（1）所需要的计算机的数量，以及对每台计算机的硬件配置要求，包括 CPU 的速度、内存和硬盘的容量、网卡所支持的速度、打印机的型号等。

（2）部署被测应用的服务器所必需的操作系统、数据库管理系统、中间件、Web 服务器及其他必需组件的名称、版本，以及所要用到的相关补丁的版本。

（3）测试中所需要使用的网络环境。例如，如果测试结果同接入 Internet 的线路的稳定性有关，那么应该考虑为测试环境租用单独的线路；如果测试结果与局域网内的网络速度有关，那么应该保证计算机的网卡、网线以及用到的集线器、交换机都不会成为瓶颈。

以上叙述了测试环境总体的构建策略，接下来将具体介绍每种架构的测试环境构建策略。

3.3.1.2 B/S 架构

1. B/S 架构的体系结构

B/S 架构的体系结构示意图如图 3-2 所示。

2. 构建策略

（1）安装杀毒软件且查杀病毒。准备好测试 PC 后，安装杀毒软件，对整个测试平台进行病毒查杀，确保测试环境的干净性。

（2）安装测试工具、文字编辑软件、测试管理工具，保证测试环境的充分性。常见的工具：Office、Loadrunner、Nmon、QTP、EtherPeek、PL/SQL 等。

（3）安装不同版本的浏览器并设置不同的分辨率，保证软件符合兼容性测试的要求。

（4）备份测试环境，防止因计算机系统损坏等引起的数据丢失。

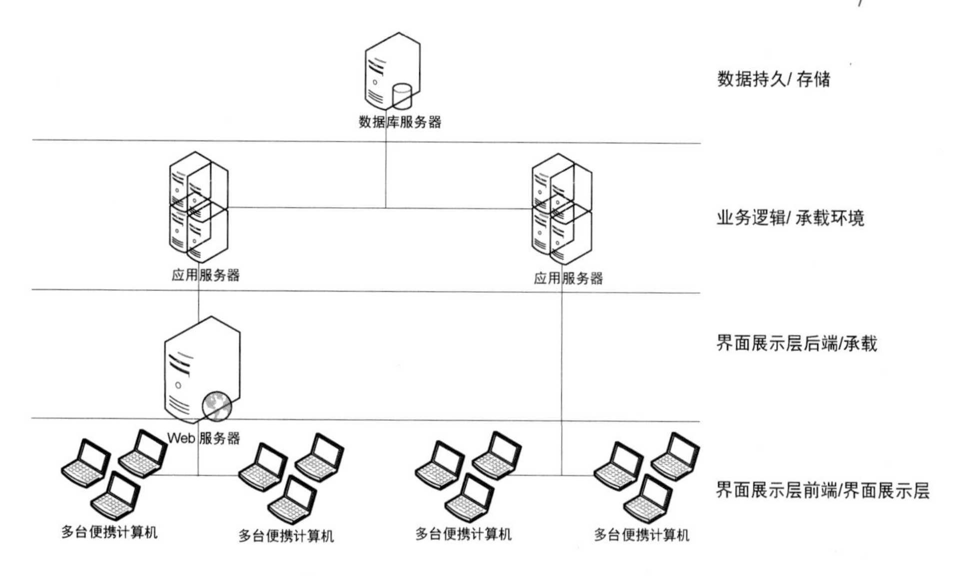

图 3-2　B/S 架构的体系结构示意图

3.3.1.3　C/S 架构

1. C/S 架构的体系结构

C/S 架构的体系结构示意图如图 3-3 所示。

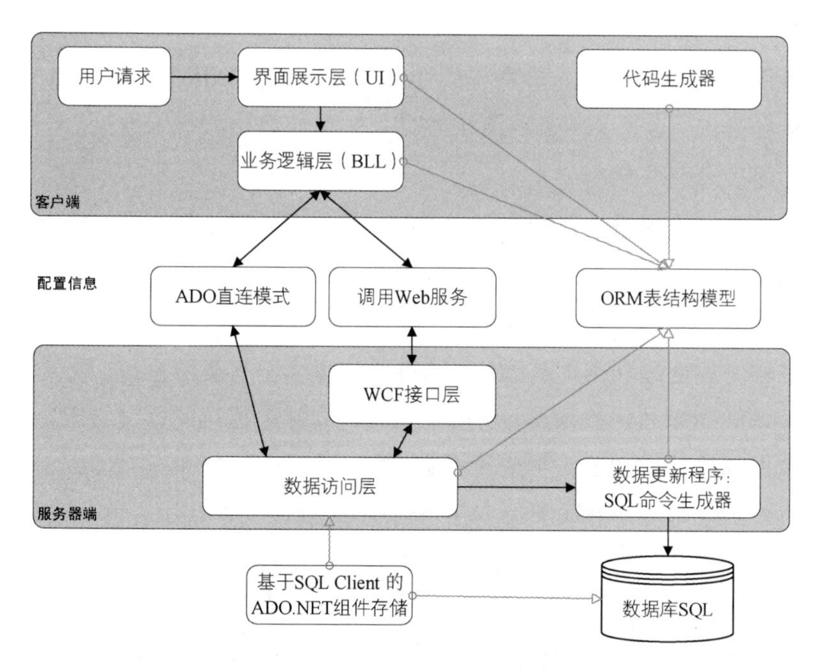

图 3-3　C/S 架构的体系结构示意图

2. 构建策略

（1）安装杀毒软件且查杀病毒。准备好测试 PC 后，安装杀毒软件，对整个测试平台进行病毒查杀，确保测试环境的干净性。

（2）安装测试工具、文字编辑软件、测试管理工具，保证测试环境的充分性。常见的工具：Office、Loadrunner、Nmon、QTP、EtherPeek、PL/SQL 等。

（3）备份测试环境，防止因计算机系统损坏等引起的数据丢失。

（4）安装客户端应用程序，准备好测试基础工作。

3.3.2 测试数据

测试数据是用来测量某一项能力的数据。在软件测试过程中，测试数据的准备工作量很大而且也是一项技术活。因此如何准备大量的测试数据，如何准备高质量的测试数据，满足测试的需求，是一个重要的问题。

针对不同的测试类型，需要的测试数据类型也不同，本节主要讲述功能测试和性能测试中测试数据的准备。

3.3.2.1 功能测试数据

功能测试在很大程度上与系统的业务有很大关系，因此数据的准备也要根据具体业务来进行，需要准备的测试数据包括典型数据和极限数据。一般数据可以从三个方面进行准备。

第一种方式是根据被测系统需求的分析，针对正常业务、异常情况、边界情况等来构建完整的数据，又称为“造”数据，不仅仅包括基础数据，还包括上面提到的业务数据。

第二种方式就是利用现有系统，这种方式适合已有类似系统。测试针对升级或者增加功能的产品化的系统，把已经在原有软件中运行的数据导出，在此基础上进行数据的整理、加工，生成测试数据。

第三种方式就是将现有非电子化的业务数据录入系统中，在验证业务的同时完成测试数据的积累，即边测试边积累数据。但是，这种方式积累的数据往往有一定局限性，因为已经发生的业务数据基本是正确的、一致的，而且可能缺少某些特定业务的数据（不常发生的业务）。这样就需要根据对测试需求的分析，追加新的测试数据，以便能完整覆盖业务类型。确定好数据来源后，还需要对已有数据进行分析、验证、检查，保证数据的质量。数据的质量一般要满足测试需求、覆盖被测业务、覆盖测试边界，以及要满足完整性、一致性等要求。检查完数据质量后要整理和完善数据，清除无用和冗余的数据，补录不完整的数据，以及修改一些错误的数据。整理好的数据要纳入配置管理，若因需求变更须进行数据的维护和更新，以保证满足系统测试的要求。

3.3.2.2 性能测试数据

性能测试中需要准备的测试数据包括初始化数据、历史数据和参数化数据三类数据。业务系统安装部署完成后，并不能马上进行相关业务的负载压力测试，需要对系统进行初始化操作。系统初始化主要针对增加系统中的基本角色信息、机构信息、权限信息、业务流程设置等数据。这些数据是业务系统能够开展相关业务的基础。初始化数据是为了识别数据状态并且验证用于测试的测试案例的数据，需要在业务系统搭建完成后按照系统实际运行要求实施导入，供测试使用。业务系统刚刚上线的时候，由于数据库中的数据量相对较少，系统整体响应时间很快，用户使用体验较好。

随着业务的持续开展，业务系统数据库中的数据量会成倍地增加，业务系统的相关操作响应时间会因为数据库中业务数据的快速增长等原因变得越来越长，用户使用体验会变得较差。因此，在性能测试时，需要加入相当规模的铺底数据，来模拟未来几年业务增长条件下的系统相关操作的性能表现。在负载压力测试的过程中，为了模拟不同的虚拟用户操作的真实负载情况，由于业务系统中大部分业务操作的交易数据不能重复使用，因此需要准备大量参数化数据，以保证正常实施负载压力测试。

性能测试数据一般也采用手工创建和数据导入的方式来准备。业务系统的初始化数据一般采用手工创建和数据导入的方式来完成。其中，新建系统或者新旧系统差异较大的这类系统需要手工创建，而具有遗留系统的升级系统很大一部分可以通过数据导入的方式来完成数据初始化工作。历史数据的准备通常采用数据翻倍的方式来完成。数据翻倍需要找出数据库之间的表结构关系，弄清楚数据库里面主表和附表之间的关系是一对多或多对多。一对多关系的要推算一张主表的一条记录大概对应附表的几条数据，并据此把数据翻倍。具体实施数据翻倍时可以利用 CPU 的运算能力高效率地生成数据，并导入数据库，从而产生所需的铺底数据，或者通过编写和执行存储过程来完成。

准备测试数据要遵循以下几个原则。

（1）数据库中的数据量要是内存的若干倍。

（2）数据在准备的时候，要保持原表的约束关系。

（3）每张表的数据量要符合真实情况。

参数化数据准备一般采用从数据库提取现有数据或者人工添加数据的方式来完成。但是当数据量很大时，几千个虚拟用户并发，手动去准备这些数据就很麻烦。因此对于并发度较高的业务，可以采用数据库后台对可用数据进行数据翻倍的方式来完成，也可以通过 LoadRunner 执行并发测试来完成。

3.3.3 测试工具

软件测试中会使用大量的测试工具，包括功能测试工具、性能测试工具、安全性测试工具、接口测试工具和测试管理工具。

3.3.3.1 功能测试工具

功能测试工具可以通过自动录制、检测和回放用户的应用操作，将被测系统的输出记录同预先给定的标准结果比较，主要目的是检测应用程序是否能够达到预期的功能并正常运行。自动化测试工具能够有效地帮助测试人员对复杂的企业级应用的不同发布版本的功能进行测试，提高测试人员的工作效率和质量。

常见的功能测试工具如表 3-1 所示。

表 3-1 常见的功能测试工具

序 号	工具名称	工具简述
1	QARun	QARun 是 Compuware 公司黑盒测试工具集 QACenter 里的功能自动化测试工具，用于检测 C/S 模式、电子商务等应用程序是否能够实现预期功能及正常运行。文本识别技术可以捕获实际文本、测试日期和数字的 ASCII 码或任何字母数字的实际值
2	Functional Tester	Functional Tester 是 IBM 公司的一款自动化测试工具，用于检测多种应用程序的功能是否满足要求。其最大的特点是能够获取程序快照并显示程序可视化，同时，可以使用程序可视化来编辑脚本，并插入验证点和数据驱动的指令，而无须在测试时打开程序

续表

序 号	工具名称	工具简述
3	SilkTest	SilkTest 是 Micro Focus 公司的一款企业级的自动化测试工具，用于检测企业级应用软件的功能测试。其最大的特点是提供跨多语言、多平台和多个 Web 浏览的单个脚本的同步测试
4	Quick Test Professional (QTP)	QTP 是 HP 公司的一款自动化回归测试工具，用于检测执行重复的手动测试。其最大的特点是采用关键字驱动的理念以简化测试用例的创建和维护
5	按键精灵	按键精灵是福建创意嘉和软件有限公司的一款模拟鼠标键盘动作的软件，用于执行重复性的相关操作。其最大的特点是不需要任何编程知识就可以做出功能强大的脚本，脚本语句丰富

3.3.3.2 性能测试工具

性能测试的重点是负载压力测试，主要目的是度量应用系统的可扩展性和性能。在实施并发负载过程中，通过实时性能监测来确认和查找问题，并针对所发现问题对系统性能进行优化，确保应用的成功部署。

常见的性能测试工具如表 3-2 所示。

表 3-2 常见的性能测试工具

序 号	工具名称	工具简述
1	LoadRunner	LoadRunner 是 HP 公司的一种预测系统行为和性能的工业标准级负载测试工具。其测试对象是整个企业的系统，通过模拟实际用户的操作行为和实行实时性能监测，来帮助用户更快地查找和发现问题，同时支持广泛的协议和技术
2	QALoad	QALoad 是 Compuware 公司的一款 C/S 系统、企业资源配置和电子商务应用的自动化负载测试工具，通过可重复的、真实的测试彻底地度量应用的可扩展性和性能
3	Apache JMeter	Apache JMeter 是 Apache 组织开发的基于 Java 的压力测试工具，可以用于对静态的和动态的资源（文件、Servlet、Perl 脚本、Java 对象、数据库和查询、FTP 服务器等）的性能进行测试，同时可以用于对服务器、网络或对象模拟繁重的负载来测试强度或分析不同压力类型下的整体性能
4	PureLoad	PureLoad 是一款负载测试软件，可以用于模拟大量的用户执行请求，以检测软件的负载性能，并能报告存在的性能问题和详细的统计数据，也支持基于 Web 的应用
5	Nmon	Nmon 是一款监视和分析 AIX 和 Linux 性能数据的工具，可将服务器的系统资源耗用情况收集起来并输出一个特定的文件，并可利用 Excel 分析工具 Nmonanalyser 进行数据的统计分析

3.3.3.3 安全性测试工具

安全性测试（Security Testing）是指有关验证应用程序的安全等级和识别潜在安全性缺陷的过程，主要目的是查找软件自身程序设计中存在的安全隐患，并检查应用程序对非法侵入的防范能力。

常见的安全性测试工具如表 3-3 所示。

表 3-3 常见的安全性测试工具

序号	工具名称	工具简述
1	AppScan	AppScan 是 IBM 的一款 Web 安全扫描工具，可以利用爬虫技术进行网站安全渗透测试，根据网站入口自动对网页链接进行安全扫描，扫描之后会提供扫描报告和修复建议等
2	Fortify	Fortify 是 Micro Focus 旗下应用程序安全测试（AST）产品，产品组合包括 Fortify Static Code Analyzer（静态应用安全测试软件），Fortify WebInspect（动态应用程序安全测试软件），Software Security Center（软件安全中心）和 Application Defender（实时应用程序自我保护软件） Fortify 能够提供静态和动态应用程序安全测试技术，并在运行时应用程序监控和保护功能
3	Nessus	Nessus 是世界上最流行的漏洞扫描程序，全世界有超过 75000 个组织在使用它。该工具提供完整的计算机漏洞扫描服务，并随时更新其漏洞数据库。Nessus 不同于传统的漏洞扫描软件，可同时在本机或远端上遥控，进行系统的漏洞分析扫描。Nessus 也是渗透测试重要工具之一
4	Nmap	Nmap 是一个网络连接端扫描软件，用来扫描网上计算机开放的网络连接端，确定哪些服务运行在哪些连接端，并且推断计算机运行哪个操作系统
5	OWASP ZAP	OWASP ZAP 是由全球性安全组织 OWASP 推出并定期维护更新的一款开源工具，置于用户浏览器和服务器中间，充当一个中间人的角色，浏览器所有与服务器的交互都要经过 ZAP，这样 ZAP 就可以获得所有这些交互的信息，并且可以对它们进行分析、扫描，甚至是改包再发送

3.3.3.4 接口测试工具

接口测试是测试系统组件间接口的一种测试。接口测试主要用于检测外部系统与系统之间及内部各个子系统之间的交互点。测试的重点是要检查数据的交换、传递和控制管理过程，以及系统间的相互逻辑依赖关系等。

常见的接口测试工具如表 3-4 所示。

表 3-4　常见的接口测试工具

序　号	工 具 名 称	工 具 简 述
1	EtherPeek	EtherPeek 是一种利用计算机的网络接口捕获目的地为其他计算机的数据报文的工具。其实质是信息包捕获过程中实时进行专业诊断和结构解码的网络协议分析器
2	Wireshark	Wireshark（前称 Ethereal）是一款网络封包分析软件。网络封包分析软件的功能是截取网络封包，并尽可能显示出最为详细的网络封包资料。Wireshark 使用 WinPcap 作为接口，直接与网卡进行数据报文交换
3	TCP/UDP 调试小助手	TCP/UDP 调试小助手是一个网络辅助开发工具，可以帮助开发人员检查开发项目向网络发送的数据和指令，也可以使用该工具向开发项目发送数据及指令
4	串口测试工具	串口测试工具是一种侦测、拦截、逆向分析串口通信协议的工具，是侦测串行端口的专业工具软件

3.3.3.5　测试管理工具

一般而言，测试管理工具是对测试需求、测试计划、测试用例、测试执行进行管理的工具，还包括对缺陷的跟踪管理。测试管理工具能让测试人员、开发人员或其他的 IT 人员通过一个中央数据仓库，在不同地方交互信息。

常见的测试管理工具如表 3-5 所示。

表 3-5　常见的测试管理工具

序　号	工 具 名 称	工 具 简 述
1	TestManager	TestManager 是 IBM 公司的一款企业级的强大测试管理工具，可以用来编写测试用例、生成 Datapool、生成报表、管理缺陷及日志等
2	Bugzilla	Bugzilla 是一个开源的缺陷跟踪系统，可以管理软件开发中缺陷的提交、修复、关闭等整个生命周期
3	Jira	Jira 是 Atlassian 公司的一款项目与事务跟踪工具，应用于缺陷跟踪、客户服务、需求收集、流程审批、任务跟踪、项目跟踪和敏捷管理等工作领域
4	TestCenter	TestCenter 是国产的测试管理工具，可以实现测试用例的过程管理，对测试需求过程、测试用例设计过程、业务组件设计实现过程等整个测试过程进行管理

3.4　常见问题

在日常测试工作中，做的项目越多，积累的测试经验就越丰富，测试工程师们会对某一类软件往往会出现什么问题比较敏感，会下更多的工夫去测试。一个好的测试工程师不仅要善于发现、定位问题，更要善于总结归纳。以下是非嵌入式软件的常见问题，可以在具体项目中作为参考。

3.4.1 软件规范问题

1. 操作指示不明确

操作指示存在二意性，提示操作项“忽略”“取消”“退出”等，含义不明确。

2. 简单界面规范问题

（1）按钮图片丢失、按钮图片不配套、按钮大小排列不美观；

（2）在引用数据窗口的下拉列表中，没有根据实际数据来调整下拉列表显示的大小和垂直滚动条，导致文本只显示了一部分；

（3）菜单排列顺序有误；

（4）窗口最小化以后在屏幕上找不到了，或最小化后再次最大化界面显示不一致，无法恢复原窗口。

3. 操作过程缺乏人性化考虑

（1）常规按钮排列顺序不一致；

（2）常用功能不支持键盘操作；

（3）存在空行时，提示用户输入其余内容，而没有自动删除空行。

4. 帮助文件规范问题

（1）联机帮助中字体、背景风格不统一；

（2）单击“？”按钮打开帮助文件，没有直接定位到内容；

（3）内容定位错误；

（4）帮助文件内部链接没有做全；

（5）文档内容排版错误；

（6）其他帮助文件错误。

5. 软件风格规范问题

（1）控件的切换顺序有误、DataWindow 的切换顺序有误；

（2）DataWindow 内容的对齐方式不正确（数值右对齐、日期居中对齐、文字左对齐）；

（3）值的 EditMask（掩码）设置有误、日期的 EditMask（掩码）设置有误、日期的默认格式非 YYYY.MM.DD、默认日期存在 1900.00.00 现象或其他不合理的值；

（4）弹出窗口不在屏幕的中间位置、退出系统缺少提示；

（5）重大操作缺少提示、重大操作没有自动弹出备份提示；

（6）快捷按钮的定义不准确、快捷字母或数字重复、工具栏快捷键的定义错误、工具栏常用快捷键的缺失；

（7）违反窗口录入标准（可录入内容为白底蓝字、不可录入内容为白底黑字或灰底）、主窗口关闭后未关闭下属窗口；

（8）进入界面缺少焦点、焦点位置不合理、回车键切换焦点顺序错误、记录或条件选择不方便；

（9）窗口标题、版本号、版权标识、系统图片不统一；

（10）存在无明显用途或不必要的消息窗。

3.4.2 业务规范问题

1. 业务术语规范问题

业务术语规范问题主要是指概念偷换、业务名词混用、业务术语出现错别字、生造业务术语、同一功能指向使用不同术语、多个功能指向使用同一术语。

2. 操作提示用语不规范

操作提示用语不规范主要是指缺少必要的提示，提示语句描述不规范、语序随意、叙述风格不统一或口语化，对操作的必然后果或可能产生的后果没有提示、提示有误。

3. 用例错误

用例错误主要是指引用业务规范错误、引用政策法律的相关数据过时、引用相关公式错误、报表格式不符合业务规范或过时、报表或查询窗口中条目或款项设计不全导致信息失真或不可用。

4. 默认设置不规范

默认设置不规范主要指数量或数据长度不符合日常应用、默认编码方案不可行或不科学、系统建表后自动插入的数据错误、各种默认的数据或编码体系彼此不统一。

5. 常规录入错误

常规录入错误主要指数据录入、修改、保存、删除等常规操作过程中出现的各类弹出式信息出错，数据控制疏漏、数据编辑无效、设置无效等。

6. 数据编辑无效

（1）由于建表失败导致的无法设置现象；

（2）各种设置完成后，立即查询发现与设置不符；

（3）数据编辑保存后，在其他相关功能中查询此数据，数据不一致；

（4）数据经过变动、保存后，在其他功能中查询，没有及时更新变动。

7. 出现 DataWindow Error

（1）出现主键冲突导致的错误提示；

（2）由于字段类型和赋值范围控制疏漏导致的 DataWindow Error（录入界面允许 $n+m$ 位，字段实际宽度为 n 位，或由于数值掩码设置出错，导致数据库弹出错误提示未被程序接管）；

（3）由于建表错误导致数据无法保存而产生的 DataWindow Error；

（4）在同一操作界面中反复进行修改、查询、删除等编辑操作，使驻留于内存中的数据与数据库中的数据不对应导致的 DataWindow Error；

（5）极限数据录入产生的 DataWindow Error；

（6）其他操作出现的 DataWindow Error。

8. Windows 98 系统出现非法操作提示或 Windows 2000 系统出现应用程序错误提示

（1）报表或查询的条件录入中由于使用 %、(、)等特殊符号产生的非法操作提示；

（2）某一功能、某一组功能的常规操作中出现非法操作提示；

（3）某几个功能的组合操作、或一个功能较复杂的应用中出现非法操作提示。

9. .NET错误

.NET错误包含所有的Microsoft Visual Studio .NET 2003 Error或出现“第××行代码错误”的提示。此类提示在程序任何地方都可能出现。

10. 残留的编译信息未及时清除

残留的编译信息主要是开发员在开发过程中为方便观察程序运行状态而留下的一些提示窗口，表现形式往往是弹出一个或多个标注感叹号（！）、问号（？）的消息框。

11. 出现Windows系统提示

出现的Windows系统提示包括文件删除失败、内存不够、无法执行此项任务等。

12. 系统停止响应

在没有并发操作的前提下出现程序停止响应状况或者长时间停顿，需要按“Ctrl+Alt+Delete”组合键中止的现象（海量数据恢复除外）。

13. 非正常的失败或操作错误提示

（1）操作过程中出现本不应该有的失败提示；

（2）提示与出错的实际原因不一致，实际是A错误，显示B错误。

14. 流程错误

流程错误主要指程序运行过程中由于需求分析、功能设计中对产品功能缺少深入的考虑、在编码过程中的疏漏等原因，产生的逻辑控制错误或失败、数据控制错误等。

3.4.3 逻辑控制问题

（1）初始化完成后没有自动检测初始化设置的核心内容或者检测出错；

（2）该禁止的操作流程未被禁止、不该禁止的操作流程被禁止；

（3）对已使用的条款、存在记录的类别，可以做删除操作（如删除有固定资产的部门、删除已有员工发薪的员工大类等）；

（4）编码缺少必要的分级政策，直接影响后面流程的取数及统计工作的正确性；

（5）数据恢复前未强行关闭当前工作窗口；

（6）初始化前事关流程走向的选项在初始化完成后仍旧可以改动；

（7）流程环节设计不合理、不规范；

（8）流程设计缺少重要的数据出口；

（9）对于可能出现的流程中的意外情况，缺少可行的解决办法（如不支持作废、重开、冲红等）；

（10）设计中对特定的流程及相应的单据缺乏检查、追踪及统计的功能；

（11）单据的处理流程存在前后因果关联错误（如修改、审核、删除、作废之间的关系）；

（12）公式设置出现闭环，公式间出现互为因果的现象，但能够设置成功；

（13）公式保存没有必要的合法性检查；

（14）软件无法安装或安装失败。

3.4.4 数据控制问题

（1）取上一环节数据出错；

（2）下一环节取数后反填错误，未将所取的值记录下、未加上已取数的状态标志，出现统计出错、取数无限制、无法继续取剩余值等错误；

（3）下一环单据变动后反填错误，如对于单据删除、作废、修改等变动，上一环节未同步变动；

（4）公式设置出现闭环；

（5）公式计算出错；

（6）单据录入时出现四舍五入错误；

（7）上下环节的单据处理中出现四舍五入错误。

3.4.5 报表和查询问题

（1）报表取数出错；

（2）对报表进行过滤、筛选等操作，出现数据错误；

（3）报表分级汇总出错；

（4）报表分类统计出错；

（5）报表中的非数据元素显示错误；

（6）修改项目属性导致统计错误；

（7）部分报表可以单击字段名排序，在此过程中出现界面刷新错误、合计汇总错误等；

（8）表与表之间同种指标数据不统一；

（9）初始数据未计算相关报表；

（10）报表数据出现四舍五入错误；

（11）对报表某一记录元素深入查询时出错。

3.4.6 打印相关操作问题

在程序中，常会用到打印功能，由于许多打印用类库处理，因此错误有较大的相似性。打印操作主要涉及打印机设置、打印字体设置、宽度设置、纸张设置。打印包括打印预览、套打、分页打印、满页打印、普通打印等。

（1）打印机及打印纸设置有误；

（2）打印页面参数设置无效；

（3）打印页面参数保存无效；

（4）打印格式选择无效；

（5）套打格式设置无效；

（6）打印效果转换输出无效；

（7）打印标题、表头、表尾设置无效或错误；

（8）同样的内容在不同打印机上的显示效果不同（数据正确的前提下）。

3.4.7 接口及数据交互问题

（1）各模块之间生成单据错误；

（2）各模块之间可以重复取数或放弃取数（取数失败）后不能再取；

（3）各模块交叉查询数据出错；

（4）各模块之间出现传入传出、导入导出、汇入汇出错误；

（5）传出到第三方的数据格式不符合要求；

（6）第三方数据导入不能完全接收或接收错误；

（7）切换网络服务器过程中产生错误；

（8）不同数据库之间的数据查询失败或错误；

（9）其他网络、数据库之间通信失败。

3.4.8 权限及安全问题

（1）匿名登录成功；

（2）明码登录；

（3）重大系统操作不强制重新登录；

（4）对不可逆的操作缺少安全性提示；

（5）没有遵循逐级授权的原则；

（6）权限设置中存在互为因果的逻辑错误；

（7）某操作员没有某权限，但依然能够进行该种操作；

（8）只有针对一部分对象的权限，但全部对象能够进行操作；

（9）只有查询权的情况下，可以编辑成功；

（10）没有某权限，但通过快捷菜单能够绕开；

（11）对权限进行多种组合，出现控制错误；

（12）默认状态下权限设置不合理；

（13）数据成批处理没有考虑到与权限设置存在冲突；

（14）缺少必要的权限；

（15）备份出来的数据未经压缩或加密，利用记事本就可以打开文件并查阅信息。

3.4.9 备份与恢复问题

（1）极限宽度的数据备份恢复失败；

（2）备份恢复数据与原有数据比较，设置内容不正确；

（3）备份恢复数据与原有数据比较，存在记录丢失现象；

（4）在各个数据库中，数据小数位长度不一；

（5）数据库中原有数据的，恢复后部分数据未覆盖；

（6）备份恢复过程中产生其他错误信息；

（7）集中备份恢复与普通备份恢复结果不同；

（8）大数据量备份恢复后记录条数丢失。

3.4.10 并发问题

并发问题指两人或多人同时对同一流程、同一单据或相关流程、相关单据操作所引起的存取错误、系统停止响应等问题。

（1）多人同时录入同类单据，出现单据号重复现象或错误提示；

（2）多人同时对同一张单据进行同一流程处理，出现数据控制失败现象或错误提示；

（3）多人同时对同一单据做不同操作（如审核、修改、删除、作废等），出现控制失败或错误提示；

（4）按上述并发问题，继续查询此单据，出现错误提示；

（5）多人同时录入、编辑同一记录，出现错误提示或数据保存错误；

（6）由于并发产生的提示错误；

（7）在不同流程的同步处理中，由于操作涉及同一数据（表）导致的并发问题；

（8）在不同模块的操作中，由于操作涉及同一数据（表）导致的并发问题。

3.4.11 升级问题

（1）恢复以前版本的数据没有出现“正在调整数据库”提示；

（2）由于版本之间的表结构差异造成的数据无法恢复；

（3）以前版本的数据恢复内容不全；

（4）在以前版本上覆盖安装之后无法进入程序或进入程序后出错；

（5）在以前版本上覆盖安装，进入程序后没有出现“调整数据库”提示；

（6）升级完成之后核对后台表数据，出现表内容丢失现象；

（7）升级完成之后核对后台表数据，出现数据错误现象。

第4章

嵌入式软件测试分析

4.1 概述

嵌入式系统和软件遍及我们的日常生活，与我们息息相关，本节详细描述了其基本定义、开发过程、运行和开发平台、特点。

4.1.1 基本定义

嵌入式软件是嵌入式系统的主要组成部分，以下内容阐述了嵌入式系统和嵌入式软件的定义。

4.1.1.1 嵌入式系统定义

嵌入式系统是一种“完全嵌入受控器件内部，为特定应用而设计的专用计算机系统”。可以把计算机技术、微电子技术、半导体技术、语音图像数据传输技术、通信技术和传感器技术等先进技术与实际应用对象相结合的产物称为嵌入式系统。IEEE定义嵌入式系统是用于控制、监视或辅助操作机器和设备的装置。

嵌入式系统具有专用性、系统资源约束性、实时性，开发环境和开发工具具有专用性、系统内核小、可靠性要求高、体积小、逐渐走向标准化等特点。

嵌入式系统按照复杂程度可以分为小型嵌入式系统、中型嵌入式系统和复杂嵌入式系统；按照实时性要求可以分为软实时系统和硬实时系统；按照应用领域可以分为通信类嵌入式系统、移动终端类嵌入式系统、家电类嵌入式系统、汽车电子类嵌入式系统、工业控制类嵌入式系统和军工领域嵌入式系统等。

嵌入式系统一般由嵌入式应用软件、嵌入式操作系统软件、嵌入式支撑软件、嵌入式处理器和外围硬件设备组成。

4.1.1.2 嵌入式软件定义

嵌入式软件一般是指运行于嵌入式系统中的软件。

嵌入式软件是基于嵌入式系统设计的软件，是计算机软件的一种，同样由程序及其文档组成，可分为操作系统软件、支撑软件、应用软件三大类，是嵌入式系统的重要组成部分。

根据功能的不同，嵌入式软件可以分为嵌入式操作系统软件，如分配、调动计算机系统的资源，控制协调并发任务的 VxWorks、Linux、Palm OS、Windows CE 等；嵌入式支撑软件，如辅助软件开发的仿真工具、测试工具、系统分析设计工具、交叉开发工具、维护工具等；嵌入式应用软件，如面向应用领域的手机软件、物联网软件、工业控制软件等。

4.1.2 开发过程

嵌入式软件的开发具有固有特点，本节从传统软件开发流程出发，介绍了嵌入式软件开发特点、测试与开发过程的关系，以及测试介入时间。

4.1.2.1 传统软件开发流程

传统的软件开发测试模式：开发人员完成任务时是测试人员任务的开始日，开发人员的工作成果是测试人员的原材料。这种软件生命周期模型的典型代表是瀑布模型和改进的 V 模型。瀑布模型如图 4-1 所示。

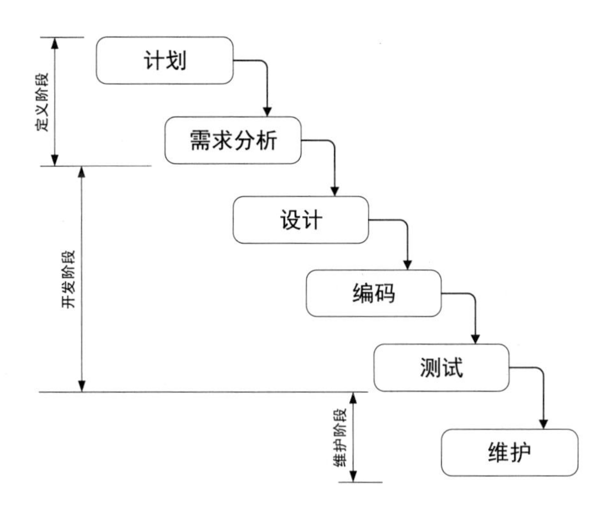

图 4-1 瀑布模型

（1）计划：软件开发方与客户共同讨论，确定软件的开发目标及其可行性。

（2）需求分析：根据客户的要求，先清楚地了解客户需求中的产品功能、特性、性能、界面和具体规格等，然后进行分析，确定软件产品所能达到的目标。

（3）设计：根据需求分析的结果，对整个软件系统进行设计，在逻辑、程序上满足产品功能、特性等。

（4）编码：经过前面三步之后，通过程序语言进行编码，将设计转换成计算机可运行的程序代码。

（5）测试：软件开发过程中，免不了存在错误，所以需要进行软件测试，发现、纠正软件在整个设计过程中存在的缺陷，以确保软件质量。

（6）维护：软件交付之后，为了延续软件的使用寿命，不可避免地要进行软件修改、升级等。

传统的线性测试模型利于管理、控制进程，但是测试滞后、修正错误的代价高昂。调查统计发现，软件缺陷在开发前期发现比在开发后期发现，其资金、人力节约了90%；软件缺陷在推向市场前发现比在推出后发现，其资金、人力节约了90%，所以软件的缺陷应该尽早发现。针对这一问题，提出了一种改进的V模型。

改进的 V 模型（见图 4-2）也反映出软件开发和测试之间的关系，通过水平和垂直对应关系的比较，可以更清楚、全面地了解软件开发过程的特性，即项目一启动，软件测试工作也启动了。

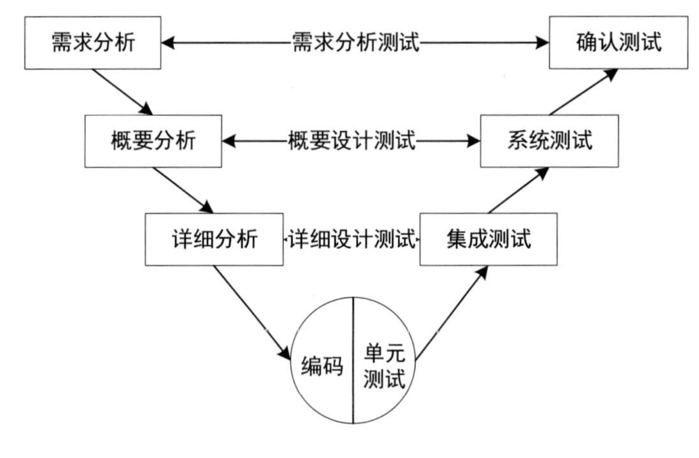

图 4-2　改进的 V 模型

图 4-2 中可以看出改进的 V 模型左边是设计和分析，右边是测试和验证。开发和测试是并行的；完成了需求分析后，先制定好需求说明书和确认测试文档，再设计系统测试用例；进入概要分析阶段，需要在需求说明书和概要设计文档完成后，停止设计系统测试用例，开始设计集成测试用例；在详细分析阶段，停止设计集成测试用例，开始设计单元测试用例；在编码阶段，实现并执行单元测试。

采用改进的 V 模型的优点如下。

（1）编码与测试是反复轮换的，开发一段，测试一段，边开发，边测试。

（2）开发过程中的每个阶段是按顺序执行的，而与开发各阶段相对应的测试设计阶段是允许并发执行的，可以灵活地提前或推后。

（3）在这个模型中，不仅可以将文档作为测试用例设计的依据，而且可以利用更广泛的信息设计测试用例。

（4）各个测试阶段指向单元测试的箭头增加了，可以看出充分的单元测试能大幅度提高软件质量、减少成本。

4.1.2.2 嵌入式软件开发特点

与普通软件开发相比，嵌入式软件开发也有自身的特点。嵌入式软件开发，除了需要遵循上述软件开发流程规范外，还需要嵌入式软件工程师考虑如下几个方面的设计与实现工作。

1. 开发平台的选择

嵌入式软件的开发一般采用宿主机/目标机（Host/Target）的开发模式。宿主机负责完成嵌入式软件的编译、链接和定址。目标机是实际运行嵌入式软件的真实环境。开发人员需要根据嵌入式软件的运行要求选择合适的宿主机平台和目标机平台。

2. 操作系统的选择

逻辑相对复杂、规模较大的嵌入式软件的开发，一般是基于某个嵌入式实时操作系统开发的，因此工程师需要根据软件本身的需求、成本与收益的分析以及不同操作系统的特点来选择适合的嵌入式实时操作系统。

3. 可擦写内存的规划

嵌入式软件工程师需要根据软件需求及目标机本身的特性，规划出软件运行的数据段、堆栈段与代码段在可擦写内存中的位置。

4. 堆的规划

嵌入式开发平台中的内存资源是很珍贵的，因此在程序运行过程中产生内存碎片是非常奢侈的。嵌入式软件工程师需要根据软件本身的特点与逻辑结构，规划出合适大小的内存池组，从而减少内存碎片的产生。其主要任务是分析程序所占用动态内存的频次、大小及相应的数量，规划出合理的内存池组。

5. 栈的规划

对于实时、多任务软件，不同的任务使用各自的栈空间，因此软件工程师在设计某一个任务的时候，还需要为这个任务的栈空间做好规划，主要任务是确定合适的栈大小。

6. 任务优先级的规划

对于多任务软件，从宏观上看，各个任务是并行的；但从微观上看，由于所有的软件都运行于一个CPU，因此各个任务的运行是串行的。实时性要求较高、吞吐量大的任务，需要获得更多的CPU资源，反之则不需要太多的CPU资源，因此嵌入式软件工程师需要根据不同任务实时性要求、吞吐量的实际情况，设定不同的调度优先级。

7. 任务间通信方式的设计

嵌入式多任务软件中，任务间的通信是十分必要的，常用的通信手段有消息队列、共享内存、API通信等。嵌入式软件工程师需要根据所开发的软件特点设计出合适的通信方式。

8. 临界区的设计与保护

不同任务访问临界区的时候，需要加锁对临界区进行保护，这需要软件工程师设计合理的加锁算法，既保护临界区，又避免发生程序死锁。

9. 固化和固化测试

通用软件在开发测试完成后就可以交付运行，其运行环境一般是个人计算机或者服务器，与开发环境基本相同。而嵌入式软件的开发环境是个人计算机，但它的运行环境却种类繁多，可以是个人用户的手持设备，也可以是工业控制设备等。而且嵌入式软件必须存储在只读存储器中，确保用户关机后不会丢失。

因此，嵌入式软件在开发结束后，必须制作其固化版本，刻录到其运行环境的只读存储器中。由于嵌入式软件运行环境中含有调试程序等其他代码，在固化时必须将这些代码清除掉。固化以后，必须在运行环境中继续测试，保证运行的可靠性。

4.1.2.3 测试与开发过程的关系

软件系统或产品与任何事物一样，都要经历孕育、诞生、成长、成熟、衰亡等阶段。我们把软件系统或产品从形成概念开始，经历开发、使用、维护直到最后退役的全过程称为软件生命周期。整个软件生命周期可以划分为若干个阶段，每个阶段的任务相对明确、独立，使结构复杂、规模大、管理复杂的软件开发工程难度大大降低；可以把良好的技术方法和科学的管理技术应用到每个阶段中，有条不紊地进行软件开发工程，在很大程度上提高了软件的可维护性，保证了软件的质量。软件生命周期通常涉及可行性分析与开发项计划、需求分析、设计（概要设计和详细设计）、编码、测试、维护等阶段。而将适当的组织方式、方法分配到不同的阶段去完成，就形成了不同的软件生命周期模型。虽然软件生命周期模型是多种多样的，但是软件测试是必不可少、关键的一个阶段。

因此，嵌入式软件测试同所有的软件测试一样，也是嵌入式软件生命周期中重要的一环。

4.1.2.4 测试介入时间

嵌入式软件的开发是一个系统工程，每一阶段都要做好设想、计划和安排，这样就可以将软件开发这个复杂的系统工程变得容易、简单些，也便于不同人员分工协作，使软件开发顺利进行并在预期的时间内完成。测试是软件开发的关键，在制定开发计划的同时就要制定测试计划，保证测试在软件开发进行结构设计时就已经进行了。图 4-3 所示为嵌入式软件测试介入开发的时间。

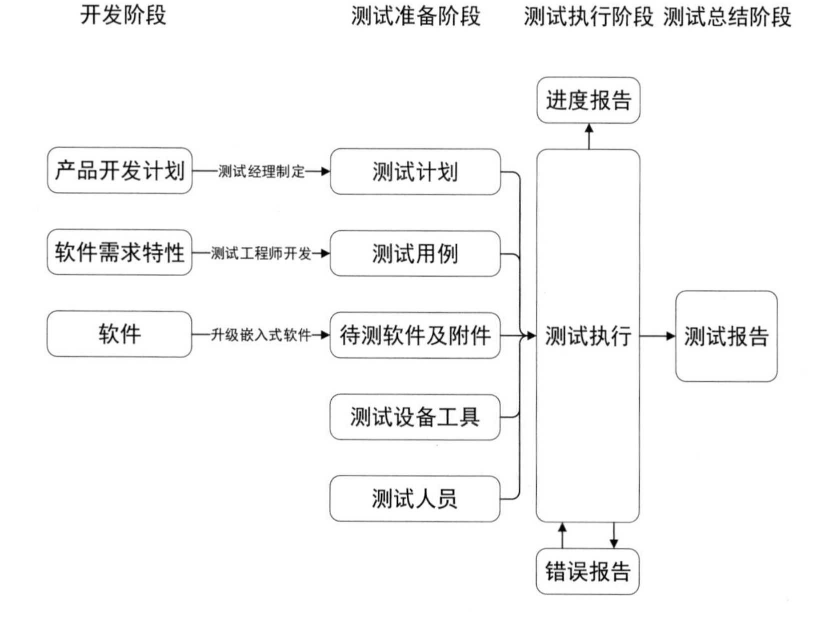

图 4-3 嵌入式软件测试介入开发的时间

从软件工程角度来看，在软件开发的生命周期中，软件测试工作是贯穿软件开发生命周期始终的。

软件开发生命周期包括需求分析、概要设计、详细设计、编码、测试、验收及维护等阶段。

软件测试工作，并不是在软件生命周期的后期才出现的。在软件开发生命周期的初期，软件测试相关的工作就应该安排进工作日程了。

软件开发人员在制定软件需求分析的时候，软件测试工程师就需要开始准备软件测试的工作了，此时，软件工程师应该准备验收测试方面的工作。

在需求分析阶段，软件测试工作的重点是确认验收测试流程，确定验收测试环境，以及根据软件需求确定验收测试用例，在软件开发生命周期的后续阶段，随着软件需求的不断变化，还需要不断修正验收测试流程以及验收测试用例。

在概要设计阶段，软件测试工作的重点是根据概要设计的结论，制定软件系统测试的策略与计划，确定系统测试环境，设计系统测试用例。在软件开发生命周期的后续阶段，随着软件概要设计的不断变化，还应不断修正系统测试相关计划、策略等。

在详细设计阶段，软件测试工作的重点是根据详细设计的结论，制定集成测试的策略与计划，确定软件组件的集成顺序，确定集成测试环境，设计集成测试用例等工作。软件的单元测试，往往与编码工作交替进行，单元测试的实施者往往是程序员自己。

综上所述，软件测试工作贯穿软件开发生命周期的始终。作为软件质量的控制手段之一，软件测试活动在软件产品开发中具有非常重要的作用。

4.1.3 运行和开发平台

嵌入式软件的运行和开发需要依托一定的平台。

4.1.3.1 运行平台

嵌入式系统是可独立工作、集软件和硬件于一体的“器件”。嵌入式系统一般要实时地完成数据采集、加工、计算处理，以及把结果迅速输出到被控对象中等任务。整个嵌入式系统的体系结构主要由嵌入式处理器、外部设备、嵌入式操作系统及应用软件等组成，嵌入式系统的一般结构如图 4-4 所示。

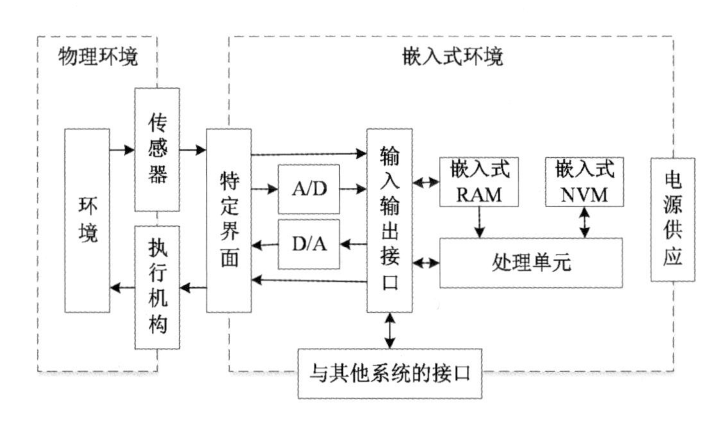

图 4-4 嵌入式系统的一般结构

1. 嵌入式处理器

嵌入式系统的核心是嵌入式处理器。嵌入式处理器具备以下特点。

（1）由于嵌入式系统的软件模块化，因此其存储区保护功能要强；

（2）对实时的多任务有很强的支持能力，能将操作系统的执行时间减少到最低限度，并且中断响应时间较短；

（3）处理器结构可扩展，以满足高性能的要求；

（4）功耗低，一般为 mW 甚至 μW 级。

根据嵌入式发展的现状，嵌入式处理器的分类如图 4-5 所示。

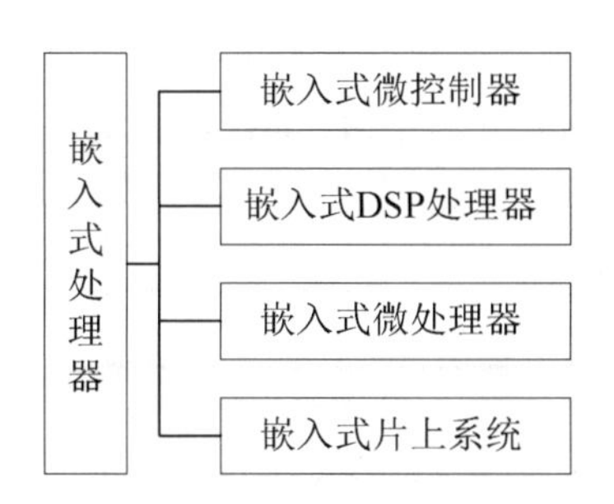

图 4-5 嵌入式处理器的分类

1）嵌入式微控制器

嵌入式微控制器即单片机，将 CPU、存储器、总线、定时/计数器、I/O 及其他外部设备封装在一块芯片中。其最大优点是单片化，体积大大减小，功耗和成本降低，并且可靠性提高了。常见的有 8051、P51XA、MCS-251。

2）嵌入式 DSP 处理器

嵌入式 DSP 处理器专门对系统指令、结构进行设计，极快地处理离散时间信号，从而提高了编译效率、指令执行速度。

3）嵌入式微处理器

通用计算机中的 CPU 是嵌入式微处理器的核心。通常将微处理器装配在专门设计的电路板上，仅保留和嵌入式应用相关的功能硬件。其优点是质量轻、功耗低、成本低、体积小、可靠性高；但是其保密性较差，主要是因为电路板上包含了总线接口、随机存取存储器（RAM）、只读存储器（ROM）及各种外部设备等。

嵌入式微处理器是与通用计算机的微处理器对应的 CPU。目前常见的嵌入式微处理器主要有 ARM 系列、Motorola 68000、PowerPC。

4）嵌入式片上系统

嵌入式片上系统是指在硅片上实现的复杂的系统。它将整个嵌入式系统大部分都集成到芯片中。应用系统电路板很简洁，降低了功耗、减小了体积、提高了可靠性。

2. 嵌入式操作系统

嵌入式操作系统一般分为以下三类。

1）顺序执行系统

系统内只含有一个程序，独占 CPU 的运行时间，按语句顺序执行该程序，直至执行完毕，如 DOS 操作系统。

2）分时操作系统

系统内可以同时运行多个程序，把 CPU 的时间按顺序分成若干片，每个时间片内执行不同的程序，如 UNIX 系统。

3）实时操作系统

系统内有多个程序运行，每个程序有不同的优先级，只有最高优先级的任务才能占有 CPU 的控制权。

嵌入式操作系统是用来支持嵌入式系统应用的操作系统软件，专门负责具有中断处理、管理存储器、任务调度等功能的软件模块。嵌入式操作系统将中断、

CPU 时间、定时器、I/O 等资源都封装起来，并根据任务的优先级别，在不同任务之间合理地分配 CPU 时间。

嵌入式操作系统特点十分鲜明，如硬件依赖性、系统实时高效性、专用性以及软件固态化。嵌入式操作系统大部分使用实时操作系统，与一般操作系统相比具有以下几个特点。

（1）支持异步的响应；

（2）具有中断和调度任务的优先级机制；

（3）支持抢占式调度；

（4）具有确定的任务切换时间和中断延迟时间。

3．嵌入式系统的外部设备

不同的嵌入式系统应用涉及不同的硬件，从而给测试带来了诸多不便。嵌入式系统要实时地完成数据采集、加工、计算处理、把结果迅速反馈给被控对象等任务，因此需要一些硬件设备辅助完成。

嵌入式系统的外部设备如图 4-6 所示。

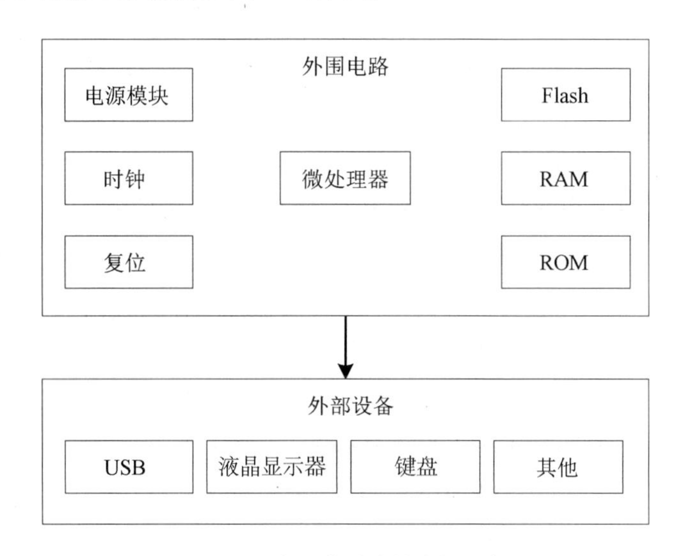

图 4-6 嵌入式系统的外部设备

从图 4-6 中可以看出嵌入式系统的外部设备与微处理器集成在一起，如时钟、键盘、看门狗定时器、A/D 与 D/A 转换器、网卡等。

4. 嵌入式应用软件

嵌入式应用软件是针对固定的硬件平台及应用领域，用来达到用户预期目标的计算机软件。嵌入式应用软件由特定的嵌入式操作系统支持，来满足用户精度和时间的要求。嵌入式应用软件是一种特殊的计算机软件，具体体现在如下几个方面。

1）系统软件的高实时性

在嵌入式系统中，可以通过优化编写的系统软件，对重要性各不相同的多任务进行合理调度，所以系统软件的高实时性是基本要求。

2）软件代码高质量和高可靠性

为了提高软件执行的速度，并减少程序的二进制代码长度，嵌入式系统对程序编写、编译工具提出了较高的要求。

3）软件要求固态化存储

为了提高系统的可靠性及执行速度，嵌入式系统中的软件是固化在单片机、存储器芯片中的。

4）多任务操作系统是走向工业标准化道路的基础

嵌入式系统只为软件提供执行环境，而不提供软件的开发环境。嵌入式系统本身不具备自主开发能力，必须有特定的环境及一套开发工具进行开发。

4.1.3.2 开发平台

嵌入式软件的开发与通用软件开发有许多相同点，它使用了许多通用软件开发的方法和技术。但是嵌入式软件运行在特殊的目标环境中，功能比较单一，主要为了实现某个领域的需求，嵌入式软件只须完成必要的功能即可。此外，由于嵌入式系统对成本方面的限制，嵌入式系统的存储器、外部设备等资源都非常有限。而一般的计算机系统会提供许多资源，如内存、可扩展接口等。这些区别决定了嵌入式软件的开发具有其特殊性。

由于硬件资源的限制，设计嵌入式系统时应考虑使其体积尽量得小，功能尽量得简单，以便达到嵌入式系统成本降低和体积减小的目的。因此，嵌入式系统本身一般不提供任何软件开发环境，开发人员也就无法直接在嵌入式系统上进行嵌入式软件的开发和调试。通常开发人员采用宿主机/目标机的交叉开发模式，交叉开发环境如图 4-7 所示。

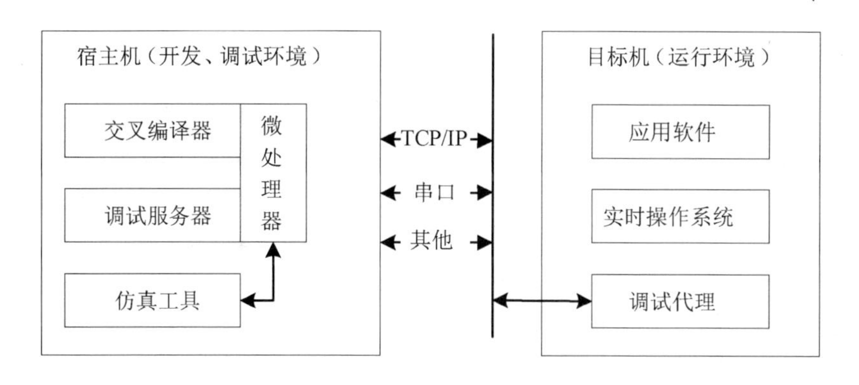

图4-7 交叉开发环境

宿主机负责完成嵌入式软件的编译、链接和定址。目标机是实际运行嵌入式软件的真实环境。

首先，要把嵌入式软件编译成可在目标机上运行的机器代码，包含编译、链接、定址三个步骤。一般用专门的交叉编译器来完成编译任务，交叉编译器运行在宿主机上，却为目标机生成机器代码；链接过程是指将编译过程中产生的一系列目标文件链接在一起生成一个目标文件；建立目标文件与存储地址的映射关系称为定址过程，该过程产生的可执行文件可以在目标机上运行。

然后，把编译链接后的可执行文件下载到目标机中进行调试。嵌入式软件调试一般采用交叉调试器，它包含调试服务器和调试代理两部分，调试服务器运行在宿主机上，调试代理运行在目标机环境中，二者之间的通信一般采用 TCP/IP 连接、串口等方式。具体的调试方式有任务级调试、源代码级调试和汇编代码级调试三种。调试时首先将宿主机上的应用程序加载到目标机的内存中或直接刻录到目标机的只读存储器中。调试代理存储在目标机的闪存中，负责控制嵌入式软件在目标机上的运行状态，目标机启动以后，接收调试服务器从宿主机中发来的指令，完成指定的调试功能，并及时将调试结果反馈给宿主机。

宿主机一般使用现有的成熟环境，以 Windows、Linux 为主，根据目标机所用处理芯片安装相匹配的开发套件，如基于 DSP 芯片开发通常使用 CCS、Tornado 等，基于单片机芯片开发通常使用 Keil 等，基于 ARM 芯片开发通常使用 SDT、ADS、Realview Developer Suite、RealView MDK、GNU GCC 编译器等。

目标机是嵌入式软件的运行平台，包括软件和硬件两部分。

4.1.4 特点

嵌入式系统和嵌入式软件具有非常鲜明的特点。

4.1.4.1 嵌入式系统的特点

嵌入式系统和一般的个人计算机上的应用系统不同，应用于不同场合的嵌入式系统之间也有很大差别。嵌入式系统一般功能简单，对兼容性方面的要求不高，但是对体积和成本方面的要求很严格。嵌入式系统的操作系统和应用软件固化在只读存储器之中。嵌入式系统将应用软件与硬件集成，与个人计算机中BIOS的工作方式类似，具有软件代码小、高度自动化、响应速度快等特点，特别适合有实时的和多任务要求的环境。它的软、硬件是可裁剪的，适用于对功能、可靠性、成本、体积、功耗有严格要求的专用计算机系统。

1. 系统内核小

嵌入式系统一般应用于小型电子产品，可用资源相对有限，其内核比普通的操作系统要小。例如，Enea 公司的 OSE 操作系统的内核比 Windows 的内核小很多。

2. 专用性强

嵌入式系统的专用性很强，其中，软件系统和硬件的结合非常紧密。进行系统移植时，即使同一品牌、同一系列的产品也需要根据系统硬件的变化和增减不断进行修改。同时，针对不同的任务，往往需要对系统进行较大更改，程序的编译、下载要和系统相结合，这种修改和通用软件的“升级”完全是两个概念。

3. 系统精简

在嵌入式系统中，系统软件和应用软件的区分不明显。为了控制系统成本，保证系统的可靠性，嵌入式系统具备的功能要简单，系统的实现也要简单，这样就能满足嵌入式系统体积小、功耗低的要求。

4. 高实时性

嵌入式系统必须具有高实时性。为了提高速度，软件通常固化在 ROM 中，要求软件代码具有高质量和高可靠性。

5. 标准化

嵌入式软件直接运行在芯片上，无须操作系统的支持，但是为了实现多任务、系统资源的充分利用、函数接口，应该使用适当的嵌入式操作系统作为开发平台，这样才能保证程序执行的实时性、可靠性，提高开发效率，保证软件质量。

6. 配套的嵌入式系统开发环境

嵌入式系统由于资源有限，一般不提供开发环境，用户很难对其中的软件进行修改。一般厂商会提供与硬件配套的开发包，运行在个人计算机上，也称为宿主机，开发人员在宿主机上设计调试软件，编译后下载到嵌入式系统中运行。

4.1.4.2 嵌入式软件的特点

嵌入式软件的行为依赖于不可预测的外部事件且有实时性、同步等方面的约束，因此嵌入式软件是现今开发的软件中最为复杂的一种。软件自身的质量要求也非常高，因此对嵌入式软件特性的研究和分析无论是对于嵌入式软件的开发还是测试都具有极其重要的意义。

1. 运行在目标环境中

嵌入式软件大多运行在用户特定的硬件系统上，与用户特有的外部环境密切相关，软、硬件接口非常复杂。

2. 实时性约束

嵌入式软件一般都有实时性要求，软件的正确性不仅要实现系统要求的功能，而且要满足系统对时间的限制。另外，嵌入式软件的执行速度不仅受嵌入式处理器主频的影响，而且受嵌入式系统对外部事件响应的时间限制。

3. 并发多任务

嵌入式软件一般采用并发多任务的方式开发，多任务的实现依赖于具有多任务性能的多任务实时操作系统，对多任务进行协调和调度。并发多任务能充分发挥嵌入式微处理器的性能，而且与嵌入式软件模块化设计相吻合。

4.2 主要测试内容

以下从重点与难点分析、常见测试类型和测试策略与方法阐述嵌入式软件的主要测试内容。

4.2.1 重点与难点分析

与非嵌入式软件相比，嵌入式软件测试的重点与难点特别突出。

4.2.1.1 嵌入式软件测试重点

嵌入式软件测试的重点集中在以下几点。

1. 软、硬件接口

嵌入式软件与硬件密不可分，软件与硬件间存在大量错综复杂的接口，指令、数据等都通过接口传递。软件的功能基本都是通过接口实现的，因此软、硬件接口是嵌入式软件测试的第一个重点。

2. 实时性能

嵌入式软件实时性要求高，运行的任务通常是按照严格的时序排列的。轻微的错误就可能导致严重的问题，甚至任务失败，因此嵌入式软件的实时性能以及余量等是嵌入式软件测试的第二个重点。

3. 逻辑结构

嵌入式系统有体积小、功耗低的要求，同时软件固化在ROM中，对软件的质量要求极高。错误的、多余的逻辑将导致各种问题的产生，因此逻辑覆盖是嵌入式软件测试的第三个重点。

4.2.1.2 嵌入式软件测试难点

嵌入式软件测试作为一种特殊的软件测试，它的目的和原则与通用的软件测试是相同的，同样是为了验证或达到可靠性要求而对软件进行的测试。

根据嵌入式软件的特点，嵌入式软件测试存在以下难点。

1. 嵌入式软件与硬件联系紧密，测试环境复杂，快速定位软、硬件错误困难

嵌入式软件与所属的计算机系统有很强的耦合。嵌入式软件只能运行在特定的目标机上，是为特定硬件环境设计的软件。软件的实现细节和所属计算机系统的结构、I/O端口配置、与计算机系统相连的外部设备乃至这些设备的输出信号特性都有关系。部分功能依赖硬件功能的实现，测试结果受硬件特性以及外部事件的产生顺序和时间的影响，软件故障和硬件故障无法隔离，使得嵌入式软件测试难以进行。

2. 性能测试以及确定性能瓶颈困难

嵌入式软件多为实时控制软件，特别是航天计算机系统中的嵌入式软件由于航天计算机系统的应用要求，需要在规定的时间内完成处理任务。同时，时间也是某些任务的重要输入参数，这就形成了嵌入式软件严格的处理时序，尤其是消息系统，线程、任务、子系统之间的交互、并发、容错和同步对时间的要求高，测试中涉及各个方面，导致性能测试以及确定性能瓶颈困难。

3. 软件行为存在不确定性，强壮性测试、可知性测试很难编码实现

嵌入式软件接受外部设备的输入信号，以中断方式进行处理。因为外部设备的输入信号是随机发生的，我们无法准确预测一个指定时刻软件的执行路径和执行代码。每次执行程序中产生的输入信号不确定，软件行为亦无法确定，要想获得同样的错误非常难。

4. 外部设备导致测试难度增大

生活中基本的嵌入式软件都是需要外接其他设备的，如接入U盘、摄像头、麦克风等，在测试时如果发现某项工作无法实现，那么需要从三个方面去考虑：①是否存在软件的功能漏洞；②是否存在硬件物理接口的损坏问题；③接入的外部设备、软件协议、驱动是否有问题。众多的原因增加了测试难度。

5. 交叉测试平台的测试用例、测试结果上载困难

与通用软件相比，嵌入式软件的开发有很大的不同，它采用交叉开发的方式。开发工具运行在软、硬件配置丰富的宿主机上，而嵌入式应用程序运行在软、硬件资源相对缺乏的目标机上。这些特点直接导致测试用例、测试结果上载困难。

4.2.2 常见测试类型

嵌入式软件实时性要求高，嵌入式软件产品为了满足高可靠性的要求，不允许内存在运行时有泄漏等情况发生，因此嵌入式软件除了对软件进行常规的功能测试、性能测试、接口测试外，还需要进行代码审查、逻辑测试、内存泄漏测试等。

4.2.2.1 功能测试

功能测试的具体要求如下。

（1）应对软件的功能进行分析，通过功能分解分析法、等价类分析法、边界值分析法、判定表分析法、因果图分析法、猜错法等分析方法确定软件功能的组成；

（2）输入的等价类应包括正常等价类和异常等价类，如信息格式、输入信息是否为空、特殊字符等；

（3）输入的边界值应包括合法边界值和非法边界值，如数字长度等；

（4）确定功能的输出，以及预期的输出结果和判定条件；

（5）用真实数据测试超负荷、饱和及其他极端条件，如接入能力、显示能力等；

（6）应对功能控制流程、状态转换、模式切换等的正确性和合理性进行验证；

（7）在系统测试中，应在任务剖面和业务流程（包括子业务流程）中进行测试；

（8）建议采用组合测试法、蜕变测试法等方法提高关键功能的测试充分性。

4.2.2.2 性能测试

性能测试的具体要求如下。

（1）在获得定量结果时，测试程序计算的精确性，如数据处理精度、时间控制精度、时间测量精度等；

（2）测试软件的时间特性，给出实际的时间值，如任务切换时间、中断响应时间、中断延迟时间、任务周期等；

（3）测试为完成功能而处理的数据量；

（4）系统测试时测试软件性能和硬件性能的集成结果；

（5）测试负荷潜力，如数据包吞吐率；

（6）测试软件配置项各部分的协调性，如高速、低速处理间的协调；

（7）分析软件典型业务场景，考虑最坏情况，如测试主循环最大执行时间，考虑在正常设计约束下某个中断最大可能发生的次数、多个不同级别中断的最大可能嵌套的层数；

（8）在典型业务场景中，详细说明如何设置执行条件（含最坏条件）并做详细数值记录，如铺底数据量、输入数据量变化情况（递增/减策略）、输入数据变化情况等，使用最坏情况下测得的定量结果进行性能结果评估。

4.2.2.3 接口测试

接口测试的具体要求如下。

（1）测试所有外部接口，测试输入接口的格式及内容正确和错误的处理情况，测试输出接口输出信息的格式、内容及时序的正确性；

（2）对每个外部接口进行正常情况测试，若有异常情况（如通信超时、模式异常等），应进行异常情况测试；

（3）测试系统特性（如数据特性、错误特性、速度特性）对软件功能、性能特性的影响；

（4）当被测软件由多个软件模块组成且各模块运行于不同硬件平台时，需结合模块间的通信协议要求考虑是否需要对内部接口进行单独的接口测试。

4.2.2.4 代码审查

代码审查的具体要求如下。

（1）检查代码和软件需求规格说明书、软件设计报告等依据文件的一致性、代码逻辑表达的正确性以及代码结构的合理性；

（2）根据编程语言、使用的处理器及芯片等确定审查使用的常见问题代码检查单，对代码检查单内容逐项审查，记录并提交发现的问题；

（3）对编码规范进行检查，对每个违反项目给出定位信息，如果编码违反强制类规范，则提交问题报告单，如果违反推荐类规范，则提交建议；

（4）针对软件需求规格说明书中的所有可靠性、安全性设计需求，应逐项进行审查，并给出审查记录；

（5）使用中断机制的软件应进行中断冲突专题分析，对中断程序使用资源，包括多字节变量、缓冲区、数组、I/O 端口，给出各中断及主程序的读写使用情况，检查是否存在访问冲突，分析软件针对冲突是否有相应的规避策略；

（6）采用汇编语言编写并且使用中断机制的软件，应进行中断保护分析，检查中断入口保护对象及中断出口恢复对象的全面性、正确性；

（7）针对动态测试不可测试项，应通过代码审查进行补充测试；

（8）根据委托方需要，可对软件部分或者全部代码进行静态代码审查。

4.2.2.5 逻辑测试

逻辑测试是嵌入式软件测试的重点之一，是对程序逻辑结构的合理性、实现的正确性的测试。

根据软件的级别，确定所要达到的覆盖标准和覆盖率，对于覆盖率测试结果未达到 100%的代码，要分析原因，并确定满足条件触发时所完成的功能是否符合要求。软件级别与覆盖率标准对照表如表 4-1 所示。

表 4-1 软件级别与覆盖率标准对照表

软件级别	修正判定条件覆盖	判定覆盖	语句覆盖	路径覆盖
A	≥80%	100%	100%	100%
B	—	≥85%	100%	100%
C	—	≥70%	100%	—
D	—	—	100%	—

4.2.2.6 内存泄漏测试

内存泄漏测试是指结合代码审查、静态分析和功能测试等，检查内存的使用情况，特别是动态申请的内存在使用上的错误，包括对空指针赋值、指针赋值前使用、指针使用越界、内存泄漏等。

4.2.3 测试策略与方法

与非嵌入式软件相比，嵌入式软件具有不同的测试策略。

4.2.3.1 测试策略

嵌入式软件测试一般采用 Cross-test 策略，测试环境包括宿主机环境和目标机环境。

1. 宿主机测试环境下的嵌入式软件测试

在宿主机测试环境下，可以通过模拟器或仿真器，对嵌入式软件进行单元测试、集成测试。

宿主机测试环境下嵌入式软件的测试需要先将测试对象装载到宿主机上，再通过一系列的测试工作，宿主机测试环境下的嵌入式软件测试的流程图如图 4-8 所示。

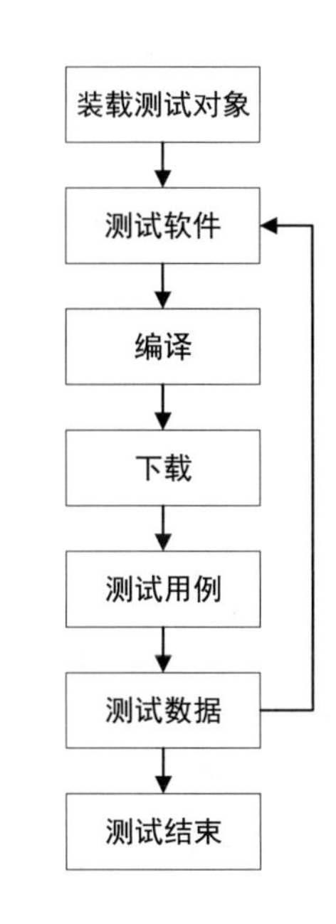

图 4-8 宿主机测试环境下的嵌入式软件测试的流程图

1）单元测试

除了指定在目标机环境下进行单元测试之外，可以在宿主机上进行所有的单元测试。

因为在宿主机测试环境下运行测试的速度远比在目标机测试环境下运行测试的速度快得多，所以可以通过尽可能小的单元去访问所有目标机指定的界面，从而保证在宿主机环境下进行软件测试的比例最大化，提高测试效率。

完成了在宿主机环境下的测试后，可以重复地在目标机环境下做确认测试，目的是确认测试结果没有受到宿主机和目标机的区别影响。

2）集成测试

通过在宿主机环境下模拟目标机环境，完成嵌入式软件的集成测试，同时还需要在目标机环境下重复确认测试。目的是验证内存分配和定位等一些环境上的问题。

然而，集成测试并不一定要在宿主机环境下进行，这主要看嵌入式软件有多少功能依赖目标机。如果嵌入式系统与目标机耦合紧密，嵌入式软件的绝大多数功能都依赖目标机环境，那么就不能在宿主机环境下做集成测试。如果一个大型的嵌入式软件的开发有不同级别的集成，那么可以在宿主机环境下完成低级别的软件集成。

2. 目标机测试环境下的嵌入式软件测试

随着嵌入式系统的广泛应用，对嵌入式软件的性能、可靠性要求也在不断提高，但是所有的测试阶段在宿主机环境下通过仿真环境来测试是很困难的。软件测试具有非复合性的特点，也就是说，即使对软件所有成分都进行了充分的测试，也并不意味着整个软件的测试已经充分。想要得到正确、真实、客观的数据，必须在目标机环境下对嵌入式软件进行系统测试和确认测试，包括恢复测试、安全测试、强度测试、性能测试等。

1）系统测试

有些人认为先在宿主机环境下进行系统测试，再移植到目标环境，会更方便、快捷。但是，事实上，这么做却忽略了嵌入式软件对目标机的依赖，毕竟宿主机环境和目标机环境还是有区别的。如果在宿主机环境下进行测试，采集到的测试数据存在误差，这样就无法正确评估嵌入式软件的稳定性、性能及各项指标是否满足需求。只有在目标机环境下进行测试，采集到的测试数据才比较客观、正确，这为正确评估嵌入式软件的稳定性、性能及各项指标是否满足需求提供科学依据。所以在目标机环境下进行所有的系统测试可能更方便。

2）确认测试

确认测试不能在宿主机环境下模拟进行，必须在真实系统下进行。所以结束了系统测试之后，必须在目标机环境下进行确认测试，这关系到嵌入式软件的质量及最终能否使用。

综上所述，多数测试是在宿主机环境下完成的，只有最后的系统测试和确认测试在目标机环境下完成，这种嵌入式软件的 Cross-test 测试策略才可以避免造成目标机资源上的瓶颈，同时也利于降低在模拟器、在线仿真器等昂贵资源上的费用。通过使用 Cross-test 测试策略能提高嵌入式软件开发测试的效率，可以进一步提高嵌入式软件的质量。

4.2.3.2 宿主机和目标机连接

宿主机和目标机的连接方法包括直接连接和间接连接两大类，间接连接方式又包括仿真器、介质、PROM 等，具体连接方法如图 4-9～图 4-12 所示。

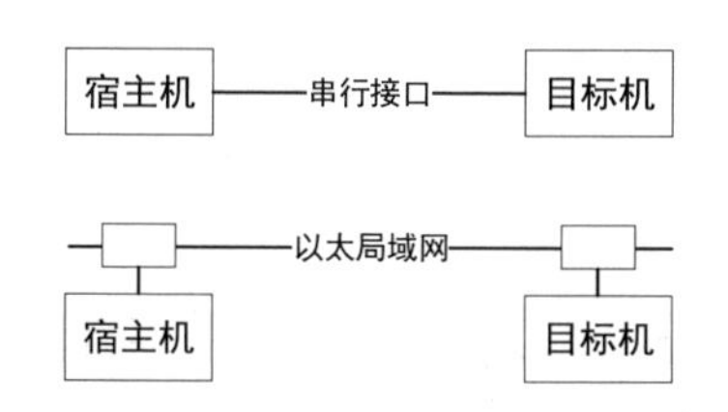

图 4-9 直接连接方法

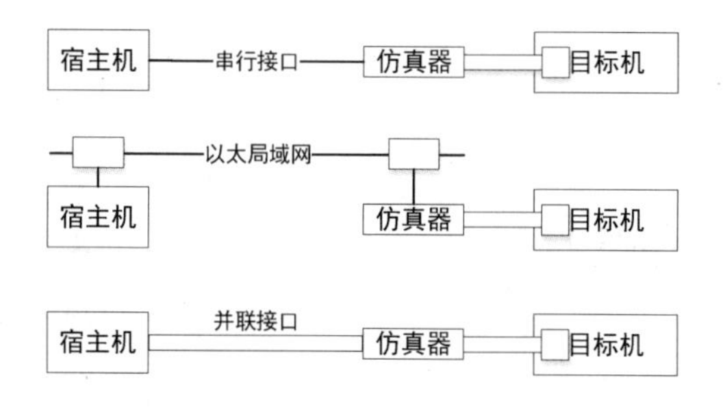

图 4-10 通过仿真器连接

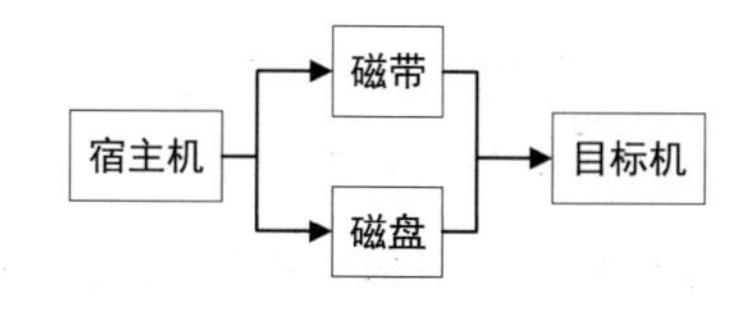

图 4-11 通过介质连接

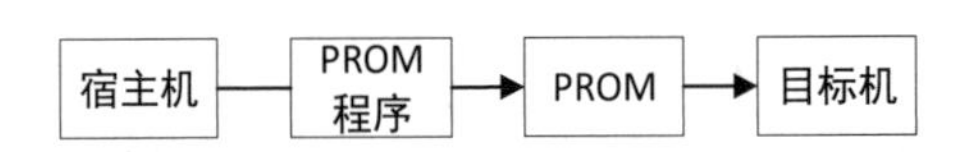

图 4-12　通过 PROM 传递被测软件

4.3　测试环境与工具

测试环境与工具包括测试环境、测试数据和测试工具方面的内容。

4.3.1　测试环境

本节阐述了测试环境的构建，以及全实物仿真测试环境、半实物仿真测试环境和全数字仿真测试环境。

4.3.1.1　测试环境的构建

嵌入式软件测试的一般步骤是先在主机上编写测试代码，然后把该代码编译下载到目标机，最后通过测试代理执行该测试目标代码。测试工具运行在宿主机上，测试所需要的信息在目标机上产生。由于目标机的资源相当匮乏，测试后所得的信息在目标机上不便分析，先通过宿主机和目标机之间的通信把测试所得信息上传回宿主机，再由宿主机中的测试结果分析工具对测试信息进行分析，嵌入式软件的交叉测试方式如图 4-13 所示。

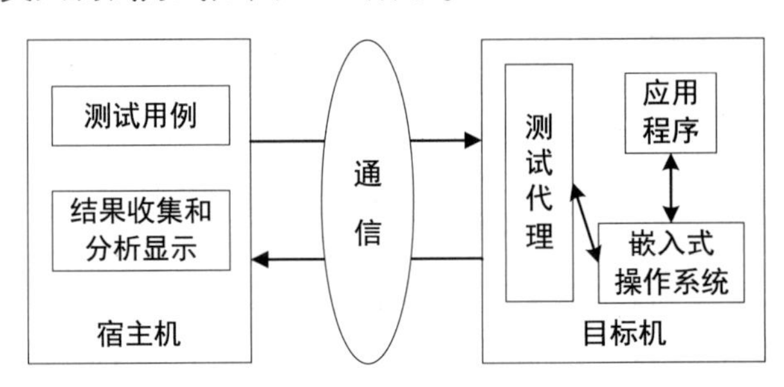

图 4-13　嵌入式软件的交叉测试方式

嵌入式软件测试环境可以通过模仿交叉开发环境来构建。我们通常将个人计算机作为宿主机（也称作后台），目标机即 BTS 侧框架单板（也称作前台）。宿主机和目标机之间的通信连接，采用串口通信方式，常用超级终端来实现；也可以是以太网口，一般基于 TCP/IP 协议传输。

宿主机对目标机程序进行的测试控制，实际上主要是从宿主机输入测试用例，捕捉目标机上的被测模块是否正常接收测试用例。目标机的被测模块在获取输入后，进行相应处理，产生正常响应信息或抛出异常、错误信息。这些信息的反馈受目标机资源限制（如没有视频显示），一般都是通过主机和目标机之间的通信连接，返回给主机处理，测试的交互界面如图 4-14 所示。

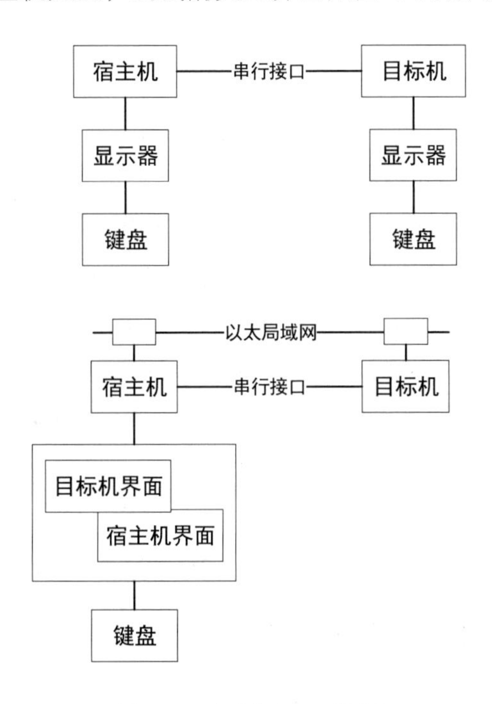

图 4-14 测试的交互界面

在宿主机上完成嵌入式软件测试的单元测试和集成测试，这个测试环境与宿主机的开发环境类似。而软、硬件的集成测试、系统测试等则需要构建交叉测试环境来完成。由此可见，嵌入式软件的交叉开发环境同时也为嵌入式软件测试提供交叉测试环境。

在构建交叉测试环境时，需要考虑和解决以下问题。

（1）宿主机和目标机之间是怎样进行通信连接的；

（2）宿主机是怎样测试控制目标机程序的；

（3）宿主机怎样接收目标机的反馈测试信息及怎样显示测试信息。

在构建测试环境的过程中，要对测试环境进行测试，保证嵌入式硬件设备正常、嵌入式系统与硬件设备协调、物理信道通畅等。总之，为了避免给嵌入式软件测试带来不必要的困难和风险，一定要排除嵌入式平台的所有非正常因素。

几乎所有嵌入式软件的单元测试都可以在宿主机环境上进行，除非少数情况，具体指定了单元测试直接在目标机环境上进行。嵌入式软件的集成测试也可以在宿主机环境中完成，是否在宿主机环境上进行集成测试，依赖于目标机系统的具体功能有多少。

有些嵌入式系统与目标环境耦合得非常紧密，在主机环境做集成测试是不切实际的。一个大型软件的开发可以分几个级别的集成。低级别的软件集成在宿主机平台上完成有很大优势，越往后的集成越依赖于目标机环境。

相对于单元测试和集成测试，嵌入式软件的系统测试和确认测试则必须在目标机环境下执行，对目标机系统的依赖性会妨碍将宿主机环境上的系统测试移植到目标机系统上。确认测试最终的实施平台必须在目标机环境中，系统的确认必须在真实系统之下测试，而不能在宿主机环境下模拟，这关系到嵌入式软件的最终使用。

根据测试环境中是否采用真实系统的情况，嵌入式软件测试环境分为全实物仿真测试环境、半实物仿真测试环境和全数字仿真测试环境三种。

4.3.1.2 全实物仿真测试环境

被测软件运行在完全真实的环境中，与整个系统和其外部设备建立真实的链接，进行测试。全实物仿真测试侧重于被测系统与其他设备的接口测试，对测试环境的要求相对较低。

4.3.1.3 半实物仿真测试环境

利用仿真模型来仿真被测系统的交联系统，而被测系统采用真实系统。输入、输出相关的设备及它们之间的I/O接口所构成的硬件与软件的综合构成被测系统的交联环境。测试环境需要对被测软件进行实时的、自动的、非侵入性的闭环测试，能逼真地模拟被测软件运行所需要的真实物理环境的输入和输出，并且能够阻止被测软件的输入来驱动被测软件运行，同时接收被测软件的输入结果。

4.3.1.4 全数字仿真测试环境

全数字仿真测试环境是指仿真嵌入式系统硬件及外围环境的一套软件系统。全数字仿真测试环境是通过CPU控制芯片、拍、终端、时钟等仿真的组合在宿主机上构造嵌入式软件运行所需要的硬件环境，为嵌入式软件的运行提供一个精准的数字化硬件环境模型。全数字仿真测试是三类测试中对测试环境要求最为复杂的一种。

4.3.2 测试数据

嵌入式测试中的测试数据一般包括以下几类。

1. 协议数据

嵌入式软件中软、硬件接口众多，采用了大量通用标准协议，如SPI、UART（TTL、RS232、RS485）、I2C、CAN等通信接口，CAN、Modbus、Zigbee、BLE、USB、以太网TCP/IP、3G/4G/5G、NB-IoT和WIFI协议等。

协议基本要求如下。

（1）约定硬件的类型、电气特性，确保两台或多台设备能够互相识别信息，如网络相关协议中规定的网络接口和线缆的特性，USB协议规定的TypeC接口、TypeA接口，D+和D−等的电平，无线通信协议规定的信号频段BLE和WIFI，发射/接收功率，这部分与芯片设计、器件选型以及PCB制板的要求息息相关（有些协议是独立于硬件之外的，可能不包含硬件的信息，如Modbus）。

（2）约定数据的帧格式、指令，如TCP/IP协议中的IP层、TCP层数据报文等规定的数据格式，USB 协议中规定的令牌包、握手包等不同指令类型。通过这些定义，双方可以理解对方协议的信息，进入不同的处理，为多种多样的通信应用场景提供基础支持。

（3）约定一套上层的软件处理机制，确定设备之间的交互关系，并进行有效的数据信息处理。

在测试中，需要依据协议的规定，准备相应的测试数据。既要准备正常的符合协议的数据，也要准备异常的不符合协议的数据，包括结构错误、数据异常、时序错误等。

2. 配置参数

嵌入式软件中许多结构分支是根据外部配置参数进行选择的，测试中需要依据软件逻辑准备大量的配置参数，包括边界值、正常值、异常值、缺省值、默认值、常规值等。

3. 基础数据

基础数据是软件运行时需要的数据，这些数据一般和非嵌入式软件所需要的数据类似，如用户信息数据、系统权限数据、业务数据等。

4. 文件文档

不管是嵌入式软件还是非嵌入式软件，通常都需要处理大量文件文档，因此相关的文件文档也是需要准备的数据，既包括正常的文件文档，也包括异常的文件文档。

4.3.3 测试工具

嵌入式软件的测试工具包括静态测试工具和动态测试工具两类。

4.3.3.1 静态测试工具

目前市面上大多数测试工具都采用了纯软件的实现方式，尤其是静态测试工具基本都是纯软件测试工具，这些工具既用于非嵌入式软件的测试，又用于嵌入式软件测试。例如，KlocWork、QAC、Coverity 等。

常见的静态测试工具如表 4-2 所示。

表 4-2 常见的静态测试工具

序号	工具名称	工具简述
1	KlocWork	Klocwork 是一款支持百万行甚至千万行以上的 C/C++/Java/JS/C#代码质量静态检测工具 Klocwork 通过深度数据流分析技术，静态地跨类、跨文件地查找软件运行时的缺陷、错误和安全漏洞，并准确定位错误发生的代码堆栈路径
2	Helix QAC	Helix QAC 提供编码规则检查、数据流分析和代码度量分析等全面的代码静态分析功能，可以自动检测软件中不规范的、不安全的、不明确的、不可移植的有关编码风格、命名惯例、程序逻辑、语法和结构的代码 Helix QAC 支持 MISRA C/C++、AutoSAR C++14、CERT C/C++、CWE C/C++、HICPP、JSF 等常用的编码规则集

续表

序号	工具名称	工具简述
3	Coverity	Coverity 是静态源代码分析工具，能够分析大规模（几百万、甚至几千万行的代码）、高复杂度代码 目标机平台：PowerPC、ARM、MIPS、x86、SPARC、XScale、Freescale 68HC08/HCS08/68HC12/HCS12X、SH、TI DSP C3000/C6000/C55x/C54x、Codefire、SH、ST 20、Motorola 68HC05/68HC11、C51/C166/C251、8051、Renesas M16C/H8/M32C 等 嵌入式操作系统：VxWorks、Embedded Linux、QNX、RTEMS、ucOS、WinCE、Windows Embedded、PalmOS、Symbian、pSOS、Nucleus、ThreadX、INTEGRITY、OSE、UCLinux、国产 OS 等 宿主机平台：Apple mac OS X 10.4、Cygwin、FreeBSD、HPUX、Linux、mac OS X、NetBSD（2.0）、Solaris Sparc、Solaris X86、Windows 等 支持的编译器：ARM ADS/RVCT、Freescale Codewarrior、GNU C/C++、Green Hills、HP aCC、i-Tech PICC、IAR、Intel C/C++、Marvell MSA、Microsoft Visual C++、QNX、Renesas、Sun C/C++、TI Code Composer、Wind River、支持任何其他的 ANSI C 兼容的编译器

4.3.3.2 动态测试工具

常见的动态测试工具如表 4-3 所示。

表 4-3 常见的动态测试工具

序号	工具名称	工具简述
1	TestBed/ Tbrun	Testbed 为 LDRA 软件测试套件提供核心的静态与动态分析引擎，此分析引擎可以分析宿主机平台与嵌入式平台软件 Tbrun 提供图形化界面方式，为宿主机或嵌入式平台软件创建单元或模块测试用例，使用 Tbrun 可自动生成测试驱动与桩模块，通过代码覆盖率分析可帮助创建测试用例，以便达到 100%代码覆盖。同时，Tbrun 可自动生成正式的测试报告，生成的测试驱动可用于以后的回归测试
2	Rapita Verification Suite (RVS)	RVS 是一套面向嵌入式软件的测试工具集，支持 MC/DC 覆盖率分析，满足 DO-178C 和 ISO 26262 认证要求。
3	Hitex TESSY	Hitex Tessy 源自戴姆勒-奔驰公司的软件技术实验室，由德国 Hitex 公司负责全球销售及技术支持服务，是一款专门针对基于 C/C++开发的嵌入式软件进行单元/集成测试的工具
4	Squish	Squish 是 Froglogic 公司的 GUI 测试工具，尤其是对如下应用提供专业和全面的支持：Qt、Java GUIs、Web、Linux、Windows、IOS、Android 等 Squish 支持 BDD、数据驱动、分布式批量测试和视觉验证等，识别自定义的控件或 2D/3D 图像，支持多种脚本语言，如 Python、Perl、JavaScript、Ruby 和 Tcl，平台有以下两大产品 Squish：自动化 GUI 测试 Squish CoCo：代码覆盖率分析

续表

序号	工具名称	工具简述
5	DT10	DT10（Dynamic Test 10）是一款支持C/C++、C#、Java等多种语言的软件灰盒测试和系统动态跟踪调试工具，利用自动化代码插装和数据采集技术，支持对软件系统的复杂的、偶发的缺陷进行回溯调试、性能测试、CPU负载分析、变量监控、逻辑分析、内存使用分析、硬件监测和分析，以及覆盖率分析等 DT10由硬件设备Dynamic Tracer和PC端软件两个部分组成，软件部分负责源码插装、数据处理和结果分析等，硬件部分负责接口、信号采集和数据通信
6	VectorCAST	VectorCAST是适用于嵌入式软件的自动化动态测试工具链，适用于单元测试、集成测试、覆盖率分析、回归测试、静态分析、系统测试和质量分析等软件测试所涉及的各个环节 支持C/C++和Ada语言，内建多种智能的自动化测试用例生成算法，符合多种行业认证的标准，如DO-178B/C、ISO 26262、ASPICE、IEC 61508、EN 50128、IEC 62304、IEC 60880等
7	Cantata	Cantata是一个单元和集成测试工具，集成了大量的嵌入式开发工具链，从编译器到构建和需求管理工具
8	Etest Studio	Etest Studio是一款国产化黑盒测试工具，可以做配置项测试和系统测试，包括测试资源管理、环境描述、接口协议定义、用例设计、实时数据监控、测试任务管理等功能 Etest Studio的功能模块包括测试设计软件模块、测试执行服务软件模块、测试执行客户端软件模块、设备资源管理软件模块以及测试辅助软件工具包等

4.4 常见问题

以下是嵌入式软件测试中的常见问题。

4.4.1 余量问题

按照一般要求，嵌入式系统软件在硬件载体中加载和运行必须保证至少留有20%的存储余量和运行速度余量。

嵌入式系统软件的实时性要求非常高，一般采用中断或周期运行方式，必须保证在有效执行周期内完成所有实时任务的执行，并留出至少20%的余量进行系统操作和后台处理，这样才能保证系统的安全运行。如果在当前周期内不能完成实时任务的运行，那么将导致系统性能的下降，严重时由于其积累效应将导致系统的瘫痪。同时，嵌入式系统软件对只读存储器（ROM）和随机存取存储器（RAM）的占用也要留有20%的余量。

在软件实现过程中设计人员往往忽略余量的要求，或者虽然注意了余量要求，但是，由于计算统计不准确，没有达到要求，也会给嵌入式系统带来隐患。

4.4.1.1 存储余量

对于ROM来说，存储余量容易统计和实现，可以将嵌入式软件编译、汇编、连接后，静态分析内存映射文件，了解软件各个模块对ROM的占用情况。统计后可以得出总的ROM占用情况，一般可采用代码优化的方法达到余量要求。

RAM的余量统计不能单纯采用静态分析的方法，设计者往往仅对内存映射文件的数据存储区进行统计计算。由此得出的余量是不全面的，因为对内存映射文件的统计仅仅反映了全局变量的占用情况，不能反映动态运行情况下临时变量对RAM以及函数调用过程中对软堆栈的占用情况。而RAM的20%的余量要求是针对运行过程中的任何情况而定的。在动态运行情况下，存在动态内存申请和释放、函数的嵌套调用，使RAM的使用统计非常复杂，可以采用逆向的方法证明软件的RAM余量是否达到要求。具体的做法是，在嵌入式软件的入口处，首先申请占整个数据存储区的20%空间大小的全局数组，然后进行软件的仿真运行，如果系统正常运行，而且运行过程中数组存储内容没有被更改，可以认为数据存储区的余量满足要求。

总的来说，影响存储余量的因素相对单纯，可以采用优化的方法加以解决。

4.4.1.2 运行速度余量

运行速度余量对于嵌入式系统的安全尤为重要。在实时任务执行周期的监控上，程序的最大执行路径很难确定，因此也就很难确定系统有效状态下的软件分支组合状态，从而导致程序的动态运行时间难以确定。这种情况也可以采用逆向的方法验证软件的运行速度余量是否达到要求。具体的做法是，首先在软件每个运行周期的起始位置人为延时 20%的运行周期时间，然后对程序进行仿真运行，若系统仍能够正常工作，则可认为系统运行速度满足余量要求。需要注意的是，延时实现不要使用编译器内带的延时函数，因为有些编译器的延时函数在使用过程中会停止中断和周期计数，将导致统计错误，一般采用循环空操作的方法实现延时。

影响运行速度余量的因素较多，其中软件的时序调度是最主要的因素。实时系统设计中最关键和最复杂的也是时序调度问题。由于实时系统要求所有任务在规定时间内完成，因此必须严格控制单位时间内的任务量。可以按照系统算法功能的优先级别以及重要程度合理安排不同任务的执行速率，从而既满足算法要求又达到余量要求。

除了调度时序外，软件的功能实现方式、计算方式对速度余量也有较大影响。一般来说，高级语言的执行效率要低于汇编语言，因此在软件中使用频度较高的功能模块可以考虑采用汇编语言实现，提高运行效率。软件实现可以采用定点或浮点运算，二者的效率也有较大差异。在同样的计算机环境下定点运算的效率高于浮点运算，因此对于计算复杂、耗时长的功能模块可以考虑采用定点计算，提高运行速度。有一点需要特别注意，无论采用何种实现方式和计算方式，要尽量减少编译器自带库函数的使用，因为库函数之间往往相互调用，而且调用关系不透明，运行时间不容易准确估算，使得软件的运行效率难以控制。

4.4.2 中断问题

在嵌入式软件中经常采用中断技术控制外部事件进行及时响应，其相应的处理功能在中断服务程序中实现。中断服务为嵌入式系统构建了一个事件驱动的运行环境，通过中断服务程序调度不同的功能模块完成相应的功能。中断控制使嵌入式系统的应用更加灵活、方便，但是中断系统的使用也给嵌入式系统软件设计的实现带来了隐患。中断的嵌套使得软件的结构层次更加复杂，中断的保护、现场恢复要求软件设计要充分考虑计算机的硬件特性，最容易产生的也最容易被忽略的是中断系统公用变量的问题。

如果嵌入式系统有多个中断源，并且都有相应的中断服务程序，那么在不同的中断服务程序之间公用变量要特别注意。由于在中断服务程序之间公用变量而引起的错误非常容易被忽略，而且由于中断的产生和中断源有密切关系，因此此类错误难以复现。但是此类问题产生的危害是巨大的。为了彻底消除此类错误，在嵌入式系统软件实现过程中必须对全局变量的使用加以约束，禁止在不同中断服务模块中公用变量，必须公用的变量要避免在不同的中断服务程序中都对该变量赋值。

4.4.3 运算符优先级问题

运算符优先级问题是经常被强调但又是经常出错的问题，特别是某些运算符操作组合在一起时，容易混淆运算顺序。

4.4.4 常数符号问题

在采用高级语言实现嵌入式软件时，要特别注意编译器的限制，常数的符号就是需要特别注意的地方。

4.4.5 移位问题

高级语言的移位问题要特别注意，对于 ANSI C 语言来说，右移带符号扩展，而左移不带符号扩展。也就是说，变量右移符号位不变，左移会导致数据位填充符号位，可能导致符号位改变。

在进行软件设计的实现时，要特别注意左移可能存在变符号位的问题。

右移虽然符号扩展，不会改变符号位，但是正因为符号扩展使得特定值在定点计算时可能会放大误差。

第5章 测试设计与实现

5.1 测试需求分析

测试需求分析是测试的基础，本节主要阐述测试需求分析内容、测试需求分析重点、测试需求提取方法和步骤、测试项编写、测试项充分性追踪和测试需求评审。

5.1.1 测试需求分析内容

1. 什么是测试需求

确切地讲，测试需求是指在项目中要测试什么。在测试活动中，首先需要明确测试需求（What），然后才能决定怎么测（How）、测试时间（When）、需要多少人（Who）、测试的环境是什么（Where），以及测试中需要的技能、工具相关的背景知识、可能遇到的风险等。以上所有的内容结合起来就构成了测试计划的基本要素。而测试需求是测试计划的基础与重点。

就像软件的需求一样，测试需求在不同的公司环境、不同的专业水平、不同的要求下，详细程度也是不同的。但是，对于一个全新的项目或者产品，测试需求力求详细明确，以避免测试遗漏与误解。

2. 为什么要做测试需求分析

如果要成功地完成一个测试项目，那么必须了解测试规模、复杂程度与可能存在的风险，这些都需要通过详细的测试需求来了解。所谓知己知彼，百战不殆。测试需求不明确，会造成获取的信息不正确，无法对所测软件有一个清晰全面的认识，测试计划就毫无根据可言。活在自己世界里的人是可悲的，只凭感觉，不做深入调研就贸然行动是很容易失败的。

测试需求越详细、精准，表明对所测软件的了解越深，所要完成的任务内容就越清晰，就更有把握保证测试的质量与进度。

如果把测试活动比作软件生命周期，测试需求就相当于软件的需求规格，测试策略相当于软件的架构设计，测试用例相当于软件的详细设计，测试执行相当于软件的编码过程。只是在测试过程中，我们把“软件”两个字全部替换成了“测试”。这样，我们就明白了整个测试活动的依据来源于测试需求。

在测试需求分析中，我们一般需要完成以下内容。

（1）确定需要的测试类型及其测试要点并进行标识，标识应清晰、便于识别。确定的测试类型和测试要点均应与合同中提出的测试级别（单元测试、部件测试、配置项测试、系统测试）和测试类型相匹配。

（2）确定测试类型中的各个测试项及其优先级。

（3）确定每个测试项的测试充分性要求。根据被测软件的重要性、测试目标和约束条件，确定每个测试项应覆盖的范围及覆盖程度。

（4）确定每个测试项测试终止的要求，包括测试过程正常终止的条件（如测试充分性是否达到要求）和导致测试过程异常终止的可能情况。

测试需求分析阶段的主要成果是软件测试需求规格说明书或软件测试大纲。

5.1.2 测试需求分析重点

测试需求分析的重点在于以下5个方面。

（1）软件的功能需求；

（2）软件与硬件或其他外部系统接口；

（3）软件的非功能性需求；

（4）软件的反向需求；

（5）软件设计和实现上的限制。

1. 软件的功能需求

软件的功能需求是整个测试需求分析最主要、最关键和最复杂的部分，它描述软件在各种可能的条件下，对所有可能输入的数据信息，应完成哪些具体功能，产生什么样的输出。提取软件的功能需求时应注意下面几点。

1）功能需求的完整性和一致性

对功能的描述应包含与功能相关的信息，并应具有内在的一致性（即各种描述之间不矛盾、不冲突）。应注意以下几点。

（1）给出触发功能的各种条件（如控制流、运行状态、运行模式等）。

（2）定义各种可能性条件下的所有可能的输入（包括合法的输入和非法的输入）。

（3）给出各种功能之间可能的相互关系（如各种功能之间的控制流、数据流、信息流，功能运行关系包括顺序、重复、选择、并发、同步）。

（4）给出功能性的主要级别（如基本功能、标准功能、扩展功能）。

2）功能需求描述的无差异性、可追踪性和规范化

（1）功能描述必须清晰地描述出输入与输出流程，并且输入、输出描述须有对应的数据流描述图、控制流描述图，这些描述必须与其他地方的描述一致。

（2）可以用语言、方程式、决策表、矩阵图等方式进行对功能的描述。如果选用语言描述，那么必须使用结构化的语言。首先，描述前必须说明该步骤（或子功能）的执行是顺序、选择、重复，还是并发，然后说明步骤逻辑。整个描述必须单入单出。

（3）描述时，每一个功能名称和参照编号必须唯一，且不要将多个功能混在一起进行描述，以便于功能的追踪和修改。

2. 软件与硬件或其他外部系统接口

软件与硬件或其他外部系统接口包括下述内容。

（1）人机接口：说明输入和输出的内容、屏幕布局安排、格式等要求；

（2）硬件接口：说明端口号、指令集、输入和输出信号的内容与数据类型、初始化信号源、传输通道号和信号处理方式；

（3）软件接口：说明软件的名称、助记符、规格说明、版本号和来源；

（4）通信接口：指定通信接口和通信协议等描述。

3. 软件的非功能性需求

软件非功能性需求是指软件性能指标、容限等功能以外的需求，一般包括下述内容。

（1）输入、输出频率，输入、输出响应时间，各种功能恢复时间等时间需求；

（2）处理容限、精度、采样参数的分辨率，误差处理等；

（3）可靠性的 MTBF 要求、可维护性要求、安全性要求等（对可能的不正常的输入给以正常响应是可靠性的重要内容，这也属于功能性需求）。

4. 软件的反向需求

软件的反向需求描述软件在哪些情况下不能做什么，根据软件实际要求而定。有以下两类情形需要采用反向需求的形式。

（1）某些用户需求适宜采用反向形式说明，如数据安全性要求；

（2）对一些可靠性和安全性要求较高的软件，有时必须清晰地描述软件不允许做哪些事情。例如，关于控制点火时序，我们必须交代清楚在哪些情况下不能点火，否则会造成故障。

5. 软件设计和实现上的限制

软件设计和实现上的限制主要是指对软件设计者的限制，如软件运行环境的限制（选择计算机类型、系统配置、操作系统的限制等），设计工具的限制（使用语言、执行的标准）和保密要求等。

5.1.2.1 测试要点分析

测试要点分析是指对原始测试需求表每一条开发需求进行细化和分解后，形成的可测试的分层描述的软件需求。对开发需求的细化和分解具体包括：通过分析每条开发需求描述中的输入、输出、处理、限制、约束等，给出对应的验证内容；通过分析各个功能模块之间的业务顺序，和各个功能模块之间传递的信息和数据（功能交互分析），对存在功能交互的功能项，给出对应的验证内容，要点分析流程图如图 5-1 所示。

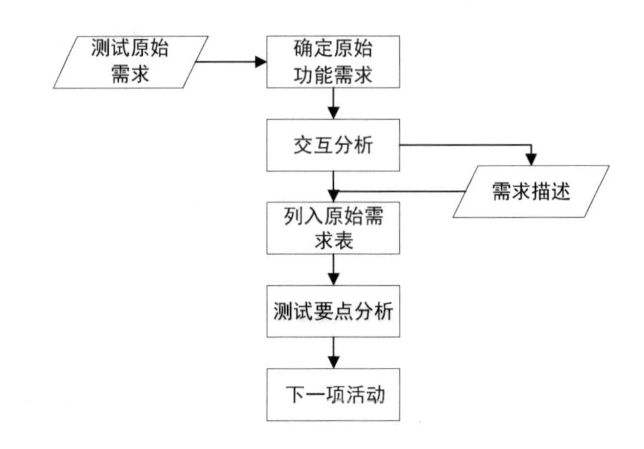

图 5-1　要点分析流程图

首先进行功能交互分析。

然后进行细化和分解：①需求的完整性，经过分解获得的需求必须能够充分覆盖软件需求的各种特征（如隐含的特征），每个需求必须可以独立完成具有实际意义的功能或功能组合，可以进行单独测试；②需求的规模，每个最低层次的需求能够使用数量相当的测试用例来实现，即测试的粒度是相似的或均匀的。

下面以一条培训信息为例，测试要点如表 5-1 所示。

表 5-1　测试要点

原始需求描述	标　识	测 试 要 点
一条完整的培训信息包括培训的主题、证书、内容、起止时间、费用、地点、机构，其中，培训的主题、内容、起止时间、费用、机构为必填项。培训的起始时间不能晚于截止时间，培训费用精确到元角分。每一个输入项的数据规格在数据字典中可以得到	1	输入符合数据字典要求的各信息后执行保存，检查保存是否成功
	2	检查每个输入项的数据长度是否符合数据字典的要求
	3	检查每个输入项的数据类型是否符合数据字典的要求
	4	检查“培训费用”是否满足规定的精度要求
	5	检查在培训的起止时间早于或者晚于截止时间时，所增加的记录是否保存成功
	6	检查“培训主题”“培训内容”“起止时间”“培训费用”“培训机构”是否为必填项
	7	验证系统对数据重复的检查
	8	针对页面中的文字、表单、图片、表格等元素，检查每个页面各元素的位置是否协调，各元素的颜色是否协调，各元素的大小比例是否协调
	9	页面信息内容显示是否完整
	10	检查是否有功能标识，功能标识是否准确、清晰
	11	最大化、最小化、还原、切换、移动窗口时是否能正常地显示页面

5.1.2.2 质量特性分析

对每个测试要点，可以从 GB/T 25000.10—2016 定义的软件质量子特性的角度出发，确定所对应的质量子特性。

以上述培训信息为例，分析得到的质量特性对应表如表 5-2 所示。

表 5-2 质量特性对应表

<table>
<tr><th>原始需求描述</th><th>标 识</th><th>测 试 要 点</th><th>质量特性/质量子特性</th></tr>
<tr><td rowspan="11">一条完整的培训信息包括培训的主题、证书、内容、起止时间、费用、地点、机构，其中，培训的主题、内容、起止时间、费用、机构为必填项。培训的起始时间不能晚于截止时间，培训费用精确到元角分。每一个输入项的数据规格在数据字典中可以得到</td><td>1</td><td>输入符合字典要求的各信息后执行保存，检查保存是否成功</td><td>功能性/适合性</td></tr>
<tr><td>2</td><td>检查每个输入项的数据长度是否符合数据字典的要求</td><td>功能性/适合性、可靠性/容错性</td></tr>
<tr><td>3</td><td>检查每个输入项的数据类型是否符合数据字典的要求</td><td>功能性/适合性、可靠性/容错性</td></tr>
<tr><td>4</td><td>检查“培训费用”是否满足规定的精度要求</td><td>功能性/正确性</td></tr>
<tr><td>5</td><td>检查在培训的起止时间早于或晚于截止时间时，所增加的记录是否保存成功</td><td>功能性/适合性</td></tr>
<tr><td>6</td><td>检查“培训主题”“培训内容”“起止时间”“培训费用”“培训机构”是否为必填项</td><td>功能性/适合性</td></tr>
<tr><td>7</td><td>验证系统对数据重复的检查</td><td>功能性/适合性</td></tr>
<tr><td>8</td><td>针对页面中的文字、表单、图片、表格等元素，检查每个页面各元素的位置是否协调，各元素的颜色是否协调，各元素的大小比例是否协调</td><td>易用性/易操作性</td></tr>
<tr><td>9</td><td>页面信息内容显示是否完整</td><td>易用性/易操作性、易理解性</td></tr>
<tr><td>10</td><td>检查是否有功能标识，功能标识是否准确、清晰</td><td>易用性/易理解性</td></tr>
<tr><td>11</td><td>最大化、最小化、还原、切换、移动窗口时是否能正常地显示页面</td><td>易用性/易操作性</td></tr>
</table>

5.1.2.3 测试类型分析

软件测试可以划分为功能测试、安全性测试、接口测试、容量测试、完整性测试、结构测试、用户界面测试、负载测试、压力测试、疲劳强度测试、恢复性测试、配置测试、兼容性测试、安装测试等。

不同的质量子特性可以确定不同的测试内容，这些测试内容可以通过不同的测试类型来实施。

根据质量子特性的定义，以及各种测试类型的测试内容，可以分析出质量子特性与测试类型的对应关系如图 5-2 所示。

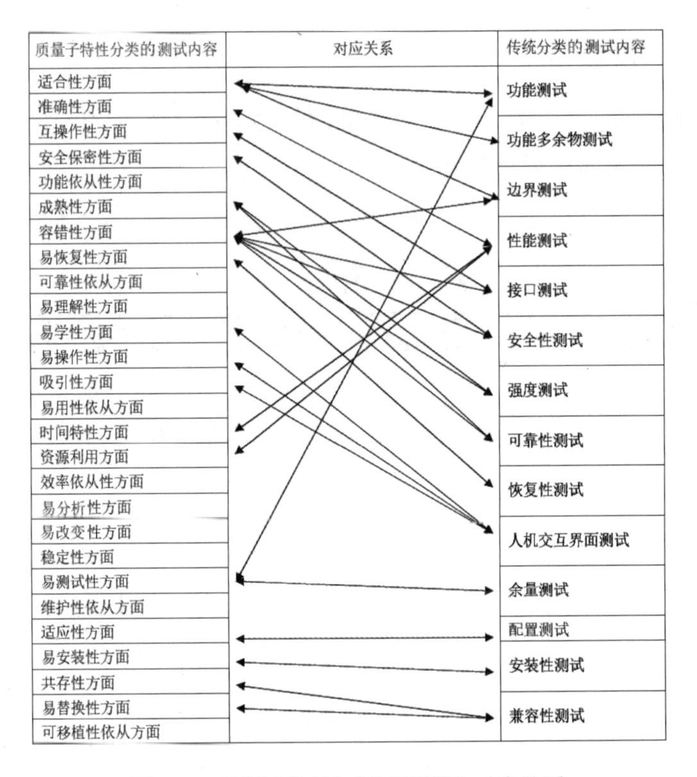

图 5-2　质量子特性与测试类型的对应关系

以上述培训信息为例，分析得到的测试类型对应表如表 5-3 所示。

表 5-3　测试类型对应表

原始需求描述	标识	测试要点	质量特性/质量子特性	测试类型
一条完整的培训信息包括培训的主题、证书、内容、起止时间、费用、地点、机构，其中，培训的主题、内容、起止时间、费用、机构为必填项。培训的起始时间不能晚于截止时间，培训费用精确到元角分。每一个输入项的数据规格在数据字典中可以得到	1	输入符合数据字典要求的各信息后执行保存，检查保存是否成功	功能性/适合性	功能测试
	2	检查每个输入项的数据长度是否符合数据字典的要求	功能性/适合性、可靠性/容错性	功能测试、完整性测试
	3	检查每个输入项的数据类型是否符合数据字典的要求	功能性/适合性、可靠性/容错性	功能测试、完整性测试
	4	检查“培训费用”是否满足规定的精度要求	功能性/准确性	功能测试
	5	检查在培训的起止时间早于或晚于截止时间时，所增加的记录是否保存成功	功能性/适合性	功能测试
	6	检查“培训主题”“培训内容”“起止时间”“培训费用”“培训机构”是否为必填项	功能性/适合性	功能测试

续表

原始需求描述	标识	测试要点	质量特性/质量子特性	测试类型
一条完整的培训信息包括培训的主题、证书、内容、起止时间、费用、地点、机构，其中，培训的主题、内容、起止时间、费用、机构为必填项。培训的起始时间不能晚于截止时间，培训费用精确到元角分。每一个输入项的数据规格在数据字典中可以得到	7	验证系统对数据重复的检查	功能性/适合性	功能测试
	8	针对页面中的文字、表单、图片、表格等元素，检查每个页面各元素的位置是否协调，各元素的颜色是否协调，各元素的大小比例是否协调	易用性/易操作性	用户界面测试
	9	页面信息内容显示是否完整	易用性/易操作性、易理解性	用户界面测试
	10	检查是否有功能标识，功能标识是否准确、清晰	易用性/易理解性	用户界面测试、功能测试
	11	最大化、最小化、还原、切换、移动窗口时是否能正常地显示页面	易用性/易操作性	用户界面测试

为了避免遗漏，在确定测试类型时，还需考虑：

（1）文档中是否包含测试类型相对应的情况的说明；

（2）列出的常见测试类型是否已完全覆盖了需要测试的软件；

（3）被测软件的某些特殊情况是否已包含在所列出的测试类型中。

5.1.2.4 测试需求优先级分析

优先级的确定，有利于测试工作有的放矢地展开，使测试人员清晰地了解核心的功能、特性与流程有哪些，客户最为关注的是什么，由此可确定测试的工作重点在何处。此外，测试进度发生问题时，便于实现不同优先级的功能、模块、系统等的迭代递交或取舍，从而降低测试风险。

通常，需求管理规范会规定用户需求/软件需求的优先级，测试需求的优先级可根据其直接定义。如果没有规定项目需求的优先级，那么可以与客户沟通，确定哪些功能或特性是需要尤其关注的，从而确定测试需求的优先级。

并非所有的功能性测试都同等重要，或与边界和非功能性测试一样的重要。思考一下测试的重要性及相对于其他同等优先级的测试，想要检查这个功能的频率——考虑质量目标和项目的需求。下面是一种划分优先级的考虑方法，根据不同的情况可做出适当调整。

（1）把功能性验证测试分为两组：重要和不是十分重要；

（2）将“不是十分重要”的功能性验证测试降级为中优先级；

（3）把错误和边界测试分成两组：重要和不是十分重要；

（4）将“重要”的错误和边界测试升级为高优先级；

（5）把非功能性测试分成两组：重要和不是十分重要；

（6）把“重要”的非功能性测试升级为中优先级；

（7）针对每组高、中和低优先级的测试需求，重复划分和升级/降级流程，直到可以在不同优先级之间移动的测试用例的数量最少。

5.1.3 测试需求提取方法和步骤

测试需求通常是以待测对象的软件需求为原型进行分析而转变过来的。但测试需求并不等同于软件需求，它以测试的观点，根据软件需求整理出一个检查单，作为测试该软件的主要工作内容。

测试需求分析将软件开发需求中的具有可测试性的需求或特性提取出来，形成原始测试需求。

可测试性是指这些提取的需求或特性必须存在一个可以明确预知的结果，可以用某种方法对这个明确的结果进行判断、验证，验证该结果是否符合文档中的要求。

测试需求的提取方法如下。

1. 熟悉需求背景及商业目标

了解清楚项目发起测试的原因，即为了解决用户的什么问题。不同的软件的业务背景不同，所要求的特性也不相同，测试的侧重点自然也不相同。除了需要确保要求实现的功能正确，银行/财务软件更强调数据的精确性，网站强调服务器所能承受的压力，企业资源计划强调业务流程，驱动程序强调软件与硬件的兼容性。在做测试分析时需要根据软件的特性来选择测试类型，并将其列入测试需求当中。

2. 业务模型法

分析本项目与外部系统的交互，划分系统边界（除了本项目的需求中要求做的事情，其他的都可以是外部系统，本系统和外部系统之间的交互就是系统的边界）。可以参考系统分析说明书确定测试范围和关注点。系统的边界是测试的重点，特别需要关注边界交互时的数据交互。

3. 业务场景法

业务流程一般包含多个场景，场景之间的转移关系也较复杂，这些复杂性不利于测试用例的生成。因此，在生成测试用例前，需要根据简化原则简化业务流程的描述与场景转移关系。

业务流程的简化原则如下。

1）子图分解原则

将一个业务流程分解为若干个子流程，分解前后的流程是等价的。

2）循环活动简化原则

对于可以多次重复的活动，规定活动重复的最大次数，以避免发生死循环。

3）并发活动简化原则

如果两个并发活动之间相互独立，可任选一个执行顺序，那么以串行方式执行活动；如果并发活动在条件满足时，必须同时执行，那么将活动合并。

4）场景简化原则

对较大系统进行分析时，会造成测试场景过于庞大的情况，因此可划分出系统的子场景。

根据用例的调用者，分析每一个用例提供的服务是供哪些外部用例或者系统调用，找出所有的调用者。调用的前提及其约束都要考虑。每一个调用都可以考虑成一个大的业务流程。和外部有交互的用例出错的概率一般比较大，需要重点关注。

根据系统内部各个用例之间的交互（不同场景划分的用例的粒度可能不同，暂时考虑用户一次提交并且系统的状态及数据发生变化的功能是一个用例），形成内部业务流程图。需要分析每个用例之间的约束关系、执行条件，组织出各种业务流程图。

4. 功能分解法

功能分解过程其实就是把一个复杂的系统分解为多个功能较单一的模块的过程。这种分解为多个功能较单一的模块的方法称作模块化。模块化是一种重要的设计思想，这种思想把一个复杂的系统分解为一些规模较小、功能较简单的、更易于建立和修改的部分。一方面，各个模块具有相对独立性，可以分别设计和实现；另一方面，模块之间的相互关系（如信息交换、调用关系），可以通过一定的方式予以说明。各个模块在这些关系的约束下共同构成统一的整体，完成系统的各项功能。用户与系统的每一次交互，都可以认为是一个小功能。

以一个销售管理系统为例，销售管理系统的功能结构图如图 5-3 所示。

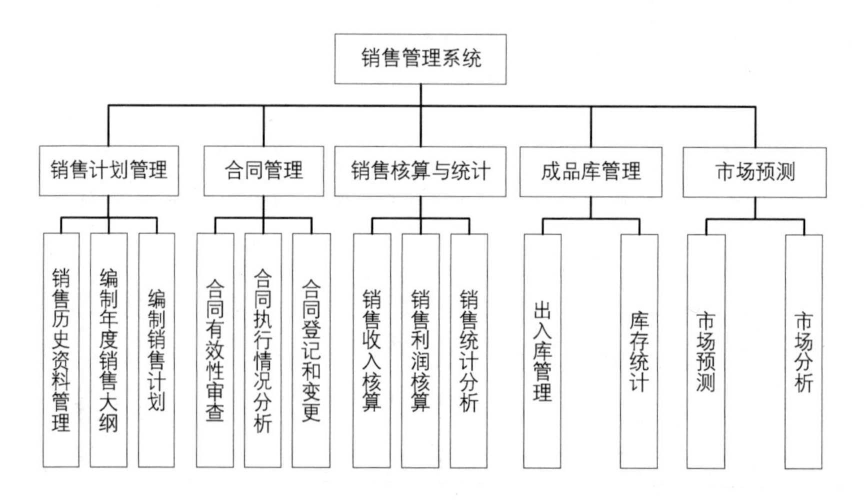

图 5-3　销售管理系统的功能结构图

销售管理系统有 5 个模块，包括销售计划管理、合同管理、销售核算与统计、成品库管理和市场预测。对不同的功能模块进行细化，可以分解出更为细小的 13 个子功能，根据与用户的交互还可以分为更小的功能，如查询、输入等。

5. 其他

如果以旧系统为原型，以新架构来设计或完善的，那么旧系统的原有功能与特性就是最有效的测试需求收集途径。

提取的原始测试需求中，可能存在重复和冗余，在提取原始测试需求过程中，可以通过以下方法整理原始测试需求。

（1）删除：删除原始测试需求表中重复的、冗余的有包含关系的原始测试需求描述；

（2）细化：如果原始测试需求过于简略，则应进行细化；

（3）合并：如果有类似的原始测试需求，在整理时需要对其进行合并。

5.1.4 测试项编写

完成测试需求分析后，要将其转化为测试项，测试项内容一般包括测试项名称、测试项标识、测评需求章节号、测试优先级、测试项描述、测试方法、约束条件、测试充分性要求、通过准则和测试项终止条件等内容。

（1）测试项名称、测试项标识是用于测试的唯一标识；

（2）测评需求章节号是测试项对应的需求条款；

（3）测试优先级根据测试的重要程度或测试的顺序进行排序；

（4）测试项描述是对测试项要完成的具体检测内容的描述，即概括测试内容；

（5）测试方法是为了覆盖测试内容，测试人员具体使用的方法，包括对软件的操作，以及测试工具的使用等；

（6）约束条件是进行测试必备的前提条件，如硬件的连接、软件的状态、数据库中存储的相关信息等；

（7）测试充分性要求是测试的每个具体功能点；

（8）通过准则应与充分性是相对应的（可以一对多）；

（9）测试项终止条件是指达到什么条件时，测试能够终止，包括正常终止和异常终止。

下述内容是主要测试类型相应测试项的典型示例。

5.1.4.1 文档审查

根据文档审查表对被测文档的完整性、一致性和准确性进行检查。文档审查表应依据标准或委托方要求进行设计，并得到委托方的确认。文档审查表（如软件需求规格说明书文档审查表、软件设计说明书文档审查表、软件用户手册文档审查表、系统规格说明书文档审查表、系统设计说明书文档审查表等）作为附件放在测试需求规格说明书的最后部分。

进行测试对象分析，得到文档审查测试项列表如表 5-4 所示。

表 5-4 文档审查测试项列表

序 号	测试项名称	测 试 内 容
1	软件需求规格说明书	对软件需求规格说明书进行检查
2	软件设计说明书	对软件设计说明书进行检查
3	软件用户手册	对软件用户手册进行检查
4	接口需求规格说明书	对接口需求规格说明书进行检查
5	接口设计说明书	对接口设计说明书进行检查
6	软件可靠性设计方案	对软件可靠性设计方案进行检查
7	研制要求	对研制要求进行检查
8	系统设计方案	对系统设计方案进行检查
9	数据库设计说明书	对数据库设计说明书进行检查
10	软件系统测试计划	对软件系统测试计划进行检查
11	软件系统测试报告	对软件系统测试报告进行检查

软件需求规格说明书/软件设计说明书/软件用户手册，系统规格说明书/系统设计说明书如表 5-5、表 5-6 所示。

表 5-5 软件需求规格说明书/软件设计说明书/软件用户手册

测试项名称	软件需求规格说明书/软件设计说明书/软件用户手册	测试项标识	DFXXXXXWDSC01
测评需求章节号	隐含	测试优先级	高
测试项描述	对被测方提交的文档的完整性、一致性和准确性进行检查		
测试方法	根据软件需求规格说明书/软件设计说明书/软件用户手册文档审查表，人工检查被测文档，包括内容和格式		
约束条件	文档通过出所检验		
测试充分性要求	被测文档为 XXXX 软件需求规格说明书/软件设计说明书/软件用户手册		
通过准则	满足以下要求为通过，否则为不通过 被测文档满足软件需求规格说明书/软件设计说明书/软件用户手册文档审查表各项要求		
测试项终止条件	按照软件需求规格说明书/软件设计说明书/软件用户手册文档审查表，逐一审查被测文档		

表 5-6 系统规格说明书/系统设计说明书

测试项名称	系统规格说明书/系统设计说明书	测试项标识	DFXXXXXWDSC02
测评需求章节号	隐含	测试优先级	高
测试项描述	对被测方提交的文档的完整性、一致性和准确性进行检查		
测试方法	根据系统规格说明书/系统设计说明书文档审查表，人工检查被测文档，包括内容和格式		
约束条件	文档通过审核		
测试充分性要求	被测文档为 XXXX 系统规格说明书/系统设计说明书		
通过准则	满足以下要求为通过，否则为不通过 被测文档满足系统规格说明书/系统设计说明书文档审查表各项要求		
测试项终止条件	按照系统规格说明书/系统设计说明书文档审查表，逐一审查被测文档		

5.1.4.2 静态分析

静态分析是一种对代码的、机械性的和程序化的特性分析方法。静态分析一般包括：

（1）控制流分析；

（2）数据流分析；

（3）接口分析；

（4）表达式分析。

静态分析的测试项一般包括以下内容。

1. 静态分析-控制流分析

静态分析-控制流分析的测试项如表5-7所示。

表5-7 静态分析-控制流分析的测试项

测试项名称	静态分析-控制流分析	测试项标识	DFXXXXXJTFX01
测评需求章节号	隐含	测试优先级	高
测试项描述	分析控制流是否符合需求和设计要求		
测试方法	使用工具生成控制流图，分析代码逻辑与需求和设计文档的一致性		
约束条件	被测软件配置项已纳入配置项管理中，所提交的版本为本阶段最终版本或出所技术状态的版本		
测试充分性要求	（1）是否存在任何条件下都不能运行到的部件或单元 （2）是否存在不影响任何输入/输出的部件或单元 （3）是否存在失败的递归过程 （4）是否存在无效的函数参数 （5）是否存在不合理的部件或单元调用关系		
通过准则	满足以下要求为通过，否则为不通过 （1）不存在任何条件下都不能运行到的部件或单元 （2）不存在不影响任何输入/输出的部件或单元 （3）不存在失败的递归过程 （4）不存在无效的函数参数 （5）不存在不合理的部件或单元调用关系		
测试项终止条件	正常终止：相关测试用例执行完毕 异常终止：测试环境不满足测试要求，相关测试用例无法执行		

2. 静态分析-数据流分析

静态分析-数据流分析的测试项如表5-8所示。

表 5-8　静态分析-数据流分析的测试项

测试项名称	静态分析-数据流分析	测试项标识	DFXXXXXJTFX02
测评需求章节号	隐含	测试优先级	高
测试项描述	分析数据流是否符合需求和设计要求		
测试方法	通过工具分析数据流		
约束条件	被测软件配置项已纳入配置项管理中，所提交的版本为本阶段最终版本或出所技术状态的版本		
测试充分性要求	（1）全局变量和全局常量是否被引用 （2）全局变量使用前是否初始化 （3）传递参数是否正确		
通过准则	满足以下要求为通过，否则为不通过 （1）全局变量和全局常量都被引用 （2）全局变量使用前都已初始化 （3）传递参数正确		
测试项终止条件	正常终止：相关测试用例执行完毕 异常终止：测试环境不满足测试要求，相关测试用例无法执行		

3. 静态分析-接口分析

静态分析-接口分析的测试项如表 5-9 所示。

表 5-9　静态分析-接口分析的测试项

测试项名称	静态分析-接口分析	测试项标识	DFXXXXXJTFX03
测评需求章节号	隐含	测试优先级	高
测试项描述	分析接口是否符合需求和设计要求		
测试方法	使用工具或人工分析函数接口		
约束条件	被测软件配置项已纳入配置项管理中，所提交的版本为本阶段最终版本或出所技术状态的版本		
测试充分性要求	（1）部件或单元之间接口一致 （2）部件或单元与外部组件接口一致		
通过准则	满足以下要求为通过，否则为不通过 （1）部件或单元之间接口一致 （2）部件或单元与外部组件接口一致		
测试项终止条件	正常终止：相关测试用例执行完毕 异常终止：测试环境不满足测试要求，相关测试用例无法执行		

4. 静态分析-表达式分析

静态分析-表达式分析的测试项如表 5-10 所示。

表 5-10　静态分析-表达式分析的测试项

测试项名称	静态分析-表达式分析	测试项标识	DFXXXXXJTFX04
测评需求章节号	隐含	测试优先级	高
测试项描述	验证表达式是否符合设计要求		
测试方法	使用工具或人工分析表达式		

续表

约束条件	被测软件配置项已纳入配置项管理中，所提交的版本为本阶段最终版本或出所技术状态的版本
测试充分性要求	（1）文本度量 （2）注释率度量 （3）扇出数 （4）局部变量 （5）函数参数 （6）结构度量：圈复杂度（不适用于 Switch、Case） （7）结构度量：基本复杂度 （8）Goto 语句
通过准则	（1）软件单元的语句数≤200 （2）有效注释率≥20% （3）函数调用的下层函数个数<7 （4）局部变量个数≤7 （5）函数参数≤7 （6）圈复杂度≤10 （7）基本圈复杂度≤4 （8）Goto 数值为 0
测试项终止条件	正常终止：相关测试用例执行完毕 异常终止：测试环境不满足测试要求，相关测试用例无法执行

5.1.4.3 代码审查

代码审查根据审查项目、开发环境、被测单元特性、所使用的语言和编码规范确定审查所用的检查单，检查单的设计或采用须经过评审并得到委托方的确认。检查内容应包括：

（1）代码执行标准的情况；

（2）代码逻辑表达的正确性；

（3）代码结构的合理性。

使用测试工具（Testbed、Klocwork 等）对代码编程规范性（包括编程缺陷和安全漏洞等）进行检查，对导出的代码测试结果进行人工分析。

代码审查-代码规则检查的测试项如表 5-11 所示。

表 5-11　代码审查-代码规则检查的测试项

测试项名称	代码审查-代码规则检查	测试项标识	DFXXXXXDMSC01
测评需求章节号	隐含	测试优先级	高
测试项描述	检测被测软件代码中是否存在违反代码规则的错误		
测试方法	根据代码审查表，使用测试工具对代码编程规范性进行检查，包括编程缺陷和安全漏洞等		

续表

约束条件	开发方已提供源代码，代码审查表经过评审
测试充分性要求	（1）根据代码编写规则编制代码审查表 （2）使用测试工具自动检查代码编程规范性 （3）手工导出代码测试结果并编制代码测试报告
通过准则	满足以下要求为通过，否则为不通过 （1）代码逻辑表达正确 （2）代码结构合理并且代码可读
测试项终止条件	正常终止：代码相关测试用例执行完毕 异常终止：测试环境不满足测试要求，相关测试用例无法执行

5.1.4.4　代码走查

代码走查由测试人员组成小组，准备一批有代表性的测试用例，集体扮演计算机的角色，按照程序的逻辑，逐步运行测试用例，查找被测软件的缺陷。代码走查应包括以下内容。

（1）由测试人员集体阅读和讨论程序；

（2）用“脑”执行测试用例并检查程序。

代码走查-人工走查的测试项如表 5-12 所示。

表 5-12　代码走查-人工走查的测试项

测试项名称	代码走查-人工走查	测试项标识	DFXXXXXDMZC01
测评需求章节号	隐含	测试优先级	高
测试项描述	分析人工检查代码是否符合软件需求规格说明书的要求		
测试方法	设计代表性的数据，沿程序的逻辑，分析人工检查代码是否符合软件需求规格说明书的要求		
约束条件	源代码编译通过		
测试充分性要求	对需求进行功能分解		
通过准则	满足以下要求为通过，否则为不通过 代码的设计无误，业务逻辑执行无误且满足需求		
测试项终止条件	正常终止：相关测试用例执行完毕 异常终止：测试环境不满足测试要求，相关测试用例无法执行		

5.1.4.5　逻辑测试

逻辑测试是指测试程序逻辑结构的合理性及其实现的正确性。逻辑测试应由测试人员利用程序内部的逻辑结构及有关信息，设计或选择测试用例，对程序所有逻辑路径进行测试。通过在不同点检查程序的状态，确定实际的状态是否与预期的状态一致。逻辑测试一般须覆盖下述 5 个方面。

（1）语句覆盖；

（2）分支覆盖；

（3）条件覆盖；

（4）条件组合覆盖；

（5）路径覆盖。

逻辑测试的测试项示例如下。

1. 逻辑测试-语句覆盖

语句覆盖要求设计适当数量的测试用例，运行被测程序，使得程序中每一条语句至少被执行一遍，语句覆盖在测试中主要发现错误语句，逻辑测试-语句覆盖的测试项如表 5-13 所示。

表 5-13　逻辑测试-语句覆盖的测试项

测试项名称	逻辑测试-语句覆盖	测试项标识	DFXXXXXLJCS01
测评需求章节号	隐含	测试优先级	高
测试项描述	执行全部的功能类和性能类测试用例，统计语句的覆盖率		
测试方法	使用工具对源代码进行插桩，全部用例执行后，使用工具统计语句覆盖率		
约束条件	源代码编译通过		
测试充分性要求	全部的功能类和性能类测试用例		
通过准则	满足以下要求为通过，否则为不通过 语句的覆盖率为 100%，对达不到 100%的程序进行分析		
测试项终止条件	正常终止：相关测试用例执行完毕 异常终止：测试环境不满足测试要求，相关测试用例无法执行		

2. 逻辑测试-分支覆盖

分支覆盖要求设计适当数量的测试用例，运行被测程序，使得程序中每个真值分支和假值分支至少执行一次，分支覆盖也称判定覆盖，逻辑测试-分支覆盖的测试项如表 5-14 所示。

表 5-14　逻辑测试-分支覆盖的测试项

测试项名称	逻辑测试-分支覆盖	测试项标识	DFXXXXXLJCS02
测评需求章节号	隐含	测试优先级	高
测试项描述	执行全部的功能类和性能类测试用例，统计分支的覆盖率		
测试方法	使用工具对源代码进行插桩，全部用例执行后，使用工具统计分支覆盖率		
约束条件	源代码编译通过		
测试充分性要求	全部的功能类和性能类测试用例		

续表

通过准则	满足以下要求为通过，否则为不通过 分支的覆盖率为 100%，对达不到 100%的程序要进行深入分析
测试项终止条件	正常终止：相关测试用例执行完毕 异常终止：测试环境不满足测试要求，相关测试用例无法执行

3. 逻辑测试-条件覆盖

条件覆盖要求设计适当数量的测试用例，运行被测程序，使得每个判断中的每个条件的可能取值至少满足一次，逻辑测试-条件覆盖的测试项如表 5-15 所示。

表 5-15　逻辑测试-条件覆盖的测试项

测试项名称	逻辑测试-条件覆盖	测试项标识	DFXXXXXLJCS03
测评需求章节号	隐含	测试优先级	高
测试项描述	执行全部的功能类和性能类测试用例，统计条件的覆盖率		
测试方法	使用工具对源代码进行插桩，全部用例执行后，使用工具统计条件覆盖率		
约束条件	源代码编译通过		
测试充分性要求	全部的功能类和性能类测试用例		
通过准则	满足以下要求为通过，否则为不通过 条件的覆盖率为 100%，对达不到 100%的程序进行分析		
测试项终止条件	正常终止：相关测试用例执行完毕 异常终止：测试环境不满足测试要求，相关测试用例无法执行		

4. 逻辑测试-条件组合覆盖

条件组合覆盖要求设计适当数量的测试用例，运行被测程序，使得每个判断中条件的各种组合至少出现一次，这种方法包含了“分支覆盖”和“条件覆盖”的各种要求，逻辑测试-条件组合覆盖的测试项如表 5-16 所示。

表 5-16　逻辑测试-条件组合覆盖的测试项

测试项名称	逻辑测试-条件组合覆盖	测试项标识	DFXXXXXLJCS04
测评需求章节号	隐含	测试优先级	高
测试项描述	执行全部的功能类和性能类测试用例，统计条件组合的覆盖率		
测试方法	使用工具对源代码进行插桩，全部用例执行后，使用工具统计条件组合覆盖率		
约束条件	源代码编译通过		
测试充分性要求	全部的功能类和性能类测试用例		
通过准则	满足以下要求为通过，否则为不通过 条件组合的覆盖率为 100%，对达不到 100%的程序进行分析		
测试项终止条件	正常终止：相关测试用例执行完毕 异常终止：测试环境不满足测试要求，相关测试用例无法执行		

5. 逻辑测试-路径覆盖

路径覆盖要求设计适当数量的测试用例，运行被测程序，使得程序沿所有可能的路径执行，较大程序的路径可能很多，所以在设计测试用例时，要简化循环次数，逻辑测试-路径覆盖的测试项如表 5-17 所示。

表 5-17 逻辑测试-路径覆盖的测试项

测试项名称	逻辑测试-路径覆盖	测试项标识	DFXXXXXLJCS05
测评需求章节号	隐含	测试优先级	高
测试项描述	执行全部的功能类和性能类测试用例，统计路径的覆盖率		
测试方法	使用工具对源代码进行插桩，全部用例执行后，使用工具统计路径覆盖率		
约束条件	源代码编译通过		
测试充分性要求	全部的功能类和性能类测试用例		
通过准则	满足以下要求为通过，否则为不通过 路径的覆盖率为 100%，对达不到 100%的程序进行分析		
测试项终止条件	正常终止：相关测试用例执行完毕 异常终止：测试环境不满足测试要求，相关测试用例无法执行		

5.1.4.6 功能测试

编写功能测试的测试项时，首先对功能点进行分析，其次结合实际软件分析功能流程，最后根据功能流程编写测试项的测试方法、充分性和通过准则等各部分的内容。

首先，结合软件需求规格说明书或系统规格说明书等文档，针对软件或系统的实际情况，分析整个软件或系统的功能有几个功能模块，并绘制出软件或系统功能模块图，如图 5-4 所示。

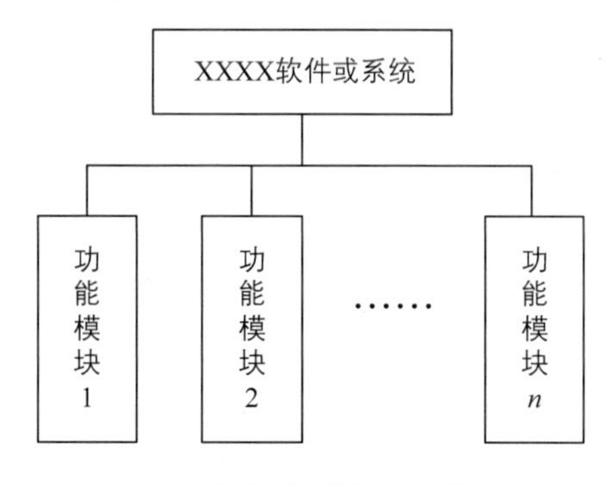

图 5-4 软件或系统功能模块图

其次，针对每个功能模块，具体分析每个功能模块能够划分为多少个功能点。对于每个功能较为独立的功能点，编写一个测试项。分析完毕后，列出软件或系统功能的测试项，如表 5-18 所示。

表 5-18 软件或系统功能的测试项

测试类型	测试项	测试项标识	相关文档
功能测试	功能测试-功能模块 1-功能点 1	DFXXXXXGNCS01	软件需求规格说明书 3.2.X
功能测试	功能测试-功能模块 1-功能点 2	DFXXXXXGNCS02	软件需求规格说明书 3.2.X
……	……	……	……
功能测试	功能测试-功能模块 2-功能点 1	DFXXXXXGNCS05	软件需求规格说明书 3.2.X
功能测试	功能测试-功能模块 2-功能点 2	DFXXXXXGNCS06	软件需求规格说明书 3.2.X
……	……	……	……
功能测试	功能测试-功能模块 *n*-功能点 1	DFXXXXXGNCS10	软件需求规格说明书 3.2.X
功能测试	功能测试-功能模块 *n*-功能点 2	DFXXXXXGNCS11	软件需求规格说明书 3.2.X
……	……	……	……

然后，对每个测试项所要测试的功能点进行分析，结合实际软件分析功能流程，并绘制出功能流程图，如图 5-5 所示。

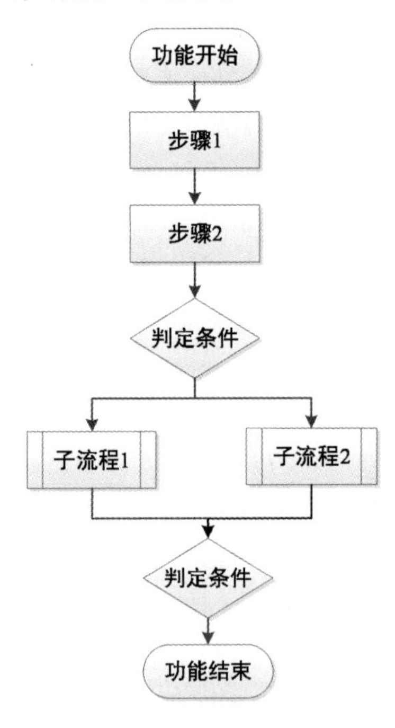

图 5-5 功能流程图

最后，编写测试项时，对于流程中的分支子流程（如功能正常或异常），要分别列出充分性条目。

综上所述，功能测试是指对软件需求规格说明书或设计文档中的功能需求逐项进行测试，以验证其功能是否满足要求，测试内容包括：

（1）用正常值的等价类输入数据值测试；

（2）用非正常值的等价类输入数据值测试；

（3）进行每个功能的合法边界值和非法边界值输入的测试；

（4）对控制流程的正确性、合理性等进行验证。

例如，对于软件中常见的“添加用户”测试项，要按以下流程展开分析。

（1）用具有添加用户权限的系统管理员或者训练指导员身份登录系统，进入添加用户界面；

（2）正常添加用户：分别添加训练者、训练指挥员、训练配置员和系统管理员4种用户类型；

（3）异常添加用户：填写异常的用户信息后添加用户，如密码置空；

（4）添加完毕后，以新添加的用户名登录相关软件，验证其对应的权限。

充分性要求条目围绕以上分析的功能流程来写，有以下5条充分性要求。

（1）正常添加训练者用户；

（2）正常添加训练指挥员用户；

（3）正常添加训练配置员用户；

（4）正常添加系统管理员用户；

（5）异常添加用户。

测试项描述即检测软件用户管理模块的“添加用户”功能。

测试方法为首先登录软件，进入用户管理模块的相关界面，在界面中添加4种不同身份的用户信息并进行登录验证。然后，添加异常的用户信息检测软件是否有异常提示。

约束条件是测试“添加用户”功能必备的前提条件，如软件运行正常、数据库中已存在系统管理员账号、系统管理员已登录软件等。

测试项终止条件包括：①正常终止，“添加用户”功能相关测试用例执行完毕；②异常终止，测试环境不满足测试要求，相关测试用例无法执行。

综上所述，功能测试-添加用户的测试项如表 5-19 所示。

表 5-19　功能测试-添加用户的测试项

测试项名称	功能测试-添加用户	测试项标识	DFXXXXXGNCS03
测评需求章节号	XXXX 软件需求规格说明书 3.2.5	测试优先级	高
测试项描述	检测软件的用户管理模块的“添加用户”功能		
测试方法	登录软件，进入相关的“添加用户”界面，在界面中添加 4 种不同身份的用户信息并进行登录验证，添加异常的用户信息检测软件是否有异常提示		
约束条件	软件运行正常，数据库中已存在系统管理员账号，系统管理员已登录软件，进入相关的“添加用户”界面		
测试充分性要求	（1）打开装备人员管理界面，填写训练者身份的用户信息，例如，用户名：xlz3，密码：123456，用户身份：训练者，所属装备：zb730，单击“添加用户”按钮保存，以用户名为 xlz3，密码为 123456 的账号登录软件 （2）添加训练指挥员并以添加的用户名登录软件验证（例如，用户名：zhy1，密码：123466，用户身份为训练指挥员） （3）添加系统管理员并以添加的用户名登录软件验证（例如，用户名：gly1，密码：123466，用户身份为系统管理员） （4）添加训练配置员并以添加的用户名登录软件验证（例如，用户名：pzy1，密码：123466，用户身份为训练配置员） （5）填写异常的用户信息（例如，用户名：pzy1，密码置空，用户身份为训练配置员）		
通过准则	（1）能够正常添加 4 种类型的用户 （2）异常添加用户时提示异常信息		
测试项终止条件	正常终止：“添加用户”功能相关测试用例执行完毕 异常终止：测试环境不满足测试要求，相关测试用例无法执行		

5.1.4.7　性能测试

性能测试是指对系统研制要求、软件需求规格说明书或设计文档中的性能需求逐项进行测试，以验证其性能是否满足要求，测试内容包括：

（1）测试在获得定量结果时程序计算的精确性（处理精度）；

（2）测试其时间特性和实际完成功能的时间（响应时间）；

（3）测试为完成功能所处理的数据量。

因此，编写性能测试的测试项，首先要对研制要求和需求中的相关性能指标进行分析，分析这些相关指标对软件或系统的性能要求，确定测试方法，以及是否要选择相关的测试工具，然后根据具体测试内容描述测试的充分性，最后是描述测试项终止条件。

例如，对于HTTP请求响应指标、交换接口响应指标和资源利用率的性能要求进行分析，由于涉及并发用户，就需要采用Loadrunner测试工具进行并发用户的设置，如在本例中设置并发数为30、50和100。

针对HTTP请求响应指标，测试内容就是当并发数分别为30、50和100时，测试软件登录的响应时间、登录界面数据的接收时间和发送时间、登录界面数据自动交换监控的响应时间、其他界面的响应时间。每种并发测试3次，取平均值。

针对交换接口响应指标，测试内容就是当并发数为40时，数据录入为1000条/h×3张表时和处理50MB/个×10个数据量时的成功率；当并发数为100时，在节点统一用户接口对用户基本信息和部门基本信息进行检索，检测数据的成功返回率。每种并发测试3次，取平均值。

针对资源利用率，测试内容就是系统在日常业务处理和业务处理高峰时期的CPU、内存、硬盘的使用情况。测试3次，取平均值。

综上所述，写出性能测试的测试项如表5-20所示。

表5-20 性能测试的测试项

序号	测试项	
1	HTTP请求响应指标	当并发数为30时，软件登录的响应时间应不大于2s 当并发数为50时，软件登录的响应时间应不大于5s 当并发数为100时，软件登录的响应时间应不大于8s 每种并发测试3次，取平均值
		当并发数为30时，登录界面数据的接收时间应不大于2s 当并发数为50时，登录界面数据的接收时间应不大于5s 当并发数为100时，登录界面数据的接收时间应不大于8s 每种并发测试3次，取平均值

续表

序号	测试项	
2	交换接口响应指标	当并发数为 40 时，数据录入为 1000 条/h×3 张表时，数据接收的发送成功率为 100%。测试 3 次，取平均值
		当并发数为 40 时，处理 50MB/个×10 个数据量时，检测水量分配方案管理业务的贯通成功率应为 100%。测试 3 次，取平均值
		当并发数为 100 时，在节点统一用户接口对用户基本信息进行检索时，检测数据的成功返回率为 100%。测试 3 次，取平均值
3	资源利用率	系统在业务处理高峰时期（高并发、高数据量）的 CPU、内存、硬盘的使用情况。测试 3 次，取平均值
		系统在日常业务处理的情况下 CPU、内存、硬盘的使用情况。测试 3 次，取平均值

5.1.4.8 接口测试

接口测试是指对软件需求规格说明书或设计文档中的接口需求逐项进行测试，检验软件外部接口的数据通信是否能正确实现。

编写接口测试项，首先要对软件或系统中的接口进行分析，然后绘制出软件或系统接口组成图，如图 5-6 所示。

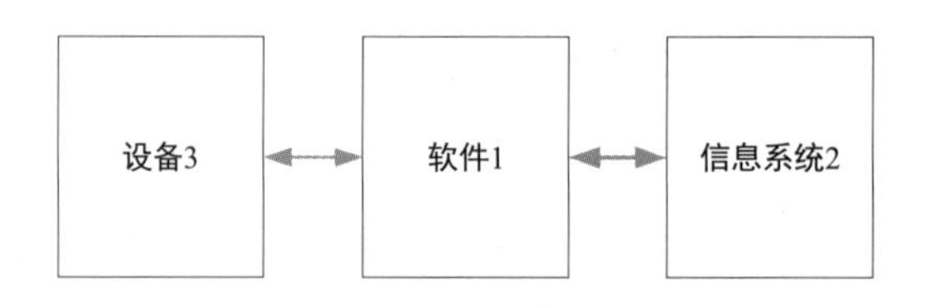

图 5-6 软件或系统接口组成图

软件外部接口标识如表 5-21 所示。

表 5-21 软件外部接口标识

接口名称	接口类型	接口描述
与信息系统 2 接口	语音 文本 数据包	接收信息系统 2 传输的数据信息、指令等信息；上传软件 1 的数据、终端运行状态等信息
与设备 3 接口	串口 网口	接收设备 3 传输的正常和异常指令；上传软件 1 的指令
……	……	……

根据软件或系统接口组成图和软件外部接口标识，针对每个独立的接口编写 1 个接口测试项，于是可以列出软件或系统接口的测试项，如表 5-22 所示。

表 5-22　软件或系统接口的测试项

测试类型	测试项	测试项标识	相关文档
接口测试	接口测试-与信息系统 2 接口	DFXXXXXJKCS01	XXXX 子系统研制要求 3.1
接口测试	接口测试-与设备 3 接口	DFXXXXXJKCS02	XXXX 子系统研制要求 3.1

在编写接口测试项之前，应对承研方提供的接口协议进行分析：协议中共有多少类指令，每类指令实现哪些接口功能；每类指令中有多少条指令，每条指令实现哪些具体功能；每条指令有多少个字段，每个字段代表着什么，以及对这条指令实现功能有什么具体影响。

异常指令有许多种，本质上可以分为格式异常和内容异常两大类。在这两类指令中，选取典型的指令，即可以覆盖所有的指令异常情况。

格式异常指令，如去掉指令头或者指令尾等。

内容异常指令，如指令的某个字段的内容越界等。

例如，控制设备接口为 RS422 串行接口，采用全双工异步通信方式，传输速率为 38400bps，8 个数据位，1 个停止位，无奇偶校验位。通信格式为帧头+标识+指令+数据+校验码+帧尾，帧头为 0377，帧尾为 0003，校验码为有效指令（包括标识、指令）和数据的异或。

设备控制指令表如表 5-23 所示。

表 5-23　设备控制指令表

命令	帧头	标识	命令	数据	校验码	帧尾
自检	0377	0361	0361	00	计算	0003
匀速开始	0377	0362	0361	00	计算	0003
匀速停止	0377		0362	00	计算	0003

控制设备回复软件的指令如表 5-24 所示。

表 5-24　控制设备回复软件的指令

功能	帧头	标识	命令	数据	校验码	帧尾
自检	0377	0361	0361	见下表	计算	0003
匀速开始	0377	0362	0361	见下表	计算	0003
匀速停止	0377		0362	见下表	计算	0003

在自检中，控制设备上报自检结果时包括 1 个匀速电机和 5 个方位电机，自检结果的数据为 1 个字节，自检结果的数据结构如表 5-25 所示。

表 5-25 自检结果的数据结构

B7	B6	B5	B4	B3	B2	B1	B0
B0：代表匀速电机，数值为 1 代表正常，0 代表故障							
B1～ B5：代表方位电机 1～5，数值为 1 代表正常，0 代表故障							
B6、B7：1							

针对软件连接的串口设备，使用的测试工具为 XSPM 虚拟串口调试工具。这类工具的工作原理是用工具模拟硬件接口，与软件进行通信，分别通过串口发送正常指令和异常指令，以验证软件接口的正确性。其中，发送只需要检测正常指令，而接收还要检测异常指令，以验证软件接口对异常的处理。

由以上信息分析控制设备的接口测试流程如下。

（1）配置串口调试工具的相关参数，利用工具模拟控制设备，与 XXXX 软件进行通信。

（2）软件发送给控制设备的指令：在软件界面进行相关操作（如单击“自检”按钮），软件内部处理机制对界面操作进行分析处理后，将指令通过接口发出，在串口调试工具的指令显示栏中查看截获的指令，并与软件设计说明书中的指令（如自检为 0377 0361 0361 0000 0003）核对，来验证发送指令的正确性。

（3）控制设备发送给软件的指令：在串口调试工具中编写指令（包括正常指令和异常指令）后，通过接口发送给软件，在软件界面查看接口接收指令后，对指令进行处理。对于正常指令，软件接收后根据指令的内容进行相关的操作（如接收到自检应答指令后就在界面显示自检结果）；对于异常指令，软件接收到以后提示异常信息或是直接将指令丢弃。

综上所述，接口测试-控制设备接口的测试项如表 5-26 所示。

表 5-26 接口测试-控制设备接口的测试项

测试项名称	接口测试-控制设备接口	测试项标识	DFXXXXXJKCS01
测评需求章节号	XXXX 软件需求规格说明书 3.2	测试优先级	高
测试项描述	测试软件的控制设备接口，包括正常测试和异常测试		
测试方法	利用串口调试工具模拟控制设备，与软件进行通信，在软件中进行自检操作，启动探测后停止探测，查看串口模拟工具收到的指令。通过串口调试工具分别发送正常指令、格式异常指令和内容异常指令，查看软件做出回应		
约束条件	用户已登录软件，串口调试工具已连接		

续表

测试充分性要求	（1）单击“自检”按钮，查看串口模拟工具收到的指令 （2）单击探测下的“启动”按钮，查看串口模拟工具收到的指令 （3）单击探测下的“停止”按钮，查看串口模拟工具收到的指令 （4）用串口调试工具模拟控制设备，发送自检应答信息：0377 0361 0361 0707 0003，检验串口解析的正确性 （5）用串口调试工具模拟控制设备，发送异常格式的自检应答信息：0361 0361 7777 0003，检验软件对异常格式指令的处理机制 （6）用串口调试工具模拟控制设备，发送异常内容的自检应答信息：0377 0361 0361 7777 0003，检验软件对异常格式指令的处理机制
通过准则	（1）串口工具接收到指令：0377 0361 0361 0000 0003 （2）串口工具接收到指令：0377 0362 0361 0000 0003 （3）串口工具接收到指令：0377 0362 0362 0000 0003 （4）软件界面显示自检结果：正常 （5）串口解析异常格式指令，软件无反应 （6）串口解析异常内容指令，软件无反应
测试项终止条件	正常终止：正常接口数据能够发送并接收，对于异常数据能够检测并提示 异常终止：测试环境不满足测试要求，相关测试用例无法执行

5.1.4.9 人机交互界面测试

编写人机交互界面测试项，首先对软件界面进行分析，分析软件有哪几类界面，然后绘制出软件界面结构，如图 5-7 所示。

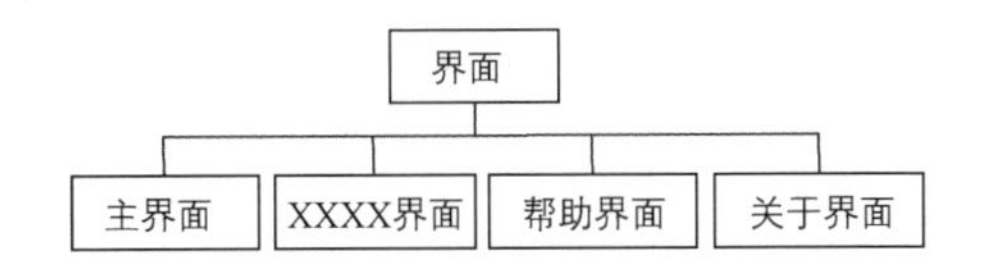

图 5-7 软件界面结构

根据软件界面结构图，针对每类界面编写 1 个测试项（包括主界面），列出人机交互界面的测试项，如表 5-27 所示。

表 5-27 人机交互界面的测试项

测试类型	测试项	测试项标识	相关文档
人机交互界面测试	人机交互界面测试-主界面	DFXXXXXRJCS01	隐含
人机交互界面测试	人机交互界面测试-XXXX 界面	DFXXXXXRJCS02	隐含
……	……	……	……
人机交互界面测试	人机交互界面测试-关于界面	DFXXXXXRJCS08	隐含
人机交互界面测试	人机交互界面测试-帮助界面	DFXXXXXRJCS09	隐含
……	……	……	……

注：通常情况下，软件都有关于界面和帮助界面，因此必须要有这两个测试项。

人机交互界面测试是指对所有人机交互界面提供的操作和显示界面进行测试，以检验是否满足用户的要求；测试内容主要包括界面显示、界面操作和界面操作流程。其中，针对界面显示，检测量纲是否完整正确，控件显示是否完整，界面字体、颜色、格式等与其他界面是否保持一致，完全汉化、关键所选代码或者 ID 是否转换为名称等；针对界面操作，对照用户手册或操作手册进行逐条操作和观察，以非常规操作、误操作、快速操作来检验人机界面的健壮性，并测试对错误指令或非法数据输入的检测能力与提示情况；针对界面操作流程，测试对错误操作流程的检测与提示。以上内容还应根据实际人机交互界面的测试内容进行裁减。

综上所述，人机交互界面的测试项如表 5-28 所示。

表 5-28　人机交互界面的测试项

测试项名称	人机交互界面测试-XXXX 界面	测试项标识	DFXXXXXRJCS02
测评需求章节号	XXXX 软件需求规格说明书 3.2.1.3	测试优先级	低
测试项描述	检验配置项 XXXX 人机界面的健壮性，测试对错误指令或非法数据输入的检测能力与提示情况，测试对错误操作流程的检测与提示，对照用户手册或操作手册进行逐条操作和观察		
测试方法	采用功能分解、猜错法和随机操作等方法进行用例设计，手工采用黑盒方式（也可通过 Winrunner 之类的软件执行测试用例）执行测试用例		
约束条件	通过 XXXX 用户操作进入 XXXX 界面		
测试充分性要求	（1）主要界面：软件主界面、XXXX 界面、关于界面、帮助界面 （2）界面显示：量纲完整正确，控件显示完整，界面字体、颜色、格式等与其他界面保持一致性，完全汉化、关键所选代码或者 ID 必须转换为名称 （3）界面操作：界面正常操作、快捷键等与其他界面保持一致性，界面能承受非常规操作、误操作、快速操作等，并能对错误指令、非法数据输入等进行检测并提示，TAB 操作有序 （4）界面操作流程：正常操作流程符合用户手册，对错误操作流程进行检测并提示 （注：以上各条款根据界面实际可测试内容进行裁减）		
通过准则	满足以下要求为通过，否则为不通过 （1）界面显示正常 （2）界面正常操作和界面正常操作流程能够执行 （3）界面对非常规操作、误操作、快速操作等能够承受 （4）界面对错误指令、非法数据输入和错误操作流程等能够检测并提示 （注：与裁减后的测试充分性要求相对应）		
测试项终止条件	正常终止：XXXX 界面的相关测试用例执行完毕 异常终止：测试环境不满足测试要求，相关测试用例无法执行		

5.1.4.10　强度测试

强度测试是指强制软件运行在从不正常到发生故障的情况（从设计的极限状态到超出极限）下，检验软件可以运行到何种程度的测试。强度测试一般须满足以下条件。

（1）提供最大处理的信息量；

（2）提供数据能力的饱和实验指标；

（3）提供最大存储范围（如常驻内存区、缓冲区、表格区、临时信息区）；

（4）在能力降级时进行测试；

（5）在人为错误（如寄存器数据跳变、错误的接口）状态下进行软件反应的测试；

（6）通过启动软件过载安全装置（如临界点警报、过载溢出功能、停止输入、取消低速设备等），生成必要条件，进行计算过载的饱和测试；

（7）须按照规定进行持续一段时间、连续不中断的测试。

常见的强度测试的测试项如表 5-29～表 5-33 所示。

表 5-29　强度测试-服务器系统资源饱和时业务运行的数量

测试项名称	强度测试-服务器系统资源饱和时业务运行的数量	测试项标识	DFXXXXXQDCS01
测评需求章节号	XXXX 软件需求规格说明书 3.2.1	测试优先级	高
测试项描述	对被测功能进行强度测试，检测服务器系统资源饱和时业务运行的数量是否满足软件需求说明书中关于性能指标的要求		
测试方法	使用性能测试工具 Loadrunner 或 JMeter 录制被测业务的脚本，通过修改、调试、回放脚本来确定脚本的正确性 模拟服务器系统资源饱和的情况，分别执行 5 次，记录同时运行业务的数量		
约束条件	无		
测试充分性要求	（1）CPU 资源占用率为 100%时，同时运行业务的数量 （2）内存资源占用率为 100%时，同时运行业务的数量 （3）网络资源占用率为 100%时，同时运行业务的数量 （4）磁盘占用率为 100%时，同时运行业务的数量		
通过准则	满足以下要求为通过，否则为不通过 （1）CPU 资源占用率为 100%时，同时运行业务的数量达到 1000 个 （2）内存资源占用率为 100%时，同时运行业务的数量达到 1000 个 （3）网络资源占用率为 100%时，同时运行业务的数量达到 1000 个 （4）磁盘占用率为 100%时，同时运行业务的数量达到 1000 个		
测试项终止条件	正常终止：测试项分解的所有用例执行完毕，达到充分性要求，相关记录完整 异常终止：由于某些特殊原因，导致该测试项分解的测试用例不能完全执行，无法执行的原因已记录		

表 5-30　强度测试-信息服务综合态势共享能力

测试项名称	强度测试-信息服务综合态势共享能力	测试项标识	DFXXXXXQDCS02
测评需求章节号	XXXX 软件需求规格说明书 3.2.2	测试优先级	高

续表

测试项描述	检测系统软件的信息服务综合态势的共享能力是否满足软件需求说明书中关于性能指标的要求
测试方法	在余量测试的基础上，以步长为 100，逐步增加航迹信息，直至出现航迹信息丢点为止，记录在发生故障的情况下可支持的最大信息服务综合态势共享能力
约束条件	按测试环境连接测试设备，将网络规划参数正确下发给数据链接入控制设备，测试环境正常运行
测试充分性要求	（1）在余量测试的基础上，以步长为 100，逐步增加航迹信息 （2）在发生故障后对步长减半，重新进行测试 （3）重复第 2 步直至找到故障临界点
通过准则	满足以下要求为通过，否则为不通过 在发生故障的情况下可支持的最大信息服务综合态势共享能力不小于 120 批/s
测试项终止条件	正常终止：测试项分解的所有用例执行完毕，达到充分性要求，相关记录完整 异常终止：由于某些特殊原因，导致该测试项分解的测试用例不能完全执行，无法执行的原因已记录

表 5-31　强度测试-窄带条件下的业务运行情况

测试项名称	强度测试-窄带条件下的业务运行情况	测试项标识	DFXXXXXQDCS03
测评需求章节号	XXXX 软件需求规格说明书 3.2.3	测试优先级	高
测试项描述	对被测功能进行强度测试，检测窄带条件下的业务运行情况是否满足软件需求说明书中关于性能指标的要求		
测试方法	持续降低带宽，执行 3 次不同数值的带宽测试，记录运行业务的数量		
约束条件	无		
测试充分性要求	（1）降低带宽 20%时，运行业务的数量 （2）降低带宽 50%时，运行业务的数量 （3）降低带宽 80%时，运行业务的数量		
通过准则	满足以下要求为通过，否则为不通过 （1）降低带宽 20%时，同时运行业务的数量不小于 1200 个 （2）降低带宽 50%时，同时运行业务的数量不小于 1200 个 （3）降低带宽 80%时，同时运行业务的数量不小于 1200 个		
测试项终止条件	正常终止：测试项分解的所有用例执行完毕，达到充分性要求，相关记录完整 异常终止：由于某些特殊原因，导致该测试项分解的测试用例不能完全执行，无法执行的原因已记录		

表 5-32　强度测试-人为中断软件正常运行后恢复软件运行

测试项名称	强度测试-人为中断软件正常运行后恢复软件运行	测试项标识	DFXXXXXQDCS04
测评需求章节号	XXXX 软件需求规格说明书 3.2.4	测试优先级	高
测试项描述	对被测功能进行强度测试，检测人为中断软件，正常运行后恢复软件运行是否满足软件需求说明书中关于性能指标的要求		
测试方法	人为中断软件时查看软件的反应情况		
约束条件	无		

续表

测试充分性要求	（1）软件正常运行时，断开电源后恢复软件运行 （2）软件正常运行时，断开网络后恢复软件运行 （3）软件正常运行时，数据库断开后恢复软件运行 （4）软件正常运行时，强制结束软件进程后恢复软件运行
通过准则	满足以下要求为通过，否则为不通过 （1）断开电源后恢复软件运行，软件的运行正常 （2）断开网络后恢复软件运行，软件的运行正常 （3）数据库断开后恢复软件运行，软件的运行正常 （4）强制结束软件进程后恢复软件运行，软件的运行正常
测试项终止条件	正常终止：测试项分解的所有用例执行完毕，达到充分性要求，相关记录完整 异常终止：由于某些特殊原因，导致该测试项分解的测试用例不能完全执行，无法执行的原因已记录

表5-33 强度测试-24小时稳定运行

测试项名称	强度测试-24小时稳定运行	测试项标识	DFXXXXXQDCS05
测评需求章节号	XXXX软件需求规格说明书3.2.5	测试优先级	低
测试项描述	检测系统是否能在24小时中稳定运行		
测试方法	采用功能分解、等价类划分等方法设计测试用例，通过黑盒方式手工执行；采用外部数据发送模拟器，按照各项频率要求向设备发送CAN数据、作战网数据和导航内网数据		
约束条件	软件正常运行		
测试充分性要求	在正常接收和处理外部数据的情况下，连续运行24小时，检测设备运行的稳定性		
通过准则	满足以下要求为通过，否则为不通过 软件稳定运行，24小时接收、处理和显示CAN数据、作战网数据和导航内网数据正常，各项资源数据指标正常		
测试项终止条件	正常终止：测试项分解的所有用例执行完毕，达到充分性要求，相关记录完整 异常终止：由于某些特殊原因，导致该测试项分解的测试用例不能完全执行，无法执行的原因已记录		

5.1.4.11 余量测试

余量测试是指对软件是否达到需求规格说明书中要求的余量的测试。若无明确要求时，一般至少留有20%的余量。根据测试要求，余量测试一般须提供：

（1）全部存储量的余量；

（2）输入/输出及通道的吞吐能力余量；

（3）功能处理时间的余量。

常见的余量测试项如表5-34、表5-35所示。

表 5-34　余量测试-参数存储余量

测试项名称	余量测试-参数存储余量	测试项标识	DFXXXXXYLCS01
测评需求章节号	1	测试优先级	中
测试项描述	对数据存储能力进行测试，检测软件参数存储的 FRAM 中是否留有 20%的余量		
测试方法	查看软件参数存储的 FRAM 占用空间的信息，按照公式 FRAM 利用率=FRAM 占用空间/FRAM 容量（2GB），根据计算结果查看结果是否留有 20%的余量		
约束条件	软件正常运行		
测试充分性要求	查看软件参数存储的 FRAM 占用空间的信息，计算结果是否留有 20%的余量		
通过准则	满足以下要求为通过，否则为不通过 FRAM 留有 20%的余量		
测试项终止条件	正常终止：测试项分解的所有用例执行完毕，达到充分性要求，相关记录完整 异常终止：由于某些特殊原因，导致该测试项分解的测试用例不能完全执行，无法执行的原因已记录		

表 5-35　余量测试-软件信息服务综合态势共享能力

测试项名称	余量测试-软件信息服务综合态势共享能力	测试项标识	DFXXXXXYLCS02
测评需求章节号	2	测试优先级	中
测试项描述	检测软件信息服务的综合态势共享能力是否满足软件需求说明书中关于性能指标的要求		
测试方法	（1）使用 XXXX 测试设备随机模拟 5 次 1000 批航迹：空中航迹为 500 批，水面航迹为 500 批；空中航迹为 1000 批；水面航迹为 1000 批；空中航迹为 240 批，水面航迹为 760 批；空中航迹为 760 批，水面航迹为 240 批。通过“接收到 MP 接口”向信息服务所在的服务器推送。在信息服务界面，设置到 luhang 固指的综合态势信息（空中航迹和水面航迹）的推送需求，推送格式为 QDB 格式。查看 luhang 固指界面是否每次收到航迹共享信息的时间不大于 8s （2）使用 XXXX 测试设备随机模拟 5 次 1200 批航迹：空中航迹为 600 批，水面航迹为 600 批；空中航迹为 1200 批；水面航迹为 1200 批；空中航迹为 340 批，水面航迹为 860 批；空中航迹为 860 批，水面航迹为 340 批。通过“接收到 MP 接口”向信息服务所在的服务器推送。在信息服务界面，设置到 luhang 固指的综合态势信息（空中航迹和水面航迹）的推送需求，推送格式为 QDB 格式。查看 luhang 固指界面是否每次收到航迹共享信息的时间不大于 10s		
约束条件	软件正常运行		
测试充分性要求	（1）将航迹信息增加 20%，查看并记录 luhang 固指界面收到的航迹信息的时间，检测输入/输出及通道的吞吐能力余量 （2）保持航迹信息 1000 批不变，查看并记录 luhang 固指界面收到的航迹信息的时间，检测功能处理时间的余量		
通过准则	满足以下要求为通过，否则为不通过 （1）成功设置 5 次 1200 批航迹，luhang 固指界面每次收到航迹信息的时间不大于 10s （2）成功设置 5 次 1000 批航迹，luhang 固指界面每次收到航迹信息的时间不大于 8s		
测试项终止条件	正常终止：测试项分解的所有用例执行完毕，达到充分性要求，相关记录完整 异常终止：由于某些特殊原因，导致该测试项分解的测试用例不能完全执行，无法执行的原因已记录		

5.1.4.12 安全性测试

安全性测试检验软件中已存在的安全性、安全保密性措施是否有效，测试内容包括：

（1）对安全性关键的软件部件，必须单独测试其安全性需求；

（2）在测试中全面检验防止危险状态措施的有效性和每个危险状态下的反应；

（3）对设计中用于提高安全性的结构、算法、容错、冗余及中断处理等方案，必须进行针对性测试；

（4）对软件处于标准配置下软件的处理和保护能力的测试；

（5）对异常条件下系统/软件的处理和保护能力的测试（以表明不会因为可能的单个或多个输入错误而导致不安全状态）；

（6）对输入故障模式的测试；

（7）对边界、界外及边界结合部分的测试；

（8）对“0”、穿越“0”及从两个方向趋近于“0”的输入值的测试；

（9）对在最坏配置情况下的最小输入和最大输入数据率等的测试；

（10）对安全性关键的操作错误的测试；

（11）对防止非法进入软件并保护软件的数据完整性的能力的测试；

（12）对双工切换、多机替换的正确性和连续性的测试；

（13）对重要数据的抗非法访问能力的测试。

注：以上内容可根据实际需求进行裁减。

例如，安全性测试项主要分为两类：数据安全类和攻防安全类。其中，数据安全类包括用户登录、用户权限、数据保护和误操作等；攻防安全类包括 SQL 注入漏洞和网页漏洞扫描等。

软件安全性的测试项如表 5-36 所示。

表 5-36 软件安全性的测试项

测试类型	测试项	测试项标识	相关文档
安全性测试	安全性测试-用户登录	DFXXXXXAQCS01	XXXX 子系统研制要求 3.2.11
安全性测试	安全性测试-用户权限	DFXXXXXAQCS02	XXXX 子系统研制要求 3.2.11
安全性测试	安全性测试-数据保护	DFXXXXXAQCS03	XXXX 子系统研制要求 3.2.11

续表

测试类型	测试项	测试项标识	相关文档
安全性测试	安全性测试-误操作	DFXXXXXAQCS04	XXXX 子系统研制要求 3.2.11
安全性测试	安全性测试-SQL 注入	DFXXXXXAQCS05	XXXX 子系统研制要求 3.2.11
安全性测试	安全性测试-网页漏洞扫描	DFXXXXXAQCS06	XXXX 子系统研制要求 3.2.11

具体测试项如表 5-37～表 5-42 所示。

表 5-37　安全性测试-用户登录

测试项名称	安全性测试-用户登录	测试项标识	DFXXXXXAQCS01
测评需求章节号	隐含	测试优先级	中
测试项描述	测试进行用户登录时，软件对用户的认证功能		
测试方法	采用等价类和猜错法设计测试用例		
约束条件	软件安装部署完毕，已分配用户权限		
测试充分性要求	（1）正确用户名和错误密码登录 （2）错误用户名登录		
通过准则	满足以下要求为通过，否则为不通过 （1）正确用户名和密码能够进入系统 （2）错误用户名或密码提示错误信息		
测试终止条件	正常终止：用户登录时，软件对用户的认证功能满足需求 异常终止：测试环境不满足测试要求，测试用例无法执行		

表 5-38　安全性测试-用户权限

测试项名称	安全性测试-用户权限	测试项标识	DFXXXXXAQCS02
测评需求章节号	隐含	测试优先级	中
测试项描述	测试进行用户登录时，权限管理功能是否满足需求		
测试方法	采用等价类和猜错法设计测试用例		
约束条件	软件安装部署完毕，已分配用户权限		
测试充分性要求	（1）使用普通用户账户登录 （2）使用管理员账户登录		
通过准则	满足以下要求为通过，否则为不通过 （1）能够使用普通用户账户进入普通用户界面并仅允许用户进行普通类型操作 （2）能够使用管理员账户进入管理员操作界面并运行其具有的权限操作		
测试终止条件	正常终止：权限管理功能满足需求 异常终止：测试环境不满足测试要求，测试用例无法执行		

表 5-39　安全性测试-数据保护

测试项名称	安全性测试-数据保护	测试项标识	DFXXXXXAQCS03
测评需求章节号	XXXX 子系统研制要求 3.2.11	测试优先级	中
测试项描述	检测软件对重要数据的抗非法访问能力，对重要数据的删除保护功能是否满足软件需求规格说明书的要求		
测试方法	采用功能分解、等价类和猜错法设计测试用例，以黑盒方式手工执行测试用例		
约束条件	无		

续表

测试充分性要求	（1）数据非法访问 （2）数据删除确认
通过准则	满足以下要求为通过，否则为不通过 （1）限制非法访问非权限范围内的数据 （2）删除数据时要求确认，取消删除不破坏数据
测试终止条件	正常终止：终端监控功能的余量测试用例执行完毕 异常终止：测试环境不满足测试要求，测试用例无法执行

表 5-40　安全性测试-误操作

测试项名称	安全性测试-误操作	测试项标识	DFXXXXXAQCS04
测评需求章节号	隐含	测试优先级	中
测试项描述	检测在软件运行过程中，用户误操作时系统的防护能力是否满足需求		
测试方法	采用等价类和猜错法设计测试用例，执行人工删除数据和软件退出等操作，模拟用户在实际使用时有可能发生的误操作情况		
约束条件	软件运行正常		
测试充分性要求	（1）删除数据库中的数据 （2）修改重要数据 （3）软件退出		
通过准则	满足以下要求为通过，否则为不通过 （1）能够给予信息提示，保证用户数据的安全 （2）能够给予信息提示，保证用户数据的安全 （3）能够给予信息提示，保证用户数据的安全		
测试终止条件	正常终止：用户误操作时系统的防护能力满足需求 异常终止：测试环境不满足测试要求，测试用例无法执行		

表 5-41　安全性测试-SQL 注入

测试项名称	安全性测试-SQL 注入	测试项标识	DFXXXXXAQCS05
测评需求章节号	隐含	测试优先级	中
测试项描述	检测在软件运行过程中，验证软件对 SQL 注入风险的防范能力是否符合软件需求规格说明书中的要求		
测试方法	手工执行 SQL 注入操作，对系统的安全防护能力进行检测		
约束条件	用户登录软件系统，软件正常连接数据库		
测试充分性要求	寻找 SQL 注入位置，判断服务器类型和后台服务类型，针对服务器和数据库的特点进行 SQL 注入攻击		
通过准则	满足以下要求为通过，否则为不通过 对于各种 SQL 注入攻击能够有效防护，保证数据的安全		
测试终止条件	正常终止：软件对 SQL 注入的保护功能满足需求 异常终止：测试环境不满足测试要求，测试用例无法执行		

表 5-42　安全性测试-网页漏洞扫描

测试项名称	安全性测试-网页漏洞扫描	测试项标识	DFXXXXXAQCS06
测评需求章节号	隐含	测试优先级	中
测试项描述	在软件运行过程中，对软件进行安全漏洞检测		
测试方法	使用网页漏洞扫描工具，对制定的 IP 地址进行安全漏洞检测，对检测结果进行人工分析		
约束条件	用户登录软件系统，软件正常连接数据库		
测试充分性要求	（1）远程服务 （2）弱口令漏洞 （3）应用服务漏洞 （4）网络设备漏洞 （5）拒绝服务漏洞		
通过准则	满足以下要求为通过，否则为不通过 网页无严重安全漏洞		
测试终止条件	正常终止：完成对软件的各项安全漏洞检测 异常终止：测试环境不满足测试要求，测试用例无法执行		

5.1.4.13　恢复性测试

恢复性测试是指对有恢复或重置功能的软件的每一类导致恢复或重置的情况进行的测试，以验证软件的恢复或重置功能。恢复性测试旨在证实在克服硬件故障后，系统能否正常地继续工作，且不对系统造成任何损害。恢复性测试一般须进行：

（1）探测错误功能的测试；

（2）能否切换或自动启动备用硬件功能的测试；

（3）在故障发生时能否保护正在运行的作业和系统状态的测试；

（4）在系统恢复后，能否从最后记录下来的无错误状态开始继续执行作业的测试。

常见的恢复性测试的测试项如表 5-43～表 5-45 所示。

表 5-43　恢复性测试-探测错误功能

测试项名称	恢复性测试-探测错误功能	测试项标识	DFXXXXXHFCS01
测评需求章节号	隐含	测试优先级	高
测试项描述	测试用户在使用功能时，探测错误功能是否出现告警提示		
测试方法	检查设备存在异常（如拔掉 XX 板、风扇温度过高等）时能否将告警信息正确上报给网管中心，且告警信息与真实情况保持一致		
约束条件	软件功能正常		

续表

测试充分性要求	（1）在各种故障管理的操作中，检查能否正常收到各种告警信息，且告警信息与真实情况是否一致 （2）检查收到的告警信息是否分为紧急、严重、一般、提示和恢复 5 个等级，记录信息是否完整
通过准则	满足以下要求为通过，否则为不通过 （1）正常收到告警信息，与真实情况一致 （2）告警信息分为紧急、严重、一般、提示和恢复 5 个等级；告警内容包括故障描述、告警等级、所属节点、所属设备、单位名称、告警发生恢复时间等
测试项终止条件	正常终止："恢复性测试"相关测试用例执行完毕 异常终止：测试环境不满足测试要求，相关测试用例无法执行

表 5-44　恢复性测试-切换或自动启动备用硬件功能

测试项名称	恢复性测试-切换或自动启动备用硬件功能	测试项标识	DFXXXXXHFCS02
测评需求章节号	隐含	测试优先级	高
测试项描述	检测软、硬件运行过程中，切换或自动启动备用硬件功能是否满足要求		
测试方法	依次断开环境中的硬件设备，查看终端工作是否正常，状态信息是否正常；同时断开环境中的多个硬件设备，查看终端工作是否正常，状态信息是否正常		
约束条件	软件功能正常		
测试充分性要求	（1）软、硬件通信正常时，依次断开环境中的硬件设备，查看终端通信与状态信息是否正常 （2）再连接备用硬件设备，查看是否能够恢复正常工作 （3）软、硬件通信正常时，同时断开环境中的多个硬件设备，查看终端通信与状态信息是否正常 （4）重新连接备用硬件设备，查看是否能够恢复正常工作		
通过准则	满足以下要求为通过，否则为不通过 （1）终端通信未中断，状态信息均正常 （2）终端通信未中断，状态信息均正常 （3）终端通信未中断，状态信息均正常 （4）终端通信未中断，状态信息均正常		
测试项终止条件	正常终止："恢复性测试"相关测试用例执行完毕 异常终止：测试环境不满足测试要求，相关测试用例无法执行		

表 5-45　恢复性测试-热插拔功能

测试项名称	恢复性测试-热插拔功能	测试项标识	DFXXXXXHFCS03
测评需求章节号	隐含	测试优先级	高
测试项描述	检测故障发生时，能否保护正在运行的作业和系统状态；恢复时，能否从最后记录下来的无错误状态开始继续执行作业		
测试方法	查看进行热插拔产生故障和故障恢复时，系统作业及状态是否正常		
约束条件	软件功能正常		
测试充分性要求	（1）拔掉 x 硬件设备，观察 z 指示灯 （2）插入 x 硬件设备，观察 z 指示灯和 z 状态信息 （3）拔掉 a 硬件设备，观察 y 指示灯 （4）插入 a 硬件设备，观察 y 指示灯和 y 状态信息		

续表

通过准则	满足以下要求为通过，否则为不通过 （1）能够查看 z 指示灯亮 （2）能够查看 z 指示灯亮，z 工作正常 （3）能够查看 y 指示灯亮 （4）能够查看 y 指示灯亮，y 工作正常
测试项终止条件	正常终止："恢复性测试"相关测试用例执行完毕 异常终止：测试环境不满足测试要求，相关测试用例无法执行

5.1.4.14　边界测试

边界测试是指对软件处在边界或端点的情况下的运行状态进行测试，测试内容包括：

（1）软件的输入或输出的边界或端点的测试；

（2）状态转换的边界或端点的测试；

（3）功能界限的边界或端点的测试。

注：以上根据实际边界测试内容进行裁减。

对软件的边界进行分析，软件包括输入边界和功能边界两方面内容，输入边界主要体现在软件界面的输入框方面，即软件对输入框的输入数据的限制；功能边界主要体现在软件某些功能的增加、删除、修改操作方面。软件边界分析如表 5-46 所示。

表 5-46　软件边界分析

所控功能模块	边界类型	具体项
数据信息录入	功能边界	数据信息的输入和取消
	输入边界	信息设置（分析单位名称、操作人员、接收方式、名称、编号等）、内容设置
信息分析	功能边界	信息分析的增加、数据的添加和取消、输入框 1/输入框 2/终端的增加
	输入边界	数据设置（分析单位名称、操作人员、接收方式、名称、编号、内容等）、输入框 1 设置（所选终端、输入框 1 下限、输入框 1 上限等）、输入框 2 设置（所选终端、输入框 2 频率、输入框 2 带宽、网络协议等）、终端设置（所选终端、通信系统、网控协议种类、终端 ID 等）

例如，对经纬度输入框的边界进行分析。

经度范围[-180°，180°]，下边界为-180°，取一组边界数值-181°、-180°、-179°；上边界为 180°，取一组边界数值 179°、180°、181°。

纬度范围[−90°，90°]，下边界为−90°，取一组数值−91°、−90°、−89°；上边界为 90°，取一组边界数值 89°、90°、91°。

边界测试-经纬度输入的测试项如表 5-47 所示。

表 5-47　边界测试-经纬度输入的测试项

测试项名称	边界测试-经纬度输入	测试项标识	DFXXXXXBJCS01
测评需求章节号	配置项 1 软件需求规格说明书 3.2.4	测试优先级	中
测试项描述	对经纬度输入的边界情况进行测试，测试包括正常边界值、异常边界值		
测试方法	采用功能分解、等价类和边界值方法进行用例设计		
约束条件	进入经纬度输入界面		
测试充分性要求	（1）经度范围[−180°，180°]，输入边界数值−181°、−180°、−179°；179°、180°、181° （2）纬度范围[−90°，90°]，输入边界数值−91°、−90°、−89°；89°、90°、91°		
通过准则	（1）正常边界值能够正常执行 （2）异常边界值能够检测并提示		
测试项终止条件	正常终止：XXXX 界面相关测试用例执行完毕 异常终止：测试环境不满足测试要求，相关测试用例无法执行		

5.1.4.15　数据处理测试

数据处理测试是对完成专门数据处理的功能所进行的测试。数据处理测试一般须进行：

（1）数据采集功能的测试；

（2）数据融合功能的测试；

（3）数据转换功能的测试；

（4）剔除坏数据功能的测试；

（5）数据实时信息传输功能的测试。

常见的测试项如表 5-48～表 5-52 所示。

表 5-48　数据处理测试-采集功能

测试项名称	数据处理测试-采集功能	测试项标识	DFXXXXXSJCS01
测评需求章节号	隐含	测试优先级	高
测试项描述	检测软件能否对不同通道的宽带信号和窄带信号进行采集		
测试方法	对 XX 信号分别设置单通道采集、组采集和所有通道的一键式采集，查看采集结果		
约束条件	软件功能正常		
测试充分性要求	（1）对结果中的接收机通道进行单通道采集 （2）对结果中的两个接收机通道进行组采集 （3）通过所有记录器进行所有通道一键式采集		

续表

通过准则	满足以下要求为通过，否则为不通过 （1）能够实现单通道采集并且正确显示一个通道采集信息 （2）能够实现组通道采集并且正确显示多个通道采集信息 （3）能够实现所有通道采集并且正确显示所有通道采集信息
测试项终止条件	正常终止："采集功能"相关测试用例执行完毕 异常终止：测试环境不满足测试要求，相关测试用例无法执行

表 5-49　数据处理测试-融合功能

测试项名称	数据处理测试-融合功能	测试项标识	DFXXXXXSJCS02
测评需求章节号	隐含	测试优先级	高
测试项描述	检测融合功能实现是否满足软件需求规格说明书		
测试方法	进行信号融合操作后，在信息查看界面选择全部过滤条件后进行消息过滤，检查能否成功显示		
约束条件	软件功能正常		
测试充分性要求	人工选择全部过滤条件，查看消息栏中显示的信号事件，检查提示是否正确		
通过准则	满足以下要求为通过，否则为不通过 能够显示融合的信号事件，并提供对不同信号事件的分类控制功能		
测试项终止条件	正常终止："融合功能"相关测试用例执行完毕 异常终止：测试环境不满足测试要求，相关测试用例无法执行		

表 5-50　数据处理测试-转换功能

测试项名称	数据处理测试-转换功能	测试项标识	DFXXXXXSJCS03
测评需求章节号	隐含	测试优先级	高
测试项描述	采用编码 1 的设备与采用编码 2 的设备进行互通		
测试方法	将采用编码 1 的终端与采用编码 2 的终端进行互通，查看结果		
约束条件	软件功能正常		
测试充分性要求	将采用编码 1 的终端与采用编码 2 的终端转接，查看两个终端能否互通		
通过准则	满足以下要求为通过，否则为不通过 终端 1 与终端 2 能够互通，说明两个终端的编码转换功能正常		
测试项终止条件	正常终止："转换功能"相关测试用例执行完毕 异常终止：测试环境不满足测试要求，相关测试用例无法执行		

表 5-51　数据处理测试-剔除坏数据功能

测试项名称	数据处理测试-剔除坏数据功能	测试项标识	DFXXXXXSJCS04
测评需求章节号	隐含	测试优先级	高
测试项描述	检测系统通过正常格式的报文进行收发时能否正常通信，对异常格式的报文能否处理并收集异常信息		
测试方法	软件运行时，查看 x 设备集中操作维护系统向 y 主动上报的变化过滤规则和捕获异常信息是否符合通信协议要求；查看 a 设备集中操作维护系统能否向 b 反馈未使用指定信令点的消息过滤规则的统计结果和指定时间段、指定范围内被阻止的异常信令		
约束条件	软件功能正常		

续表

测试充分性要求	（1）x 设备集中操作维护系统向 y 主动上报变化过滤规则，通过抓取工具抓取 （2）x 设备集中操作维护系统向 y 主动上报捕获的异常信息（帧头、帧尾不符合要求的信令，内容存在异常的信令），通过抓取工具抓取 （3）a 设备集中操作维护系统向 b 反馈未使用指定信令点的消息过滤规则的统计结果，通过抓取工具抓取 （4）a 设备集中操作维护系统向 b 反馈指定时间段、指定范围内被阻止的异常信令（帧头、帧尾不符合要求的信令，内容存在异常的信令）消息查询统计结果，通过抓取工具抓取
通过准则	满足以下要求为通过，否则为不通过 （1）系统能够向 y 主动上报变化的过滤规则，抓取的报文符合通信协议 （2）系统能够向 y 主动上报捕获的异常信息，抓取的报文符合通信协议 （3）系统能够向 b 反馈未使用指定信令点的消息过滤规则的统计结果，抓取的报文符合通信协议 （4）系统能够向 b 反馈指定时间段、指定范围内被阻止的异常信令的消息查询统计结果
测试项终止条件	正常终止："剔除坏数据功能"相关测试用例执行完毕 异常终止：测试环境不满足测试要求，相关测试用例无法执行

表 5-52　数据处理测试-实时信息传输功能

测试项名称	数据处理测试-实时信息传输功能	测试项标识	DFXXXXXSJCS05
测评需求章节号	隐含	测试优先级	高
测试项描述	检测实时信息传输功能实现是否满足软件需求规格说明书		
测试方法	检查系统在实时信息传输过程中能否对正常的数据进行打包、解包处理；丢弃不合法的报文并通过日志记录相应的信息		
约束条件	软件功能正常		
测试充分性要求	（1）人工查看实时信息传输协议的要求能否对传输数据进行打包、解包处理，每包收发数据的大小是否不超过 1KB （2）人工查看接收的实时信息，按标准解析报文头，能否将报文头中描述的数据长度与实际接收的报文长度进行合法性检测，丢弃不合法的报文 （3）人工查看通过心跳报文等手段能否维护通信链路的状态，链路状态发生改变时，是否实时上报链路的状态信息，通过日志记录能否接收不正确的握手信息		
通过准则	满足以下要求为通过，否则为不通过 （1）实时信息传输协议的要求能够成功对传输数据进行打包、解包处理，每包收发数据的大小不超过 1KB （2）接收的实时信息，按标准解析报文头，能够将报文头中描述的数据长度与实际接收的报文长度进行合法性检测，丢弃不合法的报文 （3）通过心跳报文等手段能够维护通信链路的状态，链路状态发生改变时，能够成功实时上报链路的状态信息，通过日志记录接收不正确的握手信息		
测试项终止条件	正常终止："实时信息传输功能"相关测试用例执行完毕 异常终止：测试环境不满足测试要求，相关测试用例无法执行		

5.1.4.16　安装性测试

安装性测试是指对安装过程是否符合安装规程进行的测试，以发现安装过程中的错误，检测软件的安装与卸载是否满足软件需求规格说明书的要求。测试内容包括：

（1）不同配置下的安装和卸载测试；

（2）安装规程的正确性测试。

安装性测试主要分为安装和卸载两大内容，因此安装性测试项如表 5-53 所示。

表 5-53　安装性测试项

测试类型	测试项	测试项标识	相关文档
安装性测试	安装性测试-安装	DFXXXXXAZCS01	隐含
安装性测试	安装性测试-卸载	DFXXXXXAZCS02	隐含

安装存在以下几种情况：正常安装、错误路径安装、不存在的路径安装和覆盖已存在软件进行安装。针对每种情况写出一条充分性条目，写出安装性测试-安装的测试项，如表 5-54 所示。

表 5-54　安装性测试-安装的测试项

测试项名称	安装性测试-安装	测试项标识	DFXXXXXAZCS01
测评需求章节号	隐含	测试优先级	高
测试项描述	测试软件是否能够正常安装和使用，包括正常安装操作和非正常安装操作		
测试方法	采用等价类方式设计测试用例，手工执行测试用例		
约束条件	安装环境满足软件运行的环境要求		
测试充分性要求	（1）安装路径为纯字母、数字、汉字、带空格及以上字符组合 （2）错误路径安装，如安装路径中包含“\”“？”等 （3）不存在的路径安装 （4）覆盖已存在软件进行安装		
通过准则	满足以下要求为通过，否则为不通过 （1）可以正常安装 （2）错误路径不能安装 （3）不存在的路径系统提示不能安装 （4）能够覆盖已存在软件进行安装		
测试项终止条件	正常终止：软件能够正常安装和使用 异常终止：测试环境不满足测试要求，测试用例无法执行		

卸载存在以下几种情况：自带程序卸载、控制面板卸载、卸载后是否存在残留文件和卸载后重新安装。针对每种情况写出一条充分性条目，写出安装性测试-卸载的测试项如表 5-55 所示。

表 5-55　安装性测试-卸载的测试项

测试项名称	安装性测试-卸载	测试项标识	DFXXXXXAZCS02
测评需求章节号	隐含	测试优先级	高
测试项描述	测试软件是否能够正常卸载，包括正常操作和异常操作		
测试方法	采用等价类方式设计测试用例，手工执行测试用例，包括自带程序卸载、控制面板卸载等		
约束条件	软件已安装		
测试充分性要求	（1）自带程序卸载 （2）控制面板卸载 （3）卸载后注册表、硬盘中是否存在残留文件，对其他软件是否存在影响 （4）卸载后重新安装		
通过准则	满足以下要求为通过，否则为不通过 （1）自带程序能够卸载 （2）控制面板能够卸载 （3）卸载后注册表、硬盘中不存在残留文件，对其他软件没有影响 （4）卸载后能够重新安装		
测试项终止条件	正常终止：软件能够正常卸载 异常终止：测试环境不满足测试要求，测试用例无法执行		

5.1.4.17　容量测试

容量测试是检验软件的能力最高能达到什么程度的测试。容量测试一般应测试在正常情况下软件所具备的最高能力，如响应时间或并发处理个数等能力。

常见测试项如表 5-56、表 5-57 所示。

表 5-56　容量测试-权限判决请求处理能力

测试项名称	容量测试-权限判决请求处理能力	测试项标识	DFXXXXXRLCS01
测评需求章节号	1	测试优先级	高
测试项描述	检测软件的权限判决同时请求数的最大值		
测试方法	采用功能分解，等价类划分等方法设计测试用例，通过黑盒方式手工执行；逐步增加同一时间权限判决请求的数量，直到不能监控为止，查看并记录此时同一时间权限判决请求的数量		
约束条件	软件正常运行		
测试充分性要求	软件的权限判决同时请求数的最大值		
通过准则	满足以下要求为通过，否则为不通过 软件的权限判决同时请求数最大值不小于 1000		
测试项终止条件	正常终止：权限判决请求处理能力的容量测试用例执行完毕 异常终止：测试环境不满足测试要求，测试用例无法执行		

表 5-57　容量测试-流媒体数据并发存储的路数

测试项名称	容量测试-流媒体数据并发存储的路数	测试项标识	DFXXXXXRLCS02
测评需求章节号	2	测试优先级	高
测试项描述	对被测功能进行容量测试，检测流媒体数据并发存储的路数是否满足软件需求说明书中关于性能指标的要求		
测试方法	（1）使用流媒体存储服务，将并发接入流媒体的数据保存至存储介质，查看并记录软件运行正常时的流媒体最大路数 （2）使用流媒体存储服务，将并发接入流媒体的数据保存至存储介质，查看并记录软件运行不正常时的流媒体最大路数		
约束条件	软件正常运行		
测试充分性要求	（1）软件运行正常时，并发执行相同的业务的流媒体最大路数 （2）并发执行相同的业务至软件运行不正常时的流媒体最大路数		
通过准则	满足以下要求为通过，否则为不通过 （1）软件运行正常时，流媒体最大路数达到 100 个 （2）软件运行不正常时，流媒体最大路数达到 200 个		
测试项终止条件	正常终止：流媒体数据并发存储的路数的容量测试用例执行完毕 异常终止：测试环境不满足测试要求，测试用例无法执行		

5.1.4.18　兼容性测试

根据软件需求规格说明书的要求，验证被测软件在不同版本之间的兼容性。有两类基本的兼容性测试：向下兼容和交错兼容。向下兼容是测试软件的新版本保留它早期版本的功能的情况；交错兼容测试验证共同存在的两个相关但不同的产品之间的兼容性，是验证软件在规定条件下共同使用若干个实体或实现数据格式转换时能满足有关要求的能力的测试。兼容性测试一般包括：

（1）验证软件在规定条件下共同使用若干个实体时满足有关要求的能力；

（2）验证软件在规定条件下与若干个实体实现数据格式转换时能满足有关要求的能力。

常见测试项如表 5-58～表 5-63 所示。

表 5-58　兼容性测试-操作系统

测试项名称	兼容性测试-操作系统	测试项标识	DFXXXXXJRCS01
测评需求章节号	隐含	测试优先级	高
测试项描述	检测软件在各个操作系统下功能、性能是否可正常运行		
测试方法	按照指标要求内存≥1GB、硬盘余量≥1GB 的客户端运行环境和硬盘余量≥500GB 的服务端运行环境，准备指标中要求的操作系统类型，包括 32 位、64 位 Windows 操作系统，中标麒麟主机操作系统，交叉进行测试软件功能、性能、接口、人机交互、安装等的相关用例		

续表

约束条件	软件功能正常
测试充分性要求	（1）在指标要求的 32 位 Windows 操作系统和运行环境中运行软件，执行功能、性能、接口、人机交互界面、安装等相关用例 （2）在指标要求的 64 位 Windows 操作系统和运行环境中运行软件，执行功能、性能、接口、人机交互界面、安装等相关用例 （3）在指标要求的 32 位 Windows 10/11 操作系统和运行环境中运行软件，执行功能、性能、接口、人机交互界面、安装等相关用例 （4）在指标要求的 64 位 Windows 10/11 操作系统和运行环境中运行软件，执行功能、性能、接口、人机交互界面、安装等相关用例 （5）在指标要求的 32 位 Windows Server 操作系统和运行环境中运行软件，执行功能、性能、接口、人机交互界面、安装等相关用例 （6）在指标要求的 64 位 Windows Server 操作系统和运行环境中运行软件，执行功能、性能、接口、人机交互界面、安装等相关用例 （7）在指标要求的 32 位中标麒麟龙芯操作系统和运行环境中运行软件，执行功能、性能、接口、人机交互界面、安装等相关用例 （8）在指标要求的 64 位中标麒麟龙芯操作系统和运行环境中运行软件，执行功能、性能、接口、人机交互界面、安装等相关用例 （9）在指标要求的 32 位中标麒麟 X86 操作系统和运行环境中运行软件，执行功能、性能、接口、人机交互界面、安装等相关用例 （10）在指标要求的 64 位中标麒麟 X86 操作系统和运行环境中运行软件，执行功能、性能、接口、人机交互界面、安装等相关用例
通过准则	满足以下要求为通过，否则为不通过 （1）在 32 位 Windows 操作系统下，软件各个功能运行正常 （2）在 64 位 Windows 操作系统下，软件各个功能运行正常 （3）在 32 位 Windows 10/11 操作系统下，软件各个功能运行正常 （4）在 64 位 Windows 10/11 操作系统下，软件各个功能运行正常 （5）在 32 位 Windows Server 操作系统下，软件各个功能运行正常 （6）在 64 位 Windows Server 操作系统下，软件各个功能运行正常 （7）在 32 位中标麒麟龙芯操作系统下，软件各个功能运行正常 （8）在 64 位中标麒麟龙芯操作系统下，软件各个功能运行正常 （9）在 32 位中标麒麟 X86 操作系统下，软件各个功能运行正常 （10）在 64 位中标麒麟 X86 操作系统下，软件各个功能运行正常
测试项终止条件	正常终止：“操作系统”兼容性相关的测试用例执行完毕 异常终止：测试环境不满足测试要求，相关测试用例无法执行

表 5-59　兼容性测试-应用软件

测试项名称	兼容性测试-应用软件	测试项标识	DFXXXXXJRCS02
测评需求章节号	隐含	测试优先级	高
测试项描述	检测软件在安装部分应用软件时测试软件本身或其他软件的功能、性能是否可正常运行		
测试方法	安装其他需支持的应用软件，测试软件本身的功能、性能能否运行正常，并测试相关应用软件的功能是否可正常运行		
约束条件	软件功能正常		

续表

测试充分性要求	（1）下载类软件安装后（如被测软件自带的浏览器安装下载、客户端安装下载），查看该类软件的功能是否运行正常 （2）压缩解压类（Winrar 等），查看该类软件的功能是否运行正常 （3）文档编辑（Microsoft Office 系列套件）类，查看该类软件的功能是否运行正常 （4）矢量/位图图像制作类（画图、截图工具），查看该类软件的功能是否运行正常 （5）杀毒软件（360 杀毒软件、腾讯管家），查看该类软件的功能是否运行正常
通过准则	满足以下要求为通过，否则为不通过 （1）下载类软件安装后（如被测软件自带的浏览器安装下载、客户端安装下载，软件可正常运作 （2）压缩解压类（Winrar 等），软件可正常运作 （3）文档编辑类（Microsoft 系列套件），软件可正常运作 （4）矢量图/位图图像制作类（画图、截图工具），软件可正常运作 （5）杀毒软件（360 杀毒软件、腾讯管家），软件可正常运作
测试项终止条件	正常终止："应用软件"兼容性相关的测试用例执行完毕 异常终止：测试环境不满足测试要求，相关测试用例无法执行

表 5-60　兼容性测试-浏览器

测试项名称	兼容性测试-浏览器	测试项标识	DFXXXXXJRCS03
测评需求章节号	隐含	测试优先级	高
测试项描述	检测 Edge、Firefox、Chrome、360 浏览器下软件各功能、性能、接口是否运行、显示正常		
测试方法	使用 Edge、Firefox、Chrome、360 浏览器或交叉使用，运行 Web 端，验证软件各功能、性能、接口是否正常		
约束条件	软件功能正常		
测试充分性要求	（1）使用 Edge 浏览 Web 页面，验证软件各功能、性能、接口是否正常 （2）使用 Firefox 浏览 Web 页面，验证软件各功能、性能、接口是否正常 （3）使用 Chrome 浏览 Web 页面，验证软件各功能、性能、接口是否正常 （4）使用 360 浏览 Web 页面，验证软件各功能、性能、接口是否正常 （5）使用 Edge、Firefox、Chrome、360 浏览器浏览 Web 页面，验证软件交叉使用下各功能、性能、接口是否正常		
通过准则	满足以下要求为通过，否则为不通过 （1）Edge 浏览器下各功能、性能、接口正常实现，页面显示正常 （2）Firefox 浏览器下各功能、性能、接口正常使用，页面显示正常 （3）Chrome 浏览器下各功能、性能、接口正常使用，页面显示正常 （4）360 浏览器下各功能、性能、接口正常使用，页面显示正常 （5）浏览器交叉使用下功能、性能、接口正常使用，页面显示正常		
测试项终止条件	正常终止："浏览器"兼容性相关的测试用例执行完毕 异常终止：测试环境不满足测试要求，相关测试用例无法执行		

表 5-61　兼容性测试-浏览器版本

测试项名称	兼容性测试-浏览器版本	测试项标识	DFXXXXXJRCS04
测评需求章节号	隐含	测试优先级	高
测试项描述	验证软件能否适应 Firefox 49.0 以上版本和 Chrome 54.0 以上版本		
测试方法	在 Firefox 49.0 和 Chrome 54.0 以上版本的浏览器中查看被测软件是否能够正确显示和使用		
约束条件	软件功能正常		
测试充分性要求	（1）分别在 Firefox 浏览器最低版本和最高版本两个版本上对软件的各个模块进行操作，验证软件的各项功能是否能正确使用（测试各期的各个版本） （2）分别在 Chrome 浏览器最低版本和最高版本两个版本上对软件的各个模块进行操作，验证软件的各项功能是否能正确使用（测试各期的各个版本）		
通过准则	满足以下要求为通过，否则为不通过 （1）软件可以在 Firefox 各版本浏览器中正确显示和使用 （2）软件可以在 Chrome 各版本浏览器中正确显示和使用		
测试项终止条件	正常终止："浏览器版本"兼容性相关测试用例执行完毕 异常终止：测试环境不满足测试要求，相关测试用例无法执行		

表 5-62　兼容性测试-数据库

测试项名称	兼容性测试-数据库	测试项标识	DFXXXXXJRCS05
测评需求章节号	隐含	测试优先级	高
测试项描述	检测 MySQL、Oracle、SQL Server 数据库下软件各功能、性能、接口是否运行、显示正常		
测试方法	使用 MySQL、Oracle、SQL Server 数据库或交叉使用，验证软件各功能、性能、接口是否正常		
约束条件	软件功能正常		
测试充分性要求	（1）使用 MySQL 数据库，验证软件各功能、性能、接口是否正常 （2）使用 Oracle 数据库，验证软件各功能、性能、接口是否正常 （3）使用 SQL Server 数据库，验证软件各功能、性能、接口是否正常 （4）使用 MySQL、Oracle、SQL Server 数据库，验证数据库交叉使用下软件各功能、性能、接口是否正常		
通过准则	满足以下要求为通过，否则为不通过 （1）使用 MySQL 数据库，软件各功能、性能、接口正常实现，页面显示正常 （2）使用 Oracle 数据库，软件各功能、性能、接口正常使用，页面显示正常 （3）使用 SQL Server 数据库，软件各功能、性能、接口正常使用，页面显示正常 （4）数据库交叉使用，软件功能、性能、接口正常使用，页面显示正常		
测试项终止条件	正常终止："数据库"兼容性相关的测试用例执行完毕 异常终止：测试环境不满足测试要求，相关测试用例无法执行		

表 5-63　兼容性测试-分辨率

测试项名称	兼容性测试-分辨率	测试项标识	DFXXXXXJRCS06
测评需求章节号	隐含	测试优先级	高
测试项描述	检测不同分辨率下软件各功能、界面显示情况		
测试方法	使用不同分辨率或交叉使用分辨率，验证软件各功能、界面显示是否正常		
约束条件	软件功能正常		
测试充分性要求	（1）使用分辨率 1280 像素×800 像素，验证软件各功能、界面显示 （2）使用分辨率 1024 像素×768 像素，验证软件各功能、界面显示 （3）使用分辨率 800 像素×600 像素，验证软件各功能、界面显示 （4）切换不同分辨率，验证交叉使用下软件各功能、界面显示		
通过准则	满足以下要求为通过，否则为不通过 （1）1280 像素×800 像素的分辨率下软件各功能、页面显示正常 （2）1024 像素×768 像素的分辨率下软件各功能、页面显示正常 （3）800 像素×600 像素的分辨率下软件各功能、页面显示正常 （4）不同分辨率下软件各功能、页面显示正常		
测试项终止条件	正常终止："分辨率"兼容性相关的测试用例执行完毕 异常终止：测试环境不满足测试要求，相关测试用例无法执行		

5.1.5　测试项充分性追踪

测试项充分性追踪是指编写的测试项与需求章节的一一对应关系，包括正向追踪和逆向追踪。建立测试项充分性追踪表，可以根据被测软件的重要性、测试目标和约束条件，确定每个测试项应覆盖的范围及范围所要求的覆盖程度。

软件需求与测试要求正/反向追踪关系表如表 5-64、表 5-65 所示。

表 5-64　软件需求与测试要求正向追踪关系表

软件需求		测试要求		
需求名称	章节号	测试类型	测试项标识	测试项
外部接口需求	3.1	接口测试	DFXXXXXJKCS01	接口测试-与信息 XXX 系统接口
		接口测试	DFXXXXXJKCS02	接口测试-与其他子系统接口
		接口测试	DFXXXXXJKCS03	接口测试-监控指令输出接口
主界面示意	3.2.1.3	人机交互界面测试	DFXXXXXRJCS01	人机交互界面测试-主界面
终端数据显示（SR_01）需求	3.2.2	功能测试	DFXXXXXGNCS01	功能测试-终端数据显示
数据信息显示（SR_02）需求	3.2.3	功能测试	DFXXXXXGNCS02	功能测试-数据信息显示
数据信息录入（SR_03）需求	3.2.4	功能测试	DFXXXXXGNCS03	功能测试-数据信息录入
		边界测试	DFXXXXXBJCS01	边界测试-数据信息录入

续表

软件需求		测试要求		
需求名称	章节号	测试类型	测试项标识	测试项
信息分析(SR_04)需求	3.2.5	功能测试	DFXXXXXGNCES04	功能测试-信息分析
		边界测试	DFXXXXXBJCS02	边界测试-信息分析
监控指令输出(SR_05)需求	3.2.6	功能测试	DFXXXXXGNCS05	功能测试-监控指令输出
设计约束	3.9	安装性测试	DFXXXXXAZCS01	安装性测试-配置项 1

表 5-65　软件需求与测试要求逆向追踪关系表

测试类型	测试项	测试项标识	相关文档
功能测试	功能测试-终端数据显示	DFXXXXXGNCS01	配置项 1 软件需求规格说明书 3.2.2
功能测试	功能测试-数据信息显示	DFXXXXXGNCS02	配置项 1 软件需求规格说明书 3.2.3
功能测试	功能测试-数据信息录入	DFXXXXXGNCS03	配置项 1 软件需求规格说明书 3.2.4
功能测试	功能测试-信息分析	DFXXXXXGNCS04	配置项 1 软件需求规格说明书 3.2.5
功能测试	功能测试-监控指令输出	DFXXXXXGNCS05	配置项 1 软件需求规格说明书 3.2.6
人机交互界面测试	人机交互界面测试-配置项 1	DFXXXXXJMCS01	配置项 1 软件需求规格说明书 3.2.1.3
边界测试	边界测试-数据信息录入	DFXXXXXBJCS01	配置项 1 软件需求规格说明书 3.2.4
边界测试	边界测试-信息分析	DFXXXXXBJCS02	配置项 1 软件需求规格说明书 3.2.5
接口测试	接口测试-数据库访问接口	DFXXXXXJKCS01	配置项 1 软件需求规格说明书 3.1
接口测试	接口测试-数据信息导入接口	DFXXXXXJKCS02	配置项 1 软件需求规格说明书 3.1
接口测试	接口测试-监控指令输出接口	DFXXXXXJKCS03	配置项 1 软件需求规格说明书 3.1
安装性测试	安装性测试-配置项 1	DFXXXXXAZCS01	配置项 1 软件需求规格说明书 3.9

5.1.6　测试需求评审

测试需求评审一般以会议的方式进行，对提交评审的测试需求分析文档（软件测试需求规格说明书或测试大纲）进行评审。

评审内容如下。

（1）测试级别和测试对象所确定的测试类型及其测试要求是否恰当；

（2）每个测试项是否进行了标识，并逐条覆盖了测试需求和潜在需求；

（3）测试类型和测试项是否充分；

（4）测试项是否包括测试终止要求；

（5）文档是否符合规定的要求。

5.2 测试策划

测试策划描述了如何进行测试，有效的测试策划会驱动测试工作的完成，使测试执行、测试分析及测试总结的工作开展更加顺利。

5.2.1 测试策划内容

测试策划的内容如下。

（1）确定测试策略，如部件测试策略。

（2）确定测试需要的技术或方法，如测试数据生成与验证技术、测试数据输入技术、测试结果获取技术。

（3）确定受控制的测试工作产品，列出清单。

（4）确定用于测试的资源要求，包括软、硬件设备、环境条件、人员数量和技能等要求。

（5）进行测试风险分析，如技术风险、人员风险、资源风险和进度风险等。

（6）确定测试任务的结束条件。根据软件测评任务书、合同或其他等效文件的要求和被测软件的特点，确定结束条件。

（7）确定被测软件的评价准则和方法。

（8）确定测试活动的进度。应根据测试资源和测试项，确定进度。

（9）确定需采集的度量及采集要求。应根据测试的要求，确定采集的度量，特别是测试需求度量、用例度量、风险度量、缺陷度量等，并应明确相应的数据库。

测试策划的主要成果是软件测试计划。

5.2.2 测试策划编写

测试策划编写的目的如下。

（1）明确工作内容、工作周期、工作资源、工作风险等，最终目的是保障测试工作有序进行，提高测试的工作效率，确保测试任务高质量完成；

（2）避免测试的“事件驱动”；

（3）使测试工作和整个开发工作融合起来；

（4）资源和变更事先作为一个可控制的风险。

测试策划从宏观上反映项目的测试任务、测试阶段、资源需求等，无须过于详细；测试策划不一定要尽善尽美，但一定要切合实际，要根据项目特点、公司实际情况来编制，不能脱离实际情况；测试策划制定后，并不是一成不变的，软件需求、软件开发、人员流动等都在时刻发生变化，测试策划也要根据实际情况不断进行调整，以满足实际的测试要求。

测试策划编写包含以下6个要素。

（1）why——为什么要进行这些测试；

（2）what——测试哪些方面，不同阶段的工作内容；

（3）who——项目有关人员组成，安排哪些测试人员进行测试；

（4）when——不同测试阶段的起止时间；

（5）where——相应文档的缺陷的存放位置，测试环境等；

（6）how——如何去做，使用哪些测试工具以及测试方法进行测试。

测试策划文档一般包括以下内容。

1. 范围

范围一般包括标识、文档概述、委托方、承研方、测评机构的名称与联系方式、被测软件概述等方面。

（1）标识包括文档标识、标题、测试的被测软件的版本、术语和缩略语；

（2）文档概述对文档的基本内容进行简要描述，包括用途和内容；

（3）被测软件的概述中应首先分析系统的组成情况，包括软、硬件配置和测评对象范围；其次还应包括软件的基本信息，如开发平台、开发语言、代码规模和应用平台等；接着对软件的功能、性能和接口等特性进行描述，分析软件的典型流程和内外部接口关系；最后列出测试过程中被测软件的所有信息，包括软件和配套文档。

2. 测评目的

测评目的一般包括验证是否达到了所有用户需求，是否实现了所有软件需求，是否解决了所有软件问题，为产品的使用或推广提供依据。

3. 引用文件

引用文件一般包括法律法规、标准规范、质量体系文件、用户需求、软件需求等有关文档。

4. 测试策略

测试策略应包含测试总体要求、测试类型的设计、测试方法的设计、测试内容充分性及有效性的分析、软件问题类型及严重等级的分析。

1）测试总体要求

测试总体要求需要对测试依据进行说明，如统一的管理办法和能力要求文件等，同时应介绍本次测试的测试范围，包含几个配置项、几个系统等。

2）测试类型的设计

测试类型的设计应分别说明每一个配置项、系统测试包含的测试类型。若系统中只包含标准等要求的部分测试类型，或者其他测试类型能够通过其他测试进行覆盖，则要进行说明。

测试类型统计表是对测试总体要求的具体体现，可用具体的表格来体现测试是怎样设计的，测试类型统计表如表 5-66 所示。

表 5-66 测试类型统计表

被测软件	级别	测试类型							
		文档审查	代码审查	功能测试	接口测试	边界测试	人机交互界面测试	安全性测试	安装性测试
软件 1	配置项	√	√	√	√	√	√	√	√
软件 2	配置项	√	√	√	—	√	√	√	√
软件 3	配置项	√	√	√	√	√	√	√	√
软件 4	系统	√	—	√	√	—	√	—	—

对照总体要求中的描述，如软件 2 中接口由功能覆盖进行测试，所以软件 2 不包含接口测试，系统中只包含文档审查、功能、接口、人机交互界面测试。

3）测试方法的设计

不同的测试类型一般会采用不同的测试方法，可以用表格的方式展示测试类型、测试项、测试方法间的对应关系，如表 5-67 所示。

表5-67 测试类型、测试项、测试方法间的对应关系

测试类型	测试方法描述
文档审查	根据文档审查表对文档进行检查
代码审查	根据代码审查表，使用XXX对代码进行检查
功能测试	XXXX功能：运用等价类划分法 XXXX功能：运用因果图法 XXXX功能：运用错误推测法
接口测试	XXXX接口：运用等价类划分法 XXXX接口：运用因果图法 XXXX接口：运用错误推测法
边界测试	XXXX：采用边界值法

通常可以按照以下原则进行测试。

（1）进行功能分解，将需求规格说明书中的每一个功能加以分解，确保各个功能进行全面的测试；

（2）进行等价类划分，包括输入条件和输出条件的等价划分，将无限测试变为有限测试，减少工作量，提高测试效率；

（3）在任何情况下都必须使用边界值分析法；

（4）用猜错法进行测试用例设计，需要凭借测试工程师的经验；

（5）如果程序的功能说明中含有输入条件的组合情况，那么可选用因果图法；

（6）对于业务流程清晰的系统，利用场景法贯穿整个测试用例过程，并且在用例中综合使用各种方法；

4）测试内容充分性及有效性的分析

根据研制要求、研制合同、软件需求和测试项的追踪关系，分析整体测试内容的充分性、有效性。

5）软件问题类型及严重等级的分析

软件问题类型及严重等级的分析是指定义测试中发现问题的类型和严重等级。

5. 测试环境

对测试过程中搭建的所有测评环境进行说明，包括配置项环境和系统环境、模拟环境和真实环境或其他多套测试环境等，并按照部署情况分开独立描述。

一般包括网络拓扑图、硬件配置、软件配置、测评场所和环境差异分析等内容。

网络拓扑图详细描述系统/软件内外部网络拓扑图，包括系统内部部署，上级、同级和下级系统或设备的连接关系，模拟设备或测试设备等。

硬件配置包括硬件的型号、名称、配置信息、有效期和安装的应用服务等内容，所有的硬件都需要与网络拓扑图中描述的一致，硬件配置表如表 5-68 所示。

表 5-68　硬件配置表

序号	设备名称	设备型号	配置	应用服务	有效期
1	服务器 1	联想扬天 M4600V	CPU：Pentium M 1.6GHz 内存：1GB 显示器：17"分辨率 1024 像素×768 像素 硬盘：40GB 网卡：10/100MB	Windows Server 2008 R2 Office 2010 Oracle 10g V10.2 配试软件 1 V1.0 配试软件 2 V1.0	2020-7-1— 2022-6-30
2	服务器 2	联想扬天 M4600V	CPU：Pentium M 1.6GHz 内存：1GB 显示器：17"分辨率 1024 像素×768 像素 硬盘：40GB 网卡：10/100MB	Windows Server 2008 R2 Office 2010 Oracle 10g V10.2 配试软件 1 V1.0 配试软件 2 V1.0	2020-7-1— 2022-6-30
3	客户端 1	联想扬天 M4600V	CPU：Pentium M 1.6GHz 内存：1GB 显示器：17"分辨率 1024 像素×768 像素 硬盘：40GB 网卡：10/100MB	Windows 7 中文旗舰版 Office 2010 Oracle 10g V10.2 被测软件 1 V1.0 Klocwork9.5	2020-7-1— 2022-6-30
4	客户端 2	联想扬天 M4600V	CPU：Pentium M 1.6GHz 内存：1GB 显示器：17"分辨率 1024 像素×768 像素 硬盘：40GB 网卡：10/100MB	Windows 7 中文旗舰版 Office 2010 Oracle 10g V10.2 被测软件 2 V1.0 LoadRunner11	2020-7-1— 2022-6-30
5	交换机	华为 S3700	内存：512MB Flash：128MB	—	2020-7-1— 2022-6-30

软件配置包括被测软件、支撑软件、配试软件、测试工具等。还包括软件名称及版本号、软件来源、部署设备等。此处列出的软件都需要与硬件配置中安装的应用服务保持一致，软件配置表如表 5-69 所示。

表 5-69 软件配置表

序号	软件名称及版本号	软件来源	部署设备
1	被测软件 1 V1.0	承研方	被测软件
2	被测软件 2 V1.0		
3	Windows Server 2008 R2	评测中心	支撑软件
4	Windows 7 中文旗舰版		
5	Oracle 10g V10.2		
6	Office 2010		
7	配试软件 1 V1.0	承研方	配试软件，用于 XXXX
8	配试软件 2 V1.0		配试软件，用于 XXXX
9	Klocwork9.5	评测中心	配试软件，用于代码审查
10	LoadRunner11		配试软件，用于性能测试

环境差异分析包括硬件差异分析、软件差异分析和数据差异分析，如表 5-70～表 5-72 所示。

表 5-70 硬件差异分析

序号	模拟环境		真实环境		差异	影响分析
	设备名称	配置	设备名称	配置		
1	服务器 1	CPU：Pentium M 1.6GHz	服务器 1	CPU：Pentium M 1.5GHz	CPU 频率不一致	—
2	服务器 2	内存：1GB	服务器 2	内存：2GB	内存不一致	—

表 5-71 软件差异分析

序号	软件类型	模拟环境软件名称及版本号	真实环境软件名称及版本号	差异	影响分析
1	配试软件	配试软件 1 V1.0	配试软件 1 V2.0	版本不一致	—
2	配试软件	配试软件 1 V1.0	—	模拟软件，在真实环境中不存在	—
3	配试软件	—	配试软件 2 V1.0	实际软件，在模拟环境中不存在	—

表 5-72 数据差异分析

序号	数据类型	模拟环境数据	真实环境数据	差异	影响分析
1	XML 文件	手工制作	上级软件生成	来源不同	—
2	报文	根据测试环境现有数据生成	根据实际环境真实数据生成	内容不同	—
3	XML 文件	仅包含基本数据	包含多种场景数据	复杂程度不同	—

在测试中往往测试环境与实际环境差异较大，对测试结果造成影响。从硬件，软件，数据和周遭环境 3 个方面进行分析，确定对于软件运行的影响大小及优先级。例如，某系统分为 5 个席位，分别部署在 5 个计算机上，但实际测试时只配置在了 4 台机器上，并且计算机硬件配置的显存大小与需求有差异。可以分析出两条差异，席位差异和硬件差异，并且在测试中对于软件运行的影响较小，可以排在较低等级。

在软件方面，如果实装的操作系统与测试的操作系统不相符且无法验证是否存在兼容性问题，那么在分析时存在较大风险，可提高影响的等级。

在数据和周遭环境方面，主要考虑实际的数据和周遭环境与测试的环境差异，例如，实际为车载环境，测试为室内环境。实际席位间的传输距离为 5km，测试时传输距离为 5m，具体的影响大小需要根据实际情况进行分析。例如，实际席位间的传输距离为 5km，测试时传输距离为 5m，在通信领域测试会存在较大影响，可适当提高影响的等级。

6. 测试进度

测试进度应根据测试资源和测试项，合理分配测试阶段，明确各阶段的工作，确定测试进度。一般分为 4 个阶段：测试需求分析与策划、测试设计和实现、测试执行、测试总结，明确各阶段需要做的工作以及天数，表示方法可以为执行天数。测试进度表如表 5-73 所示。

表 5-73 测试进度表

阶段	执行天数	内容
测试需求分析与策划	20	根据要求和被测软件及其资料，项目负责人编制软件测试计划和软件质量保证计划
测试设计和实现	10	根据软件测试计划中的人员安排，相关人员对软件测试需求规格说明书中的测试项进行测试用例设计、编码，产生软件测试说明，并建立测试环境
测试执行	20	根据软件测试需求规格说明书、软件测试计划和软件测试说明执行首轮测试，产生软件测试记录
	15	第一轮回归测试，产生软件测试记录
	10	第二轮回归测试，产生软件测试记录
测试总结	20	编制软件测试问题报告和软件测评报告并通过评审

7. 结束条件

结束条件包括测试项目的结束条件，测试正常终止、异常终止、异常终止的恢复条件，测试遗留问题的处理。

测试项目的结束条件应考虑整个测试结束所应具备的条件，如按要求完成软件测试文档所规定的测试，测试用例全部执行完成，客观、完备地记录测试过程及测试过程中发现的问题，测试文档齐备、符合规范等。

测试正常终止应包括用例正常终止、测试项正常终止及测试项目的正常终止。例如，用例按测试步骤完成测试；用例不可执行但有进行正确有效的原因分析，并经由委托方批准；测试项的所有测试用例正常终止；所有测试项都正常终止，完成两轮回归等。

测试异常终止是指测评单位向委托方提交书面申请，申请异常终止测试，经批准后，测试异常终止，如软件出现致命问题导致无法继续测试、两轮测试后仍然存在致命或严重问题等。

测试异常终止的恢复条件为异常终止后，委托方要求恢复测试所要满足的条件，如经过委托方授权。

测试遗留问题处理是指在测试完成过后遗留的致命或严重问题的解决，通常提交委托方处理并配合执行。

8. 软件质量的评价内容与方法

软件质量以软件是否满足研制要求和软件需求规格说明书的各项要求作为评价内容。通过统计测试过程中各轮次不同级别的问题数目、不同类型的问题数目及测试用例的通过率等数据，分析软件开发过程的质量情况。根据文档审查结果，代码审查结果，以及依据测试需求规格说明书、软件测试计划和测试用例对软件进行动态测试的结果，对软件文档、软件功能等是否满足研制要求及软件需求规格说明书的相关要求做出综合评价。

9. 测试的通过准则

根据要求、标准规定测试的通过准则，包括文档、软件等方面，明确什么情况属于通过测试。

10. 配置管理

配置管理包括配置项配置、配置库备份、配置状态统计。

配置管理（Configuration Management，CM）是对软件产品及其开发过程和生命周期进行控制、规范的一系列措施。配置管理的目标是记录软件产品的演化过程，确保软件开发者在软件生命周期中各个阶段都能得到精确的产品配置。软件测试的配置管理一般应用过程方法和系统方法来建立软件测试管理体系，也就是把软件测试管理作为一个系统，对组成这个系统的各个过程加以识别和管理，以实现设定的系统目标。同时要使这些过程协同作用、互相促进，从而使系统各个过程的总体作用大于各个过程之和。软件测试配置管理的主要目标是在设定的条件限制下，尽可能发现和找出软件缺陷。测试配置管理是软件配置管理的子集，作用于测试的各个阶段。其管理对象包括软件测试计划、测试用例、测试版本、测试工具及环境、测试结果等。

项目测试过程中会产生许多的工作成果，如测试计划文档、测试用例以及自动化测试脚本和测试缺陷数据等，应当妥善保存，以便查阅和修改。这些纳入配置管理范畴的工作成果统称为配置项（Configuration Item，CI），配置项的主要属性有名称、标识符、文件状态、版本、作者、日期等。要进行管理的配置项包括测试合同信息，如软件测试技术合同、软件委托测试合同、保密合同；被测软件资源，如用户手册、规格说明等；测试文档模板及测试过程中产生的系列文档和测试数据。

版本控制最关键的是保证数据的安全性，不能因为磁盘损坏、程序故障造成版本库无可挽回的错误，必须制定较完备的备份策略。配置库备份中应表明库类型、备份频度与时间、备份人员、备份方式。

配置状态统计要写明配置状态的统计计划，包括统计时间、统计人员以及统计的内容。

具体配置管理内容参见第 6 章。

11. 质量保证计划

在项目策划期间，就应着手制订项目的质量保证计划，以确保质量保证计划中活动的范围和时间与项目计划、配置管理计划及测试计划保持一致。计划中要确定项目的过程评审、产品审计、同行评审和度量收集计划，同时说明对项目的缺陷预测。软件测试计划中一般要包括测试工作产品的审核计划、配置审核计划。

测试工作产品的审核计划描述项目所产生的产品所要达到的质量目标，如是否符合研制要求、建立的环境是否满足测试计划要求等。

配置审核计划主要描述项目配置项所要达到的质量目标，如文档的齐全化、规范化、测试进度的一致性等。

12. 人员组织

人员组织需要考虑多少人进行测试，各自的角色和责任等方面内容。人员表如表 5-74 所示。

表 5-74　人员表

序　号	角　色	人　员	职　责
1	项目负责人	XXX	（1）负责与资料管理员办理被测软件的交接和测试过程中的保管工作 （2）负责每一阶段项目策划、组织制定和修订软件测试需求规格说明书、软件测试计划、软件测试质量保证计划和软件测试说明 （3）负责对测试需求进行跟踪
2	测试工程师	XXX	（1）参与制订和修订软件测试需求规格说明书、软件测试计划、软件测试质量保证计划和软件测试说明 （2）设计测试用例，搭建测试环境 （3）执行测试用例，记录测试结果，采集测试数据 （4）编制问题报告，参与测评报告的编制
3	质量负责人	XXX	（1）批准项目质量保证计划 （2）指定项目保证人员，检查质量保证人员工作 （3）检查测试监督人员工作
4	质量保证人员	XXX	（1）负责制订项目保证计划 （2）负责项目配置管理工作 （3）负责数据安保工作
5	配置管理员	XXX	（1）负责建立测试基线 （2）进行项目配置管理工作
6	测试监督员	XXX	（1）负责对测试过程进行监督 （2）定期向测试部门负责人汇报工作情况
…	……	……	……

13. 风险分析

风险分析主要包括技术风险、资源风险和进度风险分析。

探寻测试隐藏的风险时，应召集测试全组成员举行会议，建议采用头脑风暴和采用 5Why 分析的方式进行，以集思广益和深度挖掘。可从人、料、法、环、时 5 个方面来全方位地分析和罗列项目可能隐藏的风险。

1）人，即测试人员

（1）业务不熟：测试人员对被测系统的业务流程不熟悉，体现在对需求的理解上把握不准、理解不透彻、理解错误等。

（2）测试人员变动：离职、岗位调动、请假等。

（3）定位效应：测试过的可靠的功能，特别是多次回归后没有发现问题的功能，在此后往往会认为此功能是可靠的。

（4）疲态：某些功能点一直由某位测试人员测试，经过多次回归后，测试人员对该功能点的测试感到疲倦和缺乏兴趣。

（5）同化效应：与开发长时间接触往往会被开发的思维逻辑同化，渐渐丧失从用户角度出发的测试观察点。

2）料，即测试相关文档（在测试质量管理中指的是生产原材料）

（1）软件需求规格说明书缺失：只有项目需求概要说明书，没有软件需求规格说明书。某些公司的早期产品只有项目需求概要说明书，没有软件需求规格说明书。

（2）需求变更：这是测试人员最不想、但又最经常发生的事情。

（3）测试用例/数据设计不充分：编写测试人员的个人因素或时间的限制等因素导致。

（4）质量标准不统一：如关于漏洞的优先级、测试和开发的观点不一致。

3）法，即测试方法和实施

（1）测试方法错误或缺失：对功能点没有采用正确的测试方法，或某些测试方法被忽视，如边界测试等，导致测试不充分。

（2）场景的缺失或部分缺失：软件需求规格说明书非常详细，所有的精力放在功能点的测试上，忽视了业务场景（软件需求规格说明书中无定义）的完全（100%）测试。

（3）测试用例实施不充分：测试用例由于各种原因没有完全测试，如在回归测试中未使用完全测试策略。

4）环，即测试环境

（1）被测软件版本不统一：没有有效的配置管理，这种情况极易出现。

（2）测试软件环境不一致：测试人员之间或和开发之间的操作系统类型不一致、操作系统的干净程度不一致。

（3）测试硬件环境不一致：测试人员之间或和开发的设备不一致，如 CPU 频率、内存大小等。

（4）测试硬件未及时到位。

5）时，即测试时间

（1）测试时间不足：里程碑之间留给测试的时间无法满足完全测试的要求。

（2）测试时间延长：由于需求方突然宣布原进度表中的里程碑时间点延后，导致项目的进度放缓。编者参加过的项目就遇见过这种情况，我们为世界某著名品牌电脑供应商开发随机软件。项目进展到中后期时，客户忽然通知：暂时不安排我们的软件在当前版本系统中进行安装，要等到下一版本，时间可能延迟长达三个月，甚至更多。

风险分析如表5-75所示，包含了以下3个方面内容。

表5-75 风险分析

序号	测试风险	解决措施
1	测试用的数据为模拟数据，非真实数据	仔细比对真实数据，模拟真实场景，多次测试模拟数据，降低风险
2	某功能的测试用例未能测试完成	开发方修复功能漏洞，修复完成后进行补充测试以规避风险
3	由于开发方原因，第一轮回归测试的日期延后	与客户协商，将测试日期顺延

14. 风险管理

项目的未来充满风险。风险是不确定的事件或条件，一旦发生，会对至少一个项目的目标造成影响，如范围、进度、成本和质量。风险可能有一种或多种起因，一旦发生可能有一项或多项影响。风险的起因包括可能引起消极或积极结果的需求、假设条件、制约因素等。

项目风险管理包括风险管理规划、风险识别、风险分析、风险应对规划和风险监控等。项目风险管理的目标在于提高项目积极事件的概率和影响，降低项目消极事件的概率和影响。对于已识别出的风险，需要分析其发生概率和影响程度，并进行优先级排序，优先处理概率高和影响大的风险。

1）风险识别

风险识别系统化地识别已知的和可预测的风险，才能提前采取措施，尽可能避免这些风险的发生，最重要的是量化不确定性的程度和每个风险可能造成损失。

问题1：风险可以分为哪些类型?

需求风险，如需求变更频繁、缺少有效的需求变更管理；

计划风险，如实际规模比估算规模大很多、项目交付时间提前但没有调整项目计划；

人员风险，如项目新员工较多、骨干员工不稳定；

环境风险，如设备未及时到位、新开发工具的学习时间较长、环境未及时到位；

产品风险，如新产品、新技术、产品基础版本的质量不高；

客户风险，如客户问题的确认时间过长、客户不能保证投入需求评审；

组织和管理风险，如低效的项目团队结构会降低生产率、缺乏必要的规范，导致工作失误与重复工作；

过程风险，如前期质量保证活动执行不到位，导致后期的返工工作量过大，需求方案确认时间过长。

问题 2：风险识别有哪些方法?

头脑风暴：组织测试组成员识别可能出现的风险；

访谈：找内部或外部资深专家访谈；

风险检查单：对照表的每一项进行判断，逐个检查风险。

2）风险评估

风险评估是对已识别的风险的影响和可能性大小的分析过程。从经验来看，许多最终导致项目失败、延期、客户投诉的风险，都是从不起眼的小风险开始，由于这些小风险长时间得不到重视和解决，最终严重地影响到项目交付。

问题 1：风险评估包括哪些主要任务?

评估对象面临的各种风险；

评估风险概率和可能带来的负面影响；

确定组织承受风险的能力；

确定风险消减和控制的优先等级；

推荐风险消减对策。

问题 2：风险评估要重点关注哪些方面?

风险的性质：风险发生时可能产生的问题；

风险的范围：风险的严重性及其总的分布；

风险的时间：何时能感受到风险及风险维持多长时间。

3）风险应对

风险应对是对项目管理者管理水平的最好检验，从风险预防、识别、评估到应对措施及结果，能检验出管理者的综合水平。每一个项目过程中，风险应对不是简单的消除风险。

问题1：风险应对有哪些方法？

规避风险：主动采取措施避免风险，消灭风险；

接受风险：不采取任何行动，将风险保持在现有水平；

降低风险：采取相应措施将风险降低到可接受的水平；

风险转移：付出一定的代价，把某风险的部分或全部消极影响连同应对责任转移给第三方，达到对冲项目风险的目的。

问题2：风险识别及监控有哪些形式？

使用风险管理表单跟踪每一个风险，定期核对各风险发生的紧急程度；

通过晨会、日报、周报、周例会等从团队内部出发识别出新的风险，反馈风险处理情况；

通过与客户沟通、向上级汇报等，根据团队外部评价收集风险信息。

15. 安全保密

由于软件测试涉及不同地点或组织的参与人员，机密信息的保护显得尤为重要。所有项目相关的人员都需要签署保密协议，明确定义所有项目参与者的保密责任和违约的法律责任。对于分布式测试，如果位于不同地点的测试团队只是该项目所在组织的一个研发分支，那么保密工作要简单一点。如果涉及不同组织的外部人员参与项目，那么就要花费更多的时间和成本到保密工作中。为了保证保密工作的顺利进行，发包方要严格定义相关人员的角色和职责，从而根据相应的职责分配不同的权限。如果采用内包测试的形式，还可以为承包方人员提供办公用品（办公场所、网络和计算机等）来减少泄密的可能性。对于外包测试的形式，除了避免承包方项目人员的泄密，还要注意双方数据传输过程中的信息保密。在采用外包测试的时候，不可避免地要进行各种信息的传送，可能是双方的电话、E-mail交流，也可能是软件版本的传输，在条件允许的情况下要尽量使用VPN等方式。如果有必要，还需对传输的数据进行加密等措施。

从文件资料、项目成员、工作环境等各方面可以总结为以下内容。

（1）项目启动前制定测试的安全保密方案，落实到主管人员与负责人员，安全保密工作要与项目工作同计划、同部署。

（2）参与项目的各类人员，均有依法保守国家秘密，以及设施、产品不被侵犯的义务和责任。

（3）国家保密局在项目的安全保密工作中，行使指导、监督、检查的责任，实行全过程跟踪检查。

（4）项目组成员在开展项目工作中，遇到安全保密新情况、新问题，发生危及项目安全的各类案件、事故，以及发现隐患情况，要及时向领导、国家保密局报告。

（5）涉及该项目的所有文件、资料、光磁存储载体等，均须按规定及时确定并标明密级，专人管理，严格执行保密规定，履行各项保密审批手续。

（6）接收被测软件时，对被测软件的完整性、适用性进行检查，测试过程中在自己权限范围内使用被测软件，并遵守保密规定。

（7）在评测项目的整个生存期内，对测评项目进行配置管理，保证工作产品受变更控制和版本控制。

（8）测试过程中电子记录由配置管理员统一管理，涉及测试结果、委托方和本单位保密的信息和文件应存入安全性的目录，授予访问权限，防止未经授权的查阅和修改。书面技术记录由项目负责人统一保管。在项目结束后，书面或电子的技术记录应由项目负责人交由资料管理员登记、分类、保管。

5.2.3 测试策划评审

测试策划一般以会议的方式进行，对提交评审的测试策划文档（软件测试计划）进行评审。

评审内容包括以下内容。

（1）测试的范围、内容、资源、进度是否恰当。

（2）各方责任是否明确。

（3）测试方法是否合理、有效和可行。

（4）文档是否符合规范。

（5）测试活动是否独立。

（6）软件测试质量保证计划是否指定质量保证人员/监督员进行质量监督，责任是否明确。

（7）软件测试质量保证计划的审核计划是否合适、恰当，内容是否全面。

5.3 测试设计和实现

测试设计和实现阶段的主要工作是设计测试用例、建立和校核测试环境，主要成果是软件测试说明和测试环境的建立记录。

5.3.1 测试用例框架设计

测试用例是为特定测试目标而设计的，是测试操作过程的序列、条件、期望结果及相关数据的一个特定的集合。

5.3.1.1 测试用例设计目的

测试用例设计一般要达到以下目的。

（1）测试用例是软件测试的“操作指导书”，用以指导具体的软件测试过程。

（2）帮助实施有效的测试，使测试重点突出，目的明确。

（3）测试用例应具有复用性。

（4）测试用例是知识积累和知识传递的过程。

（5）测试用例应体现测试的计划性和组织性。

（6）测试用例是软件质量评估的重要依据。

5.3.1.2 测试用例设计因素

测试用例设计因素包括需求目标、用户场景、软件设计文档、测试的方法、测试的对象等。

5.3.2 典型用例设计分析

本节阐述了文档审查、代码审查、功能测试、性能测试、安全性测试和兼容性测试六种典型测试类型的用例设计。

5.3.2.1 文档审查

软件产品由可运行的程序、数据和文档组成。文档是软件的一个重要组成部分。

文档审查是对委托方提交的文档的完整性、一致性和准确性所进行的检查。文档审查应确定审查所用的检查单，检查单的设计或采用应经过评审并得到委托方的确认。

软件测评对文档的审查是文档审查的重点，通常包括文档齐套性检查、软件需求规格说明书检查、软件设计说明书检查和软件用户手册检查。

1. 文档齐套性检查

软件的整个生命周期中会用到许多文档，软件文档的分类结构图如图 5-8 所示，在各个阶段中以文档作为前阶段工作成果的体现和后阶段工作的依据。在软件的开发过程中，软件开发人员须根据工作计划和需求说明书由粗而细地进行设计，这些需求说明书和设计说明书构成了开发文档。为了使用户了解软件的使用、操作和对软件进行维护，软件开发人员需要为用户提供详细的资料，这些资料称为用户文档。而为了使管理人员及整个软件开发项目组了解软件开发项目安排、进度、资源使用和成果等，还需要制定和编写一些工作计划或工作报告，这些计划和报告构成了管理文档。根据软件文档的分类结构图（见图 5-8）制定文档齐套性检查表，对文档的齐套性进行检查。

2. 软件需求规格说明书检查

软件需求规格说明书也称软件规格说明书，是指对所开发软件的功能、性能、用户界面及运行环境等做出详细的说明。它是用户与开发人员双方对软件需求取得共同理解的基础上达成的协议，也是实施开发工作的基础。

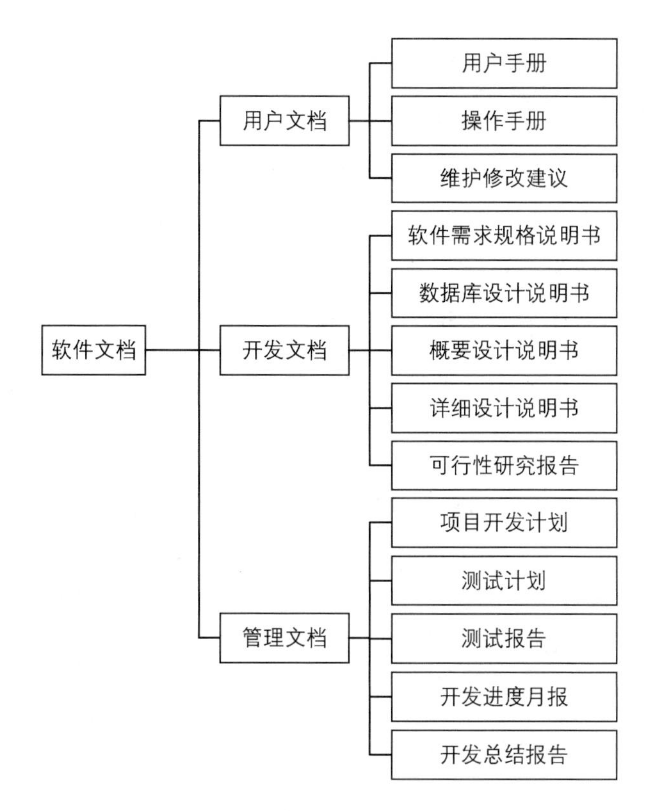

图 5-8 软件文档的分类结构图

软件需求规格说明书的检查作为需求分析阶段工作的复查手段，应该对功能的正确性、完整性和清晰性，以及其他需求进行评测。软件需求规格说明书检查的主要内容如下。

（1）系统定义的目标是否与用户的要求一致；

（2）系统需求分析阶段提供的文档资料是否齐全；

（3）文档中的所有描述是否完整、清晰，准确地反映用户要求；

（4）与所有其他系统成分的重要接口是否都已经描述；

（5）开发项目的数据流与数据结构是否足够、确定；

（6）所有图表是否清楚，在无补充说明时能否理解；

（7）主要功能是否已包括在规定的软件范围之内，是否都已充分说明；

（8）软件的行为和它必须处理的信息、必须完成的功能是否一致；

（9）设计的约束条件或限制条件是否符合实际；

（10）是否考虑了开发的技术风险；

（11）是否考虑过软件需求的其他方案；

（12）是否考虑过将来可能会提出的软件需求；

（13）是否详细制定了检验标准，检验标准能否对系统定义是否成功进行确认；

（14）有没有遗漏、重复或不一致的地方；

（15）用户是否审查了初步的用户手册或原型；

（16）项目开发计划中的估算是否受到了影响。

3. 软件设计说明书检查

软件设计说明书包括概要设计说明书和详细设计说明书。概要设计说明书是概要设计阶段的工作成果，应说明功能分配、模块划分、程序的总体结构、输入输出以及接口设计、运行设计、数据结构设计和出错处理设计等，为详细设计奠定基础。详细设计说明书着重描述每一模块是怎样实现的，包括实现算法、逻辑流程等。

软件设计说明书检查的主要内容如下。

（1）追溯性，即分析该软件的系统结构、子系统结构，确认该软件的设计是否覆盖了所有已确定的软件需求，软件每一成分是否可追溯到某一项需求。

（2）接口，即分析软件各部分之间的联系，确认该软件的内部接口与外部接口是否已经明确定义，模块是否满足高内聚和低耦合的要求，模块作用范围是否在其控制范围之内。

（3）风险，即确认该软件的设计在现有技术条件下和预算范围内是否能按时实现。

（4）实用性，即确认该软件的设计对于需求的解决方案是否实用。

（5）技术清晰度，即确认该软件的设计是否以一种易于翻译成代码的形式表达。

（6）可维护性，即从软件维护的角度出发，确认该软件设计是否考虑了未来的维护。

（7）质量，即确认该软件的设计是否表现出良好的质量特征。

（8）选择方案，即是否考虑过其他方案，比较各种选择方案的标准是什么。

（9）限制，即评估对该软件的限制是否现实，是否与需求一致。

（10）其他具体问题，即对于文档、可测试性、设计过程等进行评估。

需要特别注意：软件系统的一些外部特性的设计，如软件的功能、部分性能及用户的使用特性等，在软件需求分析阶段就已经开始。这些问题的解决，多少带有一些“怎么做”的性质，因此有人称之为软件的外部设计。

为检查软件设计是否达到目标，必须建立如下衡量设计的技术标准。

（1）设计出来的结构应是分层结构，从而建立软件成分之间的控制。

（2）设计应当模块化，从逻辑上将软件划分为完成特定功能或子功能的构件。

（3）设计应当既包含数据抽象，也包含过程抽象。

（4）设计应当建立具有独立功能特征的模块。

（5）设计应能降低模块与外部环境之间连接接口的复杂性。

（6）设计应能根据软件需求分析获取的信息，建立可驱动、可重复的方法。

4. 软件用户手册检查

软件用户手册是用户文档中最重要的部分。该手册详细描述了软件的功能、性能和用户界面，使用户了解如何使用该软件。在对用户手册进行测试时，应拿着手册坐在计算机前，进行如下操作。

（1）准确地按照手册的描述使用程序。在每个例子中如实地进行每个键盘操作。用户在按照手册运行程序时可能会进行错误的操作，因此测试时测试人员也可以随心所欲地“犯错误”。检查计算机对错误的处理和手册对错误处理的描述，应当占用测试人员的大部分精力。

（2）尝试每一条建议。即使建议并没有完全表达清楚，仍应按步骤去尝试。用户依照建议会做什么，测试人员就应当做什么，甚至尝试更多的可能性。

（3）检查每条陈述。测试人员需要对每条陈述进行检查，因为用户手册是产品最终的规范，是用户检查程序运行是否正确首先求证的工具。

（4）查找容易误导用户的内容。有些示例和特征描述得并不准确，一般的读者可能会从中归纳出错误的结论。用户可能对程序的能力抱有过高的期望，或是凭空想象一些实际并不存在的约束条件。尽早标识出易误解的内容，这一点极其重要。

5.3.2.2 代码审查

代码审查是指检查代码和设计的一致性、代码执行标准的情况、代码逻辑表达的正确性、代码结构的合理性以及代码的可读性。代码审查应根据所使用的语言和编码规范确定审查所用的检查单，检查单的设计或采用应经过评审并得到委托方的确认。

代码良好的风格表现在源程序文档化、数据说明、语句结构和输入和输出这四个方面，软件编码规范的评测也是围绕这四个方面展开。下面分别论述评测内容及相应的评测标准。

1. 源程序文档化

1）符号的命名

符号名即为标识符，包括模块名、变量名、常量名、标号名、子程序名、数据区名、缓冲区名等。这些名字应能反映它所代表的实际含义，应有一定的实际意义。例如，表示次数的量用 Times，表示总量用 Total，表示平均值用 Average，表示和的量用 Sum 等。

符号名不是越长越好，应当选择精炼的、意义明确的名字。必要时可使用缩写，但要注意缩写规则一致，并且要给每个名字加注释。同时，在一个程序中，一个变量只应用于一种用途。

2）程序的注释

程序注释是程序员日后与程序读者之间通信的重要手段。注释绝不是可有可无的。一些正规的程序文本中，注释行的数量占到整个源程序的 1/3 ~ 1/2，甚至更多。注释分为序言性注释和功能性注释。

序言性注释通常置于每个程序模块的开头部分，它应当给出程序的整体说明，对于理解程序本身具有引导作用。有些软件开发部门对序言性注释做了明确而严格的规定，要求程序编制者逐项列出。具体包括程序标题，如有关本模块功能和目的的说明、主要算法；接口说明，如调用形式、参数描述、子程序清单；有关数据描述，如重要的变量及其用途、约束或限制条件，以及其他有关信息；模块位置，如在哪个源文件中或隶属于哪个软件包；开发简历，如模块设计者、复审者、复审日期、修改日期及有关说明等。

功能性注释嵌在源程序体中，用以描述其后的语句或程序段是在做什么工作，或是执行了下面的语句会有什么结果，而无须解释下面怎么做。描述要点：描述一段程序，而不是每个语句；用缩进和空行，使程序与注释容易区别；注释要正确。

3）标准的书写格式

标准的书写格式用空格、空行和移行来实现。恰当地利用空格，可以突出运算的优先性，减少编码的错误。自然的程序段之间可用空行隔开。移行也叫作向右缩格。它是指程序中的各行不必都在左端对齐，都从第一格起排列，使程序完全分不清层次关系。对于选择语句和循环语句，把其中的程序段语句向右作阶梯式移行，使程序的逻辑结构更加清晰。

2. 数据说明

数据说明应易于理解和维护，必须注意以下内容。

1）数据说明的次序应当规范化

数据说明次序规范化，使数据属性容易查找，也有利于测试、排错和维护。原则上，数据说明的次序与语法无关，其次序是任意的。但出于阅读、理解和维护的需要，最好使其规范化，使说明的先后次序固定。

2）说明语句中的变量安排应当有序化

当多个变量名在一个说明语句中出现时，应当将这些变量按字母的顺序排列。带标号的全程数据也应当按字母的顺序排列。

3）使用注释说明复杂数据结构

如果设计了一个复杂的数据结构，应当使用注释来说明这个数据结构在程序实现时的固有特点。

3. 语句结构

语句结构力求简单、直接，不能为了片面追求效率而使语句复杂化。

审查语句结构时应遵循下列原则。

（1）程序编写应当考虑其清晰性，在一行内只写一条语句。

（2）除非对效率有特殊的要求，程序编写要做到清晰第一，效率第二，不要为了追求效率而丧失了清晰性。

（3）避免使用临时变址而使可读性下降。

（4）尽可能使用库函数。

（5）避免不必要的转移。

（6）尽量采用基本的控制结构来编写程序。

（7）避免采用过于复杂的条件测试。

（8）尽量减少使用“否定”条件的条件语句。

（9）数据结构要有利于程序的简化。

（10）程序要模块化，使模块功能尽可能单一化，模块间的耦合能够清晰可见。

（11）利用信息隐蔽，确保每一个模块的独立性。

4. 输入和输出

输入和输出是与用户的使用直接相关的。输入和输出的方式和格式应当尽可能方便用户的使用。一定要避免因设计不当给用户带来麻烦。

审查输入和输出时应考虑下列原则。

（1）对所有的输入数据都要进行检验，识别错误的输入，以保证每个数据的有效性。

（2）检查输入项的各种重要组合的合理性，必要时报告输入状态信息。

（3）使输入的步骤和操作尽可能简单，并保持简单的输入格式。

（4）输入数据时，应允许使用自由格式输入。

（5）应允许缺省值。

（6）输入一批数据时，最好使用输入结束标志，而不要由用户指定输入数据数目。

（7）在交互式输入时，要在屏幕上使用提示符，明确提示交互输入的请求，指明可使用选择项的种类和取值范围。同时，在数据输入的过程中和输入结束时，也要在屏幕上给出状态信息。

（8）当程序设计语言对输入和输出格式有严格要求时，应保持输入格式与输入语句要求的一致性。

（9）给所有的输出加注解，并设计输出报表格式。

5.3.2.3 功能测试

功能测试是指对软件需求规格说明书或设计文档中的功能需求逐项进行的测试，以验证其功能是否满足要求。

功能测试一般包括以下内容。

（1）用正常值的等价类输入数据值测试。

（2）用非正常值的等价类输入数据值测试。

（3）进行每个功能的合法边界值和非法边界值输入的测试。

（4）用一系列真实的数据类型和数据值运行，测试超负荷、饱和及其他“最坏情况”的结果。

（5）在配置项测试时，对配置项控制流程的正确性、合理性等进行验证。

功能测试的重点包括以下内容。

（1）页面链接检查：每一个链接是否都有对应的页面，并且页面之间切换正确。

（2）相关性检查：删除/增加一项会不会对其他项产生影响，如果产生影响，那么这些影响是否都正确。

（3）检查按钮的功能是否正确：上传、取消、删除、保存等功能是否正确。

（4）字符串长度检查：输入超出需求所说明的字符串长度的内容时，系统是否检查字符串长度，会不会出错。

（5）字符类型检查：在应该输入指定类型的内容的地方，输入其他类型的内容（如在应该输入整型的地方输入其他字符类型）时，系统是否检查字符类型，是否报错。

（6）标点符号检查：输入内容包括各种标点符号时，特别是空格、引号、回车键，系统处理是否正确。

（7）中文字符处理：在可以输入中文的系统输入中文时，系统是否出现乱码或错误。

（8）检查带出信息的完整性：在查看信息和上传信息时，查看所填写的信息是不是全部带出，带出信息和添加的信息是否一致。

（9）信息重复：针对一些需要命名、且名字应该唯一的信息，当输入重复的名字或 ID，看系统有没有处理，是否报错，重名包括是否区分大小写；在输入内容的前后输入空格时，系统是否做出正确处理。

（10）检查删除功能：首先在可以一次删除多项信息的地方，不选择任何信息，单击“删除”按钮查看系统如何处理，是否出错；然后选择一项和多项信息，进行删除，看是否正确处理。

（11）检查添加和修改是否一致：检查添加和修改信息的要求是否一致，如添加要求必填的项，修改也应该必填；添加规定为整型的项，修改也必须为整型。

（12）检查修改重名：修改时把不能重名的项改为已存在的内容，系统是否处理、报错。同时，也要注意，会不会针对“修改重名”报错。

（13）重复提交表单：一条已经成功提交的记录，返回后再提交，查看系统是否做了处理。

（14）检查多次使用返回键的情况：在有返回键的地方，返回到原来页面，再返回，重复多次时系统是否出错。

（15）查询检查：在有查询功能的地方，输入系统存在和不存在的内容时，查询结果是否正确。如果可以输入多个查询条件，那么可以同时添加合理和不合理的条件，查看系统处理是否正确。

（16）输入信息位置：注意在光标停留的地方输入信息时，光标和所输入的信息是否跳到别的地方。

（17）上传下载文件检查：上传下载文件的功能是否实现，上传文件是否能打开。对上传文件的格式有何规定，系统是否有解释信息，并检查系统是否能够做到。

（18）必填项检查：应该填写的项没有填写时，系统是否都做了处理；对必填项是否有提示信息，如在必填项前加“*”。

（19）快捷键检查：是否支持常用快捷键，如“Ctrl+C”、“Ctrl+V”、“Backspace”等，对一些不允许输入信息的字段，如选人、选日期对快捷方式是否也做了限制。

（20）回车键检查：在输入结束后直接按回车键，查看系统如何处理，是否报错。

5.3.2.4 性能测试

性能测试是指对软件需求规格说明书或设计文档中的性能需求逐项进行的测试，以验证其性能是否满足要求。

性能测试一般包括以下内容。

（1）测试在获得定量结果时程序计算的精确性（处理精度）。

（2）测试程序时间特性和实际完成功能的时间（响应时间）。

（3）测试为完成功能所处理的数据量。

（4）测试程序运行所占用的空间。

（5）测试程序的负荷潜力。

（6）测试配置项各部分的协调性。

（7）在系统测试时测试软件性能和硬件性能的集成。

（8）在系统测试时测试系统对并发事物和并发用户访问的处理能力。

性能测试的重点包括以下方面。

（1）并发性能测试是性能测试的重点，并发性能测试是通过工具产生并运行并发事务来模拟软件系统的实际运行状态，从而获得各项性能指标。

（2）并发性能测试的过程是一个负载测试和压力测试的过程，即逐渐增加负载，直到系统的瓶颈或者不能接收的性能点，是通过综合分析交易执行指标和资源监控指标来确定系统并发性能的过程。负载测试（Load Testing）旨在确定各种工作负载下系统的性能，测试负载逐渐增加时系统组成部分的相应输出项，如通过量、响应时间、CPU负载、内存使用等，以决定系统的性能。负载测试是分析软件应用程序和支撑架构，模拟真实环境的使用，从而来确定能够接收的性能的过程。压力测试（Stress Testing）是通过确定系统的瓶颈或者不能接收的性能点，来获得系统能提供的最大服务级别的测试。

（3）并发性能测试的目的：以真实的业务为依据，选择有代表性的、关键的业务操作，设计测试案例，以评价系统的当前性能；当扩展应用程序的功能或者新的应用程序将要被部署时，负载测试会帮助确定系统是否还能够处理期望的用户负载，以预测系统的未来性能；通过模拟成百上千的用户，重复执行和运行测试，可以确认性能瓶颈并优化和调整应用，目的在于寻找系统瓶颈。

（4）并发性能测试时可以使用一些工具来监测并记录资源的使用情况。

（5）监测的对象包括网络阻塞情况、主机 CPU 使用情况、内存使用情况、缓存使用情况、数据库系统中的数据锁、回滚段、重做日志缓冲区等。

（6）监测的结果包括图像与数据文件，并且图像可以实时显示，可以在压力测试运行结束后分析，也可以使用操作系统、数据库系统软件附带的监测工具。

（7）通过资源监测的结果，很容易找到系统的瓶颈，并对产生瓶颈的资源进行调整、优化。

5.3.2.5 安全性测试

安全性测试是指检验软件中已存在的安全性、安全保密性措施是否有效的测试。测试应尽可能在符合实际使用的条件下进行。

安全性测试一般包括以下内容。

（1）对安全性关键的软件部件，必须单独测试安全性需求。

（2）在测试中全面检验防止危险状态措施的有效性和每个危险状态下的反应。

（3）对设计中用于提高安全性的结构、算法、容错、冗余及中断处理等方案，必须进行针对性测试。

（4）对软件处于标准配置下其处理和保护能力的测试。

（5）应进行对异常条件下系统/软件的处理和保护能力的测试（以表明不会因为可能的单项或多项输入错误而导致不安全状态）。

（6）对输入故障模式的测试。

（7）必须包含边界、界外及边界结合部分的测试。

（8）对“0”、穿越“0”及从两个方向趋近于“0”的输入值的测试。

（9）必须进行在最坏情况配置下的最小输入和最大输入数据率的测试。

（10）对安全性关键的操作错误的测试。

（11）对具有防止非法进入软件并保护软件的数据完整性能力的测试。

（12）对双工切换、多机替换的正确性和连续性的测试。

（13）对重要数据的抗非法访问能力的测试。

安全性测试的重点：

1. 输入是否验证

（1）数据类型（字符串、整型、实数等）。

（2）允许的字符集。

（3）最小和最大的长度。

（4）是否允许空输入。

（5）参数是否是必需的。

（6）重复是否允许。

（7）数值范围。

（8）特定的值（枚举型）。

（9）特定的模式（正则表达式）。

2. 访问控制

（1）访问控制主要用于需要验证用户身份及权限的页面，复制该页面的 URL 地址，关闭该页面以后，查看是否可以直接进入复制好的地址。

（2）从一个页面链接到另一个页面的间隙可以看到 URL 地址，直接输入该地址，可以看到自己没有权限的页面信息。

3. 认证和会话管理

（1）账号列表：系统不应该允许用户浏览到网站所有的账号，如果需要用户列表，那么推荐使用某种形式的假名（屏幕名）来指向实际的账号。

（2）浏览器缓存：认证和会话数据不应该作为 GET 语句的一部分来发送，应该使用 POST 语句。

4. 跨站脚本攻击

跨站脚本攻击是指攻击者使用跨站脚本来发送恶意代码给没有发觉的用户，窃取用户机器上的任意资料，包括：

（1）HTML 标签：<…>…</…>。

（2）转义字符：&、<、>、空格。

（3）脚本语言：

```
<script language='javascript'>
…Alert (‘’)
</script>
```

（4）特殊字符：‘、’、<、>、/。

（5）最小和最大的长度。

（6）空输入。

5. 缓冲区溢出

（1）栈溢出。

（2）堆溢出。

（3）BSS 溢出。

（4）格式化串溢出。

6. 注入式漏洞

验证用户登录的页面，使用的 SQL 语句如下。

```
Select * from table A where username=' ' + username+' ' and password …..
# SQL 输入 ' or 1=1，就可以不输入任何密码进行攻击
```

5.3.2.6 兼容性测试

兼容性测试主要验证被测软件在不同版本之间的兼容性，有两类基本的兼容性测试：向下兼容测试和交错兼容测试。向下兼容测试是指测试软件新版本保留它早期版本的功能的情况；交错兼容测试要验证共同存在的两个相关但不同的产品之间的兼容性，是验证软件在规定条件下共同使用若干个实体或实现数据格式转换时能满足有关要求能力的测试。

兼容性测试包括以下内容。

（1）验证软件在规定条件下，共同使用若干个实体时满足有关要求的能力。

（2）验证软件在规定条件下，与若干个实体实现数据格式转换时，能满足有关要求的能力。

兼容性测试的重点包括以下内容。

1. 与操作系统的兼容性

操作系统兼容性的测试内容不仅包括系统的安装，还包括对关键流程进行

检查。需要测试哪些操作系统上的兼容性，首先取决于软件用户文档上对用户的承诺，然后就要考虑以下问题。

（1）Windows 平台：对于 B/S 架构的客户端，至少须在 Windows XP、Windows 7 上进行测试，英文版和中文版需分别测试。在英文版操作系统上测试中文版软件时，要特别注意是否会出现英文信息或乱字符，在中文版操作系统上测试英文软件时，注意是否存在提示文字不能完全显示的现象。测试前要保证测试环境中所有的补丁都已安装，在用户文档中也应给出提示。如果有必要进行更严格的测试，那么可以增加对不同版本补丁的兼容性测试。

（2）Linux 平台：Linux 作为自由软件，其核心版本是唯一的，其发行版本不受限制。从 Red Hat、Turbolinux 到国内的中科红旗、中国软件服务等，版本之间存在着较大的差异。因此被测软件不能简单地描述为支持 Linux，测试也不能只在 Red Hat 最新发行的版本上进行，需要在多发行商、多版本的平台上进行测试，用户文档中的内容应明确至发行商和版本号，不能笼统地描述为支持 Linux 平台。

（3）UNIX 平台：与 Linux 平台一样，UNIX 平台也存在着 Solaris、IBM、HP 等多发行商的多版本，不过由于在这些 UNIX 平台上运行的软件往往需要重新编译才能运行，所以只须按软件的承诺选择测试环境即可。

（4）Macintosh：使用这类系统的往往是图形专用软件。对于 Web 站点也须要进行 Macintosh 系统下的测试，有些字体在这个系统下可能不存在，因此需要确认备用字体。

2. 与数据库的兼容性

数据库标准主要包括 SQL、ODBC、JDBC、ADO、OLE DB、JDO，测试重点如下。

（1）完整性测试。检查原数据库中各种对象是否全部移入新数据库，同时比较数据表中数据内容数是否相同。

（2）应用系统测试。模拟普通用户操作应用的过程，对应用进行操作并检查运行结果。从以往的测试经验来看，如果开发中使用了存储过程，那么在数据库移植时最容易出现问题。

（3）性能测试。前两项测试通过后，针对服务器、数据库进行性能测试，并与在原数据库中记录的性能基准数据进行比较，找出性能方面的问题，并有针对性地进行性能优化。

3. 与浏览器的兼容性

浏览器兼容性测试的原则可分解为三个关键词：快速、精确、完整。

（1）快速：详细分析系统业务流程，各角色功能分布，功能模块支撑关联，针对业务流程和主要核心模块，制定测试框架，以保证在浏览器兼容性测试时，避免出现功能点的遗漏。有计划地进行测试能够大大提高工作效率。

（2）精确：精确定位主流核心浏览器，优化测试方式，提高测试效率。根据需求确定浏览器的主要内核，并定位相应内核的浏览器各一个（且要求为客户区域内的同内核主流浏览器），根据框架快速执行兼容性测试。

（3）完整：完整执行需求中支持的所有浏览器。根据最新地区的浏览器厂商和版本分布，按优先级进行兼容性测试。

4. 与其他软件的兼容性

（1）与支持软件的兼容性。软件运行还需要哪些应用软件的支持？ERP 软件可以提供财务软件接口，而本身并不包含财务软件。财务软件也可以不包含表格处理模块，而调用其他表处理软件。这些被测软件运行所必需的其他软件都应当进行兼容性测试，测试中要对其所依赖的软件的各个版本分别进行测试。

（2）与其他同类软件的兼容性。对于通用软件来说，这是一个重要问题。由于通用软件应用范围广，开发商多，功能重复性高，在系统中可能会要求相同的系统资源，造成注册表冲突等问题，因此需要进行兼容性测试，以判断与其他同类软件安装在同一系统上、同时使用，是否会造成其他软件运行错误，或本身能否正确实现其功能。例如，测试杀毒软件时，检查将该杀毒软件与其他多个杀毒软件共同安装于同一系统中的情况。

（3）与其他非同类软件的兼容性。例如，测试办公软件时，将其与杀毒软件共同安装于同一系统，检查是否会造成软件安装错误或运行错误。如果在杀毒软件运行的状态下不能顺利安装办公软件，那么应在用户手册中的软件安装部分给出明确提示。

5.3.3 测试用例管理

测试用例管理包括测试用例要素和测试用例审查。

5.3.3.1 测试用例要素

测试用例应该包括以下要素。

1. 用例名称

测试用例的名称应简洁扼要地表明测试的重点。

2. 用例标识

测试用例的标识应是唯一标识。

3. 用例描述

用例描述是指简要描述测试的对象、目的和所采用的测试方法。

4. 用例初始化

测试用例的初始化要求包括硬件配置、软件配置（包括测试的初始条件）、测试配置（如用于测试的模拟系统和测试工具）、参数设置（如测试开始前对断点、指针、控制参数和初始化数据的设置）等的初始化要求。

5. 测试过程

测试过程包括测试输入及操作说明、期望结果、评估标准等。

（1）每项测试输入的名称、用途和具体内容（如确定的数值、状态或信号等）及其性质（如有效值、无效值、边界值等）。

（2）测试输入的来源（如测试程序、磁盘文件、网络接收、人工键盘输入等），以及选择输入所使用的方法（如等价类划分、边界值分析、猜错法、因果图、功能图等）。

（3）测试输入是真实的还是模拟的。

（4）测试输入的时间顺序或事件顺序。

（5）期望测试结果应有具体内容（如确定的数值、状态或信号等），不应是不确切的概念或笼统的描述。必要时，应提供中间的期望结果。

（6）评估准则用以判断测试用例执行中产生的中间或最后结果是否正确。评估准则应根据不同情况提供相关信息，包括：

① 实际测试结果所需的精确度。

② 允许的实际测试结果与期望结果之间差异的上、下限。

③ 时间的最大或最小间隔。

④ 事件数目的最大或最小值。

⑤ 实际测试结果不确定时，重新测试的条件。

⑥ 与产生测试结果有关的出错处理。

⑦ 其他有关准则。

6. 前提和约束

测试用例中应说明实施测试用例的前提条件和约束条件，如特别限制、参数偏差或异常处理等，并要说明它们对测试用例的影响。

7. 过程终止条件

测试用例中还应说明测试用例的测试正常终止和异常终止的条件。

5.3.3.2 测试用例审查

总体上，测试设计是否完整和合理，设计思路是否符合业务逻辑、符合技术设计的逻辑、是否与系统架构和组件等建立完全的映射关系。

局部上，测试用例是否可行和充分、抓住测试的难点和系统的关键点、从不同角度向测试用例的设计者提问。

细节上，检查测试用例是否完整、正确和规范，每项元素是否描述清楚。

5.3.4 测试环境搭建

测试环境搭建是本阶段的重点工作之一。在搭建之前需要首先分析测试环境所需的各个要素，然后根据需要准备测试数据。

5.3.4.1 测试环境概述

软件运行存在三种环境：开发环境、测试环境、用户环境。

（1）开发环境往往与用户环境有所差别。

（2）一个规划良好的测试环境总是很接近于用户环境。

（3）测试环境须在测试计划和测试用例中事先定义和规划。

测试环境包括硬件环境和软件环境。

（1）硬件环境是指测试必需的服务器、客户端、网络连接设备，以及打印机/扫描仪等辅助硬件设备所构成的环境；

（2）软件环境是指被测软件运行时的操作系统、数据库及其他应用软件构成的环境。

5.3.4.2　测试环境的要素

1. 计算机平台

计算机平台可以考虑 CPU 速度、内存容量、硬盘、显示卡等。一般在软件需求中会列出软件对平台的最低配置要求。

在搭建测试平台时，一般需要考虑：

（1）最低配置。

（2）常见配置。

（3）理想配置。

2. 操作系统

软件一般须声明支持的操作系统。

Windows 平台本身有多个版本，每个版本都包括了多个系列，以及不同语言。一般在平台某个版本中等级低的系列上能够通过测试的软件，能够通过在平台高级别系列上的测试。测试人员需要了解不同版本操作系统之间的差异。

Linux 平台有不同公司开发的许多版本。测试时应关注软件所要求的 Linux 核心版本。

其他可能的操作系统：Unix、macOS、嵌入式操作系统。

3. 浏览器

基于 Web 的应用系统，须对各种流行的浏览器环境进行测试。针对不同的操作系统，浏览器有不同选择。

Windows 平台上常用 IE、Firefox、 Google Chrome 、360 安全浏览器等。

Linux 平台上常用 Opera、Netscape、Mozilla、Firefox 等。

4. 软件支持平台

软件支持平台主要包括 Java 虚拟机、数据库、应用服务器、第三方控件、浏览器插件。一般需要测试第三方控件和浏览器插件没有安装软件要求时软件的表现。可能产生的后果为用户环境中某软件与被测系统不兼容，或是该软件与被测系统的软件不兼容。

5. 外部设备

不同的软件系统需要不同的外部设备。在多种外部设备上进行测试，需要大量的时间和费用。一般会选择主流型号的设备进行测试。

6. 网络环境

（1）网络访问方式。

（2）网络速度。

（3）防火墙。

5.3.4.3 建立测试环境

测试环境的建立一般按以下步骤完成。

（1）安装应用程序。

（2）安装和开发测试工具（如果需要的话）。

（3）设置专用文件，包括将这些文件与测试所需的数据相对应。

（4）建立与应用程序通信的实用程序。

（5）配备适当的硬件及必要的设备。

5.3.4.4 测试数据准备

测试数据一般包括以下三种。

1. 背景测试数据

背景测试数据是被测系统运行时依赖的业务数据，可能来自其他外围系统。背景数据通常在被测系统中作为输入数据，业务操作只是读取操作，并不做任何修改，业务处理完成后部分数据可能保持位置不动，也可能被备份到其他地方。

背景测试数据在测试前根据测试需求进行一次性准备，并在测试前对背景数据表进行备份，作为数据基线。

背景测试数据修改时可能会影响原有测试用例和测试数据，因此背景数据要与测试数据和测试用例建立版本对应关系。

2. 系统业务测试数据

系统业务测试数据包括静态业务数据和动态业务数据，静态业务数据是指在业务操作中不会被修改的数据，如业务字典、业务规则等，动态业务数据是指在业务操作过程中会被生成或修改的数据，如审批记录、审批单据等等。

系统业务测试数据与测试用例紧密相关，测试用例依赖于系统业务测试数据。测试执行前，测试用例的脚本依据测试输入数据修改业务数据以满足测试需求。测试业务执行完成后，测试脚本要读取动态业务数据来验证结果的正确性，在测试执行结束前通常要对修改和影响的数据进行回退。

业务数据应与测试集合建立对应关系。

3. 测试输入数据

测试输入数据提供了测试脚本使用的测试数据，测试输入数据应该包括业务触发数据、期望结果数据和配置数据等。

测试输入数据与测试用例是一一对应的关系，在单元测试和接口测试中采用读取 Excel 或者读取 Database 的方式。

对特殊的输入对象，如数据或文件数据等，在指定目录中进行保存。通过接口方式读取这类数据。

通常情况下，可以根据系统的实际情况，按照如下顺序来准备数据。

1）生产数据（Production Data）

如果系统的前一版本已经发布，能够使用这些生产数据来测试是最为理想的情况，最能反映最终用户环境，是需要优先考虑的。

2）遗留系统数据（Legacy System Data）

虽然当前系统还没有发布任何版本，但是有一个遗留系统，那就应该利用数据迁移，尽量获取遗留系统中相对真实的数据，此数据与最终用户环境比较接近，也是比较理想的情况。

3）UI 输入创建数据

如果既没有发布任何版本，也没有遗留系统，那么就要考虑从 UI 上输入相关数据，这种数据与真实数据比较接近，可以信赖。

4）用脚本创建数据

对于不符合以上三种情况的（如需要的数据量很大，无法通过 UI 输入创建数据）就要考虑用脚本来创建尽量模拟用户的真实数据。

总之，测试过程中数据的真实性很重要，有些缺陷并不是程序本身的问题，而是一些脏数据引起的，因此在准备测试数据的时候，要按照上述顺序来准备数据。

5.3.5 测试说明评审

测试说明应经过评审，得到相关人员的认同，受到变更控制和版本控制。根据测试的实际情况，修订测试说明。评审内容包括：

（1）测试说明是否完整、正确和规范。

（2）测试设计是否完整和合理。

（3）测试用例是否可行和充分。

5.4 测试执行

前面介绍的测试需求分析、测试策划、测试设计和实现都是为了测试执行而准备的。该阶段的主要工作包括：

（1）测试就绪评审。

（2）测试用例执行。

（3）测试结果记录。

（4）测试问题记录。

（5）回归测试执行。

5.4.1 测试就绪评审

测试设计和实现的各项任务完成后，项目负责人会组织测试就绪的评审。

评审内容：

（1）审查测试文档内容的完整性、正确性和规范性。

（2）通过比较测试环境与软件真实运行的软件、硬件环境的差异，审查测试环境的要求是否正确合理，满足测试要求。

（3）审查测试使用的设备或工具（包括永久控制以外的设备）是否经过校验/校准并在有效期内。

（4）审查测试活动的独立性。

（5）审查测试项选择的完整性和合理性。

（6）审查测试用例的可行性、正确性和充分性。

5.4.2 测试用例执行

测试用例执行是指按照测试计划和测试说明的内容和要求执行测试。

5.4.3 测试结果记录

测试结果记录是指针对每个测试，明确地记录被测组件的标识、版本、测试规格和实际结果。测试结果的记录应遵循以下原则。

（1）测试结果记录应包含被测组件版本、被测文档、测试工具、测试人员名称、测试时间、测试地点、测试环境等。

（2）测试结果记录应对无法测试的内容进行记录：对于暂时无法测试的（如测试环境不完善、不具备测试工具），需明确何时何地能够再次测试；对于始终无法测试的应及时向部门负责人汇报，根据实际情况向委托方及研制单位进行说明。

（3）测试结果记录应严格按照实际情况记录：对于可量化的结果，需要记录实际数值（如性能测试每次的测试结果及结果平均值）；对于其他的结果，需要记录主要的测试数据、测试方法和测试步骤。

测试结果记录要素如图 5-9 所示。

• 测试项目 • 所在模块 • 测试人 • 测试时间 • 测试环境

• 工作原理 • 测试步骤（截图的方式） • 测试结果 • 问题单信息 • 备注

图 5-9　测试结果记录要素

测试记录文档模板如表 5-76 所示。

表 5-76　测试记录文档模板

1	范围		
	1.1	标识	
		1.1.1	文档的标识
		1.1.2	标题
		1.1.3	适用的被测软件的名称与版本
		1.1.4	术语与缩略语
	1.2	文档概述	
2	引用文件		
3	测评环境		
	3.1	软、硬件环境	
		3.1.1	网络拓扑图
		3.1.2	硬件配置
		3.1.3	软件配置
		3.1.4	席位配置
	3.2	测评场所	
	3.3	测评数据	
4	测试用例执行记录		
	4.1	配置项测试	
		4.1.1	配置项 1
		4.1.2	配置项 2
	4.2	系统测试	
5	测试问题单		

其中的测试用例执行记录模板，配置项软件开发文档审查-配置项 1 软件需求规格说明书，如表 5-77 所示。

表 5-77　配置项软件开发文档审查-配置项 1 软件需求规格说明书

用例名称	配置项软件开发文档审查-配置项 1 软件需求规格说明书		用例标识	CSXXXXX010101
用例描述	依据文档审查表，检测配置项 1 软件需求规格说明书的完整性、一致性和准确性是否满足要求			
用例的初始化	依据 XXXX 系统软件开发文档 XXXX 及委托方要求，设计完成文档审查表			
测试过程				
序号	输入及操作说明	期望结果	评估标准	实测结果
1	运行配置项 1	进入配置项 1 软件界面	若与期望结果一致，则该步骤通过，否则不通过	进入配置项 1 软件界面
2	查看信息树中的终端信息	能够正确显示终端信息	若与期望结果一致，则该步骤通过，否则不通过	未通过。显示终端信息错误，详见问题单 BRXXXXX
测试结论	不通过			
测试人员	XXXX		测试日期	YYYY-MM-DD

测试问题单模板如表 5-78 所示。

表 5-78　测试问题单模板

问题标识			报告日期		报告人	
问题性质	类别	程序问题□	文档问题□	设计问题□		其他问题□
	级别	致命问题□	严重问题□	一般问题□		轻微问题□
问题追踪						
问题描述/影响分析：						
被测方确认		同意□	不同意□	签字：		
解决措施：						
修改结果：						
修改状态		已修改□		未修改□		

5.4.4　测试问题记录

在测试执行中，需要根据测试结果确定是否产生问题，以下内容阐述了问题定义、问题分类、问题报告、问题管理。

5.4.4.1　问题定义

软件问题是指存在于软件（文档、数据、程序）之中的那些不希望出现或不可接受的偏差，如少一个标点、多一条语句等。其结果是软件运行于特定阶段时出现软件故障。

1）识别问题的依据

（1）软件未达到产品说明书中标明的功能；

（2）软件出现了产品说明书中指明不会出现的错误；

（3）软件功能超出产品说明书中的指明范围；

（4）软件未达到产品说明书中虽未指出但应达到的目标；

（5）软件测试人员认为软件难以理解、不易使用、运行速度缓慢，或者最终用户体验不好。

2）软件问题分析的目的

（1）统计各种类型问题发生的概率；

（2）掌握问题集中的区域；

（3）明晰问题发展的趋势；

（4）了解问题产生的主要原因。

5.4.4.2 问题分类

常见的软件问题分类规则有以下几点。

（1）测试类型：根据问题自然属性划分的问题种类；

（2）严重等级：问题引起的故障对软件产品的影响程度；

（3）测试轮次：问题所属的测试轮次；

（4）所属软件：问题所属的部件、配置项等；

（5）原因：问题的起因。

1. 测试类型

按测试类型划分，问题一般分为功能问题、用户界面问题、边界问题、安全性问题、安装性问题、性能问题、代码问题和文档问题。

2. 严重等级

按严重等级划分，问题一般包括致命问题、严重问题、一般问题和轻微问题，问题严重等级如表 5-79 所示。

表5-79 问题严重等级

致命问题	严重问题	一般问题	轻微问题
(1)程序引起死机，非法退出 (2)死循环 (3)数据库发生死锁 (4)数据通信错误 (5)严重的数值计算错误	(1)功能不符 (2)数据流错误 (3)程序接口错误 (4)轻微的数值计算错误	(1)系统中单一功能的实现错误或者不能继续运转,但不影响具体业务功能的使用,或者有替代方法 (2)系统的次要功能出现错误 (3)系统界面错误等	(1)系统在特殊状态下产生错误，且不影响正常业务 (2)软件功能不方便使用 (3)人机交互界面不友好等

3. 测试轮次

按测试轮次划分，问题一般分为首轮测试问题、第一轮回归测试问题、第二轮回归测试问题。

4. 所属软件

按所属软件划分是指按问题所属的配置项或系统划分。

5. 原因

按原因划分，问题一般分为设计问题、程序问题、文档问题和其他问题。

5.4.4.3 问题报告

在软件测试过程中，对于发现的所有软件错误(缺陷)，都要记录该错误的特征和复现步骤等信息，以便相关的认识分析和软件错误的处理。为了便于管理测试发现的软件错误，通常要采用软件缺陷数据库，将每处发现的错误输入到软件缺陷数据库中，软件缺陷数据库的每条记录称为一份软件问题报告。

以下是编写问题报告必须注意的事项。

1. 问题报告的要素

软件问题报告包括头信息、简述、操作步骤和注释。

(1)头信息包括测试软件名称、版本号、用例可追踪性、缺陷或错误类型、可重复性、测试平台、平台语言、缺陷或错误范围。要求填写完整、准确。

(2)简述是对缺陷或错误特征的简单描述，可以使用短语或短句，要求简练、准确。

（3）操作步骤描述该缺陷或错误出现的操作顺序，要求完整、简洁、准确。指令、系统变量、选项要用大写字母表示，控件名称等要加双引号。

（4）注释是对缺陷或错误的附加描述，一般包括缺陷或错误现象的图像，也包括其他建议或注释文字。

2. 问题报告的编写技巧

书写软件问题报告是为了正确地重复缺陷或错误，从而在后续工作中可以准确验证并加以处理。因此，基本要求是准确、简洁、完整、规范。为了正确书写专业的软件问题报告，应该注意以下要点。

1）保证问题的复现性

对于严重程度较高的问题，一般要重复测试两次以上。对于随机产生的问题，要在其他机器上测试一下。不可重现的问题也要报告。应详细记录出现问题的测试点的测试步骤及相关截图、日志、开发人员定位信息等，尤其是暂时不能复现的问题。

2）复现的操作步骤要完整、准确、简短

保证快速准确地重复错误，完整即没有缺漏，准确即步骤正确，简短即没有多余的步骤。

3）每份软件问题报告只书写一个缺陷或错误

每份软件问题报告只书写一个错误，每次只处理一个确定的错误，定位明确，提高效率，也便于修复错误后进行验证，在回归测试时关闭问题。

4）对错误的描述要做到简洁、准确、完整，揭示错误的实质

要准确描述缺陷或错误的本质内容，且应简短明了。为了便于在大数据库中寻找，记录错误发生时的用户界面是良好的习惯。例如，记录对话框的标题、菜单、按钮等控件的名称。

5）明确指明错误的类型和严重程度

根据错误的现象，总结判断错误的类型和严重程度，例如，该错误是功能错误还是界面布局错误？该错误是属于特别严重的错误还是一般错误？该错误是否影响软件的后续开发和发布？

6）每个步骤尽量只记录一项操作

记录应简洁、条理井然，便于重复操作步骤，以便确认、修复、验证该错误。

7）附加必要的错误特征图像

为了直观地观察缺陷或错误现象，通常需要附加错误出现的界面，作为附件附着在记录的“附件”部分。为了节省空间，又能真实反映缺陷或错误的本质，可以截取缺陷或错误产生时的全屏幕、活动窗口和局部区域。

8）附加必要的测试用例

如果打开某个特殊的测试用例产生了错误，那么必须附加该测试用例，从而可以迅速再现缺陷或错误。为了使错误修正者进一步明确缺陷或错误，可以附加修改建议或注解。

9）尽量使用短语和短句，避免复杂句型

书写软件问题报告的目的是便于定位错误，因此要客观地描述操作步骤，不需要修饰性的词汇和复杂的句型，应增强可读性。

通常程序员希望改正的问题包括：

（1）确实非常严重的问题。

（2）该问题会影响很多用户。

（3）对该问题的改动十分简单。

（4）该问题已经给公司造成影响。

（5）公司的主管高度重视该问题。

（6）受到高度信任的测试人员提出的问题。

而程序员拒绝花费时间的情况包括：

（1）程序员无法复现问题。

（2）需要烦琐的步骤复现问题。

（3）没有明确的报告以说明复现问题的步骤。

（4）程序员无法读懂的问题报告。

（5）边缘问题（几乎从未使用的功能）。

（6）修改问题需要花费大量时间。

（7）主管重视度低。

（8）由不受信任的测试人员提出的问题。

3. 关于软件中的“随机”出现的问题

（1）实际情况是根本不存在所谓的“随机”问题，将产生这种“随机”问题的所有输入条件筛选出来之后，这种在测试过程中“随机”出现的缺陷就会重现。而筛选这些输入条件的工作是对软件测试人员的经验和技术水平的挑战和考验。

（2）问题重现的类别可以分为可复现、概率复现、无规律复现、不可复现等（各公司的定义略有差别）。

4. 问题的复现性

（1）利用按键和鼠标记录程序的确切记录和回放执行步骤。

（2）考虑事件发生的先后次序。

（3）考虑资源的依赖性、内存、网络、硬件共享的相互作用。

5. 问题报告中的常见问题

（1）在报告中说“不好用”。

（2）报告内容毫无意义。

（3）在报告中用户没有提供足够的信息。

（4）在报告中提供了虚假信息。

（5）所报告的问题是由于用户的过失而产生的。

（6）所报告的问题是由于其他程序的错误而产生的。

（7）所报告的问题是由于网络错误而产生的。

可使用如表 5-80 所示的测试问题报告文档模板。

表 5-80　测试问题报告文档模板

1　范围			
	1.1　标识		
		1.1.1　文档的标识	
		1.1.2　标题	
		1.1.3　适用的被测软件的名称与版本	
		1.1.4　术语与缩略语	
	1.2　文档概述		
2　引用文件			
3　测试问题记录			
	3.1　软件问题的定义		
		3.1.1　软件问题级别的定义	

续表

		3.1.2 软件测试问题类型的定义
	3.2 问题统计分析	
		3.2.1 按测试轮次统计
		3.2.2 按问题级别统计
		3.2.3 按测试类型统计
		3.2.4 按问题原因统计
		3.2.5 按问题所属配置项统计
	3.3 首轮测试问题单	
		3.3.1 配置项 1
		3.3.2 配置项 2
	3.4 第一轮回归测试问题单	
		3.4.1 配置项 1
		3.4.2 配置项 2

其中的测试问题单可使用前述的模板（见表 5-78）。

5.4.4.4 问题管理

问题管理流程如图 5-10 所示。

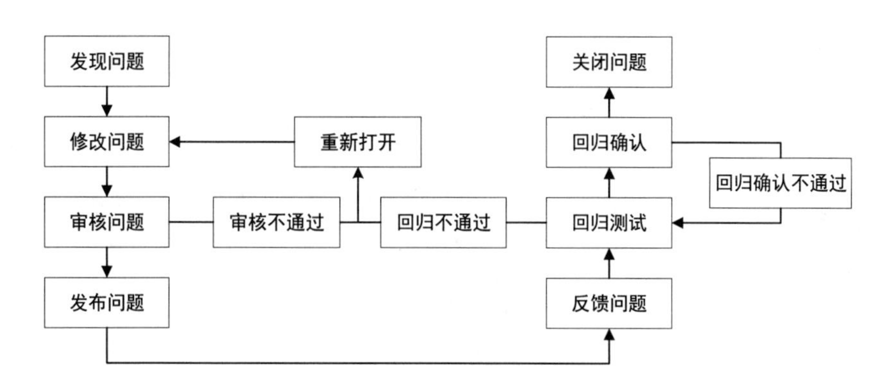

图 5-10 问题管理流程

问题的管理包括以下部分。

1. 软件问题的状态

软件问题主要包括以下状态。

（1）新信息（New）：测试中新报告的软件问题。

（2）打开（Open）：被确认并分配给相关开发人员处理。

（3）修正（Fixed）；开发人员已完成修正，等待测试人员验证。

（4）拒绝（Declined）：拒绝修改问题。

（5）延期（Deferred）：不在当前版本修复的问题，下一版本再进行修复。

（6）关闭（Closed）：问题已修复。

2. 问题管理流程

问题管理的流程可以概括为以下内容。

（1）测试人员提交新的问题入库，问题状态为“New”。

（2）高级测试人员验证问题：

① 若确认是问题，则分配给相应的开发人员，设置状态为“Open”；

② 若不是问题，则拒绝，设置为“Declined”状态。

（3）开发人员查询状态为“Open”的问题，做如下处理。

① 若不是问题，则设置状态为“Declined”；

② 若是问题，则修复并设置状态为“Fixed”；

③ 如果是不能解决的问题，那么要留下文字说明并保持问题为“Open”状态；

④ 对于不能解决和延期解决的问题，不能由开发人员自己决定，一般要某种会议（如评审会）通过才能认可。

（4）测试人员查询状态为“Fixed”的问题，验证问题是否已解决，做如下处理。

① 若问题解决了，则设置问题的状态为“Closed”；

② 若问题没有解决，则设置问题的状态为“Reopen”。

3. 问题管理流程原则

问题管理流程遵照以下原则。

（1）为了保证问题处理的正确性，需要有丰富测试经验的测试人员来验证发现的问题是否是真正的问题，书写的测试步骤是否准确，可以重复。

（2）对问题的每次处理都要保留处理信息，包括处理人员的姓名、时间、处理方法、处理意见、问题状态。

（3）拒绝或延期处理问题不能由程序员单方面决定，应该由项目经理、测试经理和设计经理共同决定。

（4）问题修复后必须由报告问题的测试人员验证，确认已经修复后，才能关闭问题。

（5）加强测试人员与程序员之间的交流，对于某些不能重复的问题，可以请测试人员补充详细的测试步骤和方法，以及必要的测试用例。

5.4.5 回归测试执行

回归测试是指被测单元、部件、配置项和系统因各种原因进行更改（以下称更改前为老版本，更改后为新版本）后的再测试。回归测试是重复测试，要求使用相同的方法，使用相同的测试用例和数据，在相同的环境下进行测试。其主要目的是确认已发现的软件错误是否得到修改，并检查对错误的修改是否引入新的错误。

5.4.5.1 回归测试策略

回归测试需要时间、经费和人力来计划、实施和管理。为了在给定的预算和进度下，尽可能有效率和有效力地进行回归测试，需要对测试用例库进行维护，并依据一定的策略选择相应的回归测试包。

1. 测试用例维护

为了最大限度地满足客户的需要和适应应用的要求，软件在其生命周期中会频繁地被修改和不断推出新的版本，修改后的或者新版本的软件会添加一些新的功能或者在原有软件功能上产生某些变化。随着软件的改变，软件的功能和应用接口以及软件的实现发生了改变。测试用例库中的一些测试用例可能会失去针对性和有效性，而另一些测试用例可能会变得过时，还有一些测试用例将完全不能运行。为了保证测试用例库中测试用例的有效性，必须对测试用例库进行维护。同时，被修改的或新增添的软件功能，仅仅靠重新运行以前的测试用例并不足以揭示其中的问题，有必要追加新的测试用例来测试这些新的功能或特征。因此，测试用例库的维护工作还应包括开发新的测试用例，这些新的测试用例用来测试软件的新特征或者覆盖现有测试用例无法覆盖的软件功能或特征。

测试用例的维护是一个不间断的过程，通常可以将软件开发的基线作为基准，维护的主要内容包括下述几个方面。

1）删除过时的测试用例

需求改变等原因可能会使一个基线测试用例不再适合被测系统，这些测试用例就会过时。例如，某个变量的界限发生了改变，原来针对边界值的测试就无法完成对新边界的测试。所以，在软件的每次修改后都应删除相应过时的测试用例。

2）改进不受控制的测试用例

随着软件项目的进展，测试用例库中的用例会不断增加，其中会出现一些对输入或运行状态十分敏感的测试用例。这些测试不容易重复且结果难以控制，会影响回归测试的效率，需要改进，使其达到可重复和可控制的要求。

3）删除冗余的测试用例

如果存在两个或者更多测试用例针对一组相同的输入和输出进行测试，那么这些测试用例是冗余的。冗余测试用例的存在降低了回归测试的效率。所以需要定期地整理测试用例库，将冗余的用例删除。

4）增添新的测试用例

如果某个程序段、构件或关键的接口在现有的测试中没有被测试，那么应该开发新的测试用例重新对其进行测试。并将新开发的测试用例合并到基线测试包中。

测试用例库的维护不仅改善了测试用例的可用性，而且提高了测试库的可信性，还可以将一个基线测试用例库的效率和效用保持在较高的级别上。

2. 回归测试包选择

在软件的生命周期中，即使得到良好维护的测试用例库也可能变得相当大，每次回归测试都重新运行完整的测试包是不切实际的。一个完全的回归测试包括每个基线测试用例，时间和成本的约束可能阻碍此类测试的运行，有时测试组不得不选择一个缩减的回归测试包来完成回归测试。

回归测试的价值在于它是一个能够检测到回归错误的受控实验。当测试组选择缩减的回归测试时，有可能删除了揭示回归错误的测试用例，消除了发现回归错误的机会。然而，如果采用了代码相依性分析等安全的缩减技术，那么就可以决定哪些测试用例可以删除，不会破坏回归测试的意图。

选择回归测试的策略应该兼顾效率和有效性两个方面。选择回归测试的常用的方式包括：

1）再测试全部用例

选择基线测试用例库中的全部用例组成回归测试包是一种比较安全的方法，再测试全部用例遗漏回归错误的风险最低，但测试成本最高。再测试全部用例几乎可以应用到任何情况中，基本上不需要进行分析和重新开发。但是，随着开发工作的进展，测试用例不断增多，重复原先所有的测试将带来很大的工作量，往往超出预算和预期进度。

2）基于风险选择测试

可以基于一定的风险标准从基线测试用例库中选择回归测试包。优先运行最重要的、关键的和可疑的测试，而跳过那些非关键的、优先级别低的或者高稳定性的测试用例，这些用例即便可能测试到缺陷，缺陷的严重性也仅有三级或四级。一般而言，测试应从主要特征到次要特征进行。

3）基于操作剖面选择测试

如果基线测试用例库的测试用例是基于软件操作剖面开发的，那么测试用例的分布情况反映了系统的实际使用情况。回归测试所使用的测试用例个数可以根据测试预算确定，回归测试可以优先选择针对最重要或最频繁使用功能的测试用例，释放和缓解最高级别的风险，有助于尽早发现对可靠性有最大影响的故障。这种方法可以在给定的预算下最有效地提高系统的可靠性，但实施起来有一定的难度。

4）再测试修改的部分

测试者对修改的局部有足够的信心时，可以通过相依性分析、识别软件的修改情况并分析修改带来的影响，将回归测试局限于改变的模块和它的接口上。通常，回归错误一定涉及新的、修改过的或删除了的代码段。在允许的条件下，回归测试应尽可能覆盖受到影响的部分。

5.4.5.2 回归测试过程

回归测试流程如图 5-11 所示。

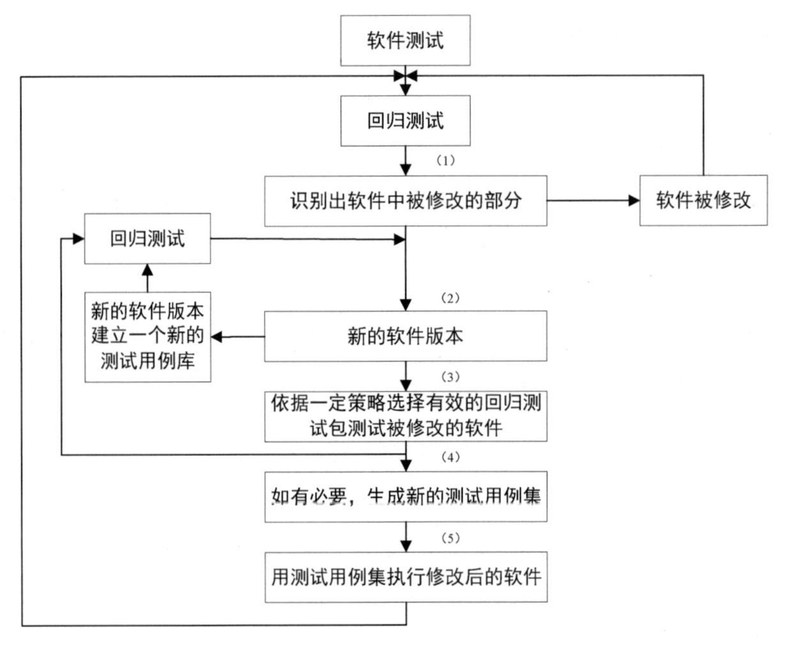

图 5-11　回归测试流程

根据测试用例库的维护方法和回归测试包的选择策略，回归测试可遵循下述基本过程进行。

（1）识别出软件中被修改的部分。

（2）从原基线测试用例库 T 中，排除所有不再适用的测试用例，确定那些对新的软件版本依然有效的测试用例，其结果是建立一个新的基线测试用例库 T_0。

（3）依据一定的策略从 T_0 中选择测试用例，测试被修改的软件。

（4）如有必要，生成新的测试用例集 T_1，用于测试 T_0 无法充分测试的软件部分。

（5）用 T_1 执行修改后的软件。

第（2）步和第（3）步测试用于验证修改工作是否破坏了现有的功能，第（4）和第（5）步测试用于验证修改工作本身。

5.4.5.3 回归测试结果

在软件测试周期结束后，测试、开发人员对回归测试的结果非常关注，因为他们想知道对问题的修改是否达到了预期的结果，所以需要总结回归测试的结果。关于总结回归测试的结果，印度学者 Srinivasan Desikan Gopalawamy Ramesh 做了如下概括性的分析。

（1）若特定测试用例的执行结果在以前的版本中通过，而当前版本未通过，则回归未通过。需要提交新版本，并对测试用例重新设置后重新测试。

（2）若特定测试用例的执行结果在以前的版本中未通过，而当前的版本通过，则可以有把握地认为缺陷修改有效。

（3）若特定测试用例的执行结果在以前的版本中未通过，当前版本也通过，并且这个特定的测试用例没有针对缺陷进行修改，则可能意味着这个测试用例的执行结果未通过，而且在回归测试中不应该选择这类测试用例。

（4）若特定测试用例的执行结果在以前的版本中未通过，但是通过某种写入文档的迂回方法可以通过，而且测试人员也对这种迂回方法感到满意，则可以认为执行结果在系统测试周期和回归测试周期中都通过。

（5）若测试人员对迂回方法不满意，则可以认为其在系统测试周期中未通过，但是在回归测试周期中是通过的。

5.5 测试总结

测试总结阶段是根据软件测评任务书、合同（其他等效文件），被测软件文档、测试需求规格说明书、测试计划、测试说明、测试记录、测试问题及变更报告和被测软件的问题报告等，对测试工作和被测软件进行分析和评价。

5.5.1 测试工作分析

测试工作分析包括以下方面。

（1）总结测试需求规格说明书、测试计划和测试说明的变化情况及其原因。

（2）在测试异常终止时，说明未能被测试活动充分覆盖的范围及其理由。

（3）确定无法解决的软件测试事件并说明不能解决的理由。

5.5.1.1　测试过程概述

测试过程概述主要介绍测试中的进度、变更、异常终止以及无法确定的事项等。一般按照四个阶段进行概述，分为测试需求分析与策划、测试设计、测试执行、测试总结阶段。

测试需求分析与策划阶段应表明软件测试需求规格说明书和软件测试计划的完成时间、变更、审查时间、版本等。

测试设计阶段应表明测试说明的完成时间、评审时间、版本，完成测试项类型统计，测试用例设计及统计等。

测试执行阶段应表明测试每阶段的时间节点、测试用例变更、异常终止及无法确定的事项，统计每阶段的完成情况及问题情况等。

测试总结阶段应表明测试完成后的问题情况、报告完成时间和版本等。

5.5.1.2　测试环境分析

测试环境分析主要对测试环境中的软件、硬件、数据进行分析，确定与实际运行环境的差异，以及其对结果的影响。

硬件配置分析中应包括测试使用的硬件拓扑结构及相应的硬件配置，测试环境网络拓扑图和硬件配置表如图 5-12 和表 5-81 所示。

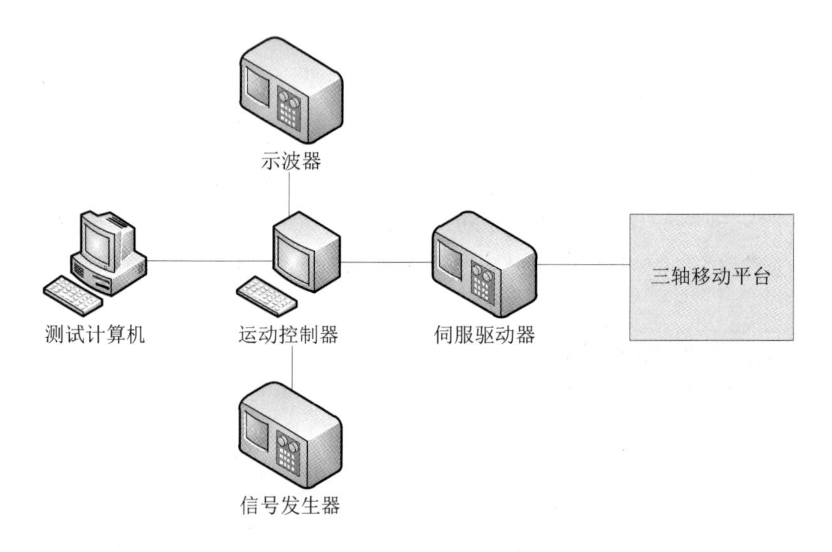

图 5-12　测试环境网络拓扑图

表5-81 硬件配置表

序号	席位/设备名称	设备型号	配置	应用服务
1	运动控制器	YDKZQ	CPU：Intel Bulverde 520MHz 内存：91828KB 外接模块：2个外接USB 2.0口 2个外接LAN口 1个外接VGA口	安装被测软件
2	伺服驱动器	SFQDQ	—	安装被测软件
3	示波器	Tektronix	—	测试设备
4	信号发生器	Tektronix	—	测试设备
5	三轴运动平台	P-125/ PTCS-004	—	被测设备
6	测试计算机	Dell Inspiron	CPU：Intel Core i7-7700 3.60GHz 内存：16GB 硬盘：1TB	安装工具软件
…	……	……	……	……

软件配置分析中应包括使用的软件名称/版本及来源、用途和所部署的设备，软件配置表如表5-82所示。

表5-82 软件配置表

序号	软件名称及版本号	软件来源	用途	部署设备
1	XX软件V1.0	XXXX	XXXX	设备
2	XX软件V2.0	XXXX	XXXX	—
3	MySQL 3.7	XXXX	支撑软件	—
4	XP SP3	XXXX	操作系统	—

数据分析中应包括使用的测试数据，包括性质、规格、数量、密级、提供单位等，数据表如表5-83所示。

表5-83 数据表

序号	数据描述	性质	规格	数量	密级	提供单位
1	XX参数	真实	单位：字节 大小：1MB	10个	无	XX单位
2	XX接口数据	模拟	符合XX接口协议的数据	连续2小时	无	XX单位
…	……	……	……	……	……	……

差异性分析表分析和描述测试的测评环境与实际运行环境的差异，以及对于测试结果的影响，差异性分析表如表5-84所示。

表 5-84　差异性分析表

序 号	类 型	实际运行环境	测 试 环 境	环境差异及对测评结果的影响
1	硬件配置	实际设备	实际设备	真实设备，无差异
2	软件配置	设备软件	设备软件	真实设备软件，无差异
3	数据	—	—	—

测试中若采用实际环境进行测试，则无差异，对测试结果无影响，可以没有差异性分析表。

5.5.1.3　测试方法分析

对测试中实际使用的测试方法进行分析，确认测试方法在测试中的有效性。

5.5.2　测试结果分析

测试结果分析的目的是统计和分析测试结果，确定测试结果是否达到软件要求的指标。一般来说，首先需要分析实际测试执行的有效性和充分性，分析测试执行是否完全，软件问题的产生是否因为不符合测试的前提和约束；然后，统计测试过程中的所有软件问题，并将问题的各种属性进行归纳分析；最后，根据用例的执行情况对软件进行宏观的横向分析，确定软件问题的错误来源。

5.5.2.1　执行情况分析

执行情况分析是指对测试中的用例总数、执行用例总数、未执行用例数、通过数、未通过数和通过率进行统计，分析测试用例的使用效率。首先对每轮次测试进行统计，然后可以按测试类型统计，最后可以统计每个软件配置项的测试用例执行情况。

5.5.2.2　问题统计分析

测试中发现的问题可以从各个角度进行统计分析，包括测试轮次、问题级别、测试类型、问题原因等。

5.5.2.3　软件质量分析

软件质量分析包括可以从以下三个方面展开。

1. 软件编码质量

从软件编码质量分析软件质量是指用代码的质量度量元方面的数据度量软件编码的质量。例如：

（1）软件的总注释率不小于 20%。

（2）模块的平均规模不大于 200 行。

（3）模块的平均圈复杂度不大于 10。

（4）模块的平均扇出数不大于 7。

2. 软件需求符合性

从软件需求符合性分析软件质量：

（1）软件是否实现了研制要求、系统规格说明书中规定的全部需求；

（2）软件是否实现了软件需求规格说明书中规定的全部需求。

3. 软件指标符合性

从软件指标符合性分析软件质量：

（1）软件是否实现了研制要求及试验总案中规定的软件相关的全部战术和技术指标；

（2）软件在边界条件下的性能底数；

（3）软件是否符合使用要求；

（4）软件在典型任务剖面和近似实战环境下的适应性。

5.5.3 测试报告编写

在测试执行完成后，应根据软件测评任务书、合同（其他等效文件）、被测软件文档、测试需求规格说明书、测试计划、测试说明、测试记录和软件问题报告等有关文档，对测试结果和问题进行分类和总结。按所确定的文档要求，编写测试报告或测评报告。测评报告应包括对测试结果的分析、对被测软件的评价和建议，还应包括评测方法偏离、增删以及特殊评测条件信息的说明，以及规范要求和评定测量不确定度的声明等。测评报告内容详见以下方面。

1. 范围

同 5.2.2 节的“1.范围”。

2. 引用文件

同 5.2.2 节的“2.引用文件”。不同之处在于需要在表格最后引用测试需求、测试计划、测试说明、测试记录和软件问题报告等有关文档。

3. 测评概述

包括测试过程概述、测试环境说明和测评方法说明三个方面。

1）测试过程概述

测试过程概述一般按照时间轴，对测试中每个阶段的工作进行说明，包括起止时间、阶段成果和相关评审等内容。

需要特别注意的是，应对测试过程中发生的变更情况进行说明。在需求分析与策划阶段，需要对大纲的内审和外审情况进行单独说明，明确版本的变化依据；在设计和执行阶段，需要对测试用例的新增和修改情况进行说明，如果测试用例存在未选用或未测试的情况，那么还须进行补充说明，未选用测试用例分析表如表 5-85 所示；在测试总结阶段，需要对报告的内审和外审情况进行单独说明，记录版本的变化情况。

表 5-85 未选用测试用例分析表

序号	配置项名称	测试类型	测试用例名称	未选用的原因	风险分析
1	配置项 1	文档审查	文档审查-软件需求规格说明书	承研方未提供被测文档	
2	配置项 1	代码审查	代码审查-代码规则检查	承研方未提供源代码	
3	配置项 2	功能测试	功能测试-XXX1 功能	测试环境不具备	
4	配置项 2		功能测试-XXX2 功能	软件发生修改，已无相关功能	
5	配置项 3	性能测试	性能测试-页面响应时间	系统状态不稳定，无法开展测试	
6	配置项 4	安装性测试	安装性测试-安装	承研方未提供软件安装包	

2）测评环境说明

同 5.2.2 节中的“5.测评环境”。

3）测评方法说明

说明测试中使用的测评方法。

4. 测试结果

包括测试用例的执行情况、问题情况和测试的有效性及充分性说明。

1）测试用例的执行情况

测试用例的执行情况一般按照两种方式进行统计，其一是按照配置项分别统计，其二是按照测试类型分别统计。统计时应按照测试轮次分别统计，对每轮的测试执行情况进行分析。

统计的数据包括用例总数、执行用例数、未执行用例数、通过数、未通过数和通过率等。

（1）用例总数为设计的全部用例数量。

（2）执行用例数为本轮测试选取的测试用例数量。

（3）未执行用例数为本轮测试未选取的测试用例数量。

（4）通过数为本轮测试集中执行且通过的测试用例数量。

（5）未通过数为本轮测试集中执行但未通过的测试用例数量。

（6）通过率为测试用例的通过数除以执行用例数。

三轮测试用例的执行结果统计模板如表5-86所示。

表5-86　三轮测试用例的执行结果统计模板

序号	测试阶段	用例总数	执行用例总数	未执行用例数	通过数	未通过数	通过率
1	首轮测试						
2	第一轮回归测试						
3	第二轮回归测试						

按配置项统计测试用例的执行结果模板如表5-87所示。

表5-87　按配置项统计测试用例的执行结果模板

序号	配置项	首轮			第一轮回归			第二轮回归		
		执行用例数	通过数	通过率	执行用例数	通过数	通过率	执行用例数	通过数	通过率
1	配置项1									
2	配置项2									
3	配置项3									
4	配置项4									
5	配置项5									
	总计									

按测试类型统计测试用例的执行结果模板如表5-88所示。

表 5-88 按测试类型统计测试用例的执行结果模板

序号	测试类型	首轮			第一轮回归			第二轮回归		
		执行用例数	通过数	通过率	执行用例数	通过数	通过率	执行用例数	通过数	通过率
1	功能测试									
2	人机交互界面测试									
3	边界测试									
4	接口测试									
5	安装性测试									
	总计									

2）问题情况

问题情况包括问题统计、问题概述、问题处理情况和遗留问题分析。

问题统计一般可以按照问题级别、问题类型、问题所属配置项进行统计，统计时也应按照测试轮次分别统计，对每轮的测试问题的情况进行分析。

按问题级别单项统计模板如表 5-89 所示。

表 5-89 按测试问题级别单项统计模板

问题级别	测试阶段			总计
	首轮测试	第一轮回归测试	第二轮回归测试	
致命问题				
严重问题				
一般问题				
轻微问题				
总计				

按问题类型单项统计模板如表 5-90 所示。

表 5-90 按问题类型单项统计模板

序号	测试类型	测试阶段			总计
		首轮测试	第一轮回归测试	第二轮回归测试	
1	文档审查				
2	功能测试				
3	人机交互界面测试				
4	边界测试				
5	接口测试				

续表

序 号	测试类型	测试阶段			总 计
		首轮测试	第一轮回归测试	第二轮回归测试	
6	安全性测试				
7	安装性测试				
8	性能测试				
9	余量测试				
	总计				

按问题所属配置项单项统计模板如表 5-91 所示。

表 5-91 按问题所属配置项单项统计模板

序 号	配 置 项	测试阶段			总 计
		首轮测试	第一轮回归测试	第二轮回归测试	
1	软件 1				
2	软件 2				
3	软件 3				
4	软件 4				
	总计				

问题概述可以按照测试类型分别进行说明，如文档问题主要体现在内容描述不完整，功能问题主要体现在异常处理不完善等，必要时可以对问题进行举例分析并详细说明。

问题处理情况是指统计问题的修改程度，明确多少问题已修改，多少问题未修改等。

遗留问题分析是指对未修改的问题进行分析，说明未修改的问题对软件的影响程度，以及不能修改的原因和后期有可能产生的风险。

3）测试的有效性及充分性说明

测试的有效性及充分性说明可以分为测试内容的充分性说明和测试方法的有效性说明两部分。

测试内容的充分性说明是为了验证测试结果是否满足了用户需求、软件需求和测试需求，并按照用户需求逐条进行分析。三种需求之间可以存在多对多的对应关系，但每一项用户需求都必须有对应的软件需求和测试需求，进而实现满足用户需求的最终目的。每一项需求都要求填写真实的测试结果，包括测试中使用的数据、进行的操作和选用的工具等，特别是对于可量化的指标，需要给出实际的测试结果。

测试方法的有效性说明可以按照文档、白盒和黑盒分别进行说明。

5. 评价结论与改进意见

评价结论需要明确测试依据的标准规范、每轮测试的版本、测试类型和测试级别等要素，并对最终测试的软件版本给予通过或不通过的结论。

改进意见一般围绕软件的易用性进行说明，提出更加易于使用、方便用户操作的建议。

6. 问题汇总

问题汇总一般以附录的形式存在，分别对每轮测试发现的问题进行汇总。问题情况包括问题描述、原因分析、解决措施、所属配置项、问题级别和问题类型。

问题汇总表模板如表 5-92 所示。

表 5-92 问题汇总表模板

序号	问题描述	原因分析	解决措施	所属配置项	问题级别	问题类型

7. 测试用例的执行情况汇总

测试用例的执行情况汇总一般也以附录的形式存在，分别对每个配置项中的测试项和测试用例的执行情况进行汇总，包括测试项的名称和编号、测试用例的名称和编号及每轮测试用例的通过情况等。

测试用例的执行情况汇总表模板如表 5-93 所示。

表 5-93 测试用例的执行情况汇总表模板

系统需求		测试需求			测试设计		测试执行		
需求名称	章节号	测试项名称	测试项标识	测试类型	测试用例名称	测试用例标识	首轮测试	第一轮回归测试	第二轮回归测试
			DF*****040101	文档审查		CS*****04010101	不通过	通过	通过
						CS*****04010102	不通过	通过	通过

5.5.4 测试总结评审

当测试总结阶段的各项任务已经完成，项目负责人组织测试总结的评审，评审由技术审核人员、质量审核人员、测试监督员、委托方和其他项目相关成员完成。

评审内容包括：

（1）审查测试文档与记录内容的完整性、正确性和规范性。

（2）审查测试活动的独立性和有效性。

（3）审查测试环境是否符合测试要求。

（4）审查软件测试报告与软件测试的原始记录和问题报告的一致性。

（5）审查实际测试过程与测试计划和测试说明的一致性。

（6）审查测试说明评审的有效性，如是否评审了测试项选择的完整性和合理性、测试用例的可行性和充分性。

（7）审查测试结果的真实性和正确性。

第6章

测试过程管理

6.1 配置管理

配置管理是测试过程管理的重要工作之一。

6.1.1 配置管理概念

测试项目的配置管理是指在给定时间点上标识软件测试项目的配置，系统地控制对配置的变更，并在测试项目整个生存周期内维护配置的完整性和可追溯性。建立测试项目的基线库，通过测试项目配置管理的变更控制和配置审核功能，系统地控制基线变更。适用于测试项目生命周期内的被测件、所有测试工作产品、测试工具和环境的管理。配置管理的目的是在测试项目整个生命周期内，建立和维护测试项目产品的完整性和一致性。

配置管理应保证：

（1）所选定的工作产品及其描述、测试工具和测试环境等，是已标识的、受控的和可用的；

（2）已标识的工作产品的更改和发布是受控的；

（3）基线的状态和内容通知到相关人员。

6.1.2 配置管理计划

配置管理员参与测试项目的初始策划，并制定测试项目的配置管理计划。配置管理计划与软件测试计划和测试质量的保证计划一起进行评审。经批准的测试项目的配置管理计划受变更控制和版本控制。如需变更，由配置管理员提出变更申请，经评审，由技术负责人和质量负责人批准。配置管理员执行测试项目的配置管理计划变更，并通知受影响的相关人员。

制定配置管理计划的主要步骤：建立并维护配置管理的组织方针、确定配置管理须使用的资源、分配责任、培训计划、配置标识、制定基线计划、制定变更控制流程。

1. 建立并维护配置管理的组织方针

建立并维护配置管理的组织方针要确定所期望的该项目的工作产品的范围、产品基线，需要跟踪和控制变更的工作产品，以及如何建立并维护基线的完整性等。

2. 确定配置管理须使用的资源

配置管理员根据项目的规模及财力，确定过程和产品质量保证活动的工具以及计算机资源。

执行“配置管理”过程域活动的主要工具：

（1）配置管理工具；

（2）数据管理工具；

（3）归档和复制工具；

（4）数据库程序。

3. 分配责任

（1）确定配置管理的总负责人及其责任和权限，对于小型项目，可能只有一个配置管理人员，即为总负责人；

（2）确定配置管理人员的责任和权限；

（3）确认相关人员理解分配给他们的责任和权限并且予以接受。

4. 培训计划

制定对配置管理总负责人、过程和产品质量保证人员的培训计划。

5. 配置标识

配置标识是配置管理的基础性工作，是管理配置的前提。应为每个配置项配置唯一的标识号，规范配置项的名称。标识号的编制格式可以参考：项目代号-配置项分类号-顺序号。

6. 制定基线计划

配置管理员确定每个基线的名称及其主要配置项，估计每个基线建立的时间。

7. 制定变更控制流程

为了保证软件开发工程的顺利进行和保证软件产品的质量，配置项的变更应该受到控制。配置项的变更有以下规定。

（1）申请人提出变更请求；

（2）配置管理员受理变更请求；

（3）变更请求审批；

（4）配置管理员和相关人员实施变更；

（5）变更结果审批。

6.1.3 基线管理

基线管理包括以下两部分。

1. 基线的建立

在软件测试的过程中建立软件测试基线，通常包括：

（1）分析测试项目后，建立软件测试需求的基线。通常情况下，委托方提供被测件，包括软件需求规格说明书、软件设计说明书、测试代码和软件用户手册，应将其一并纳入软件测试需求基线，作为软件测试工作的初始基线。

（2）完成软件需求分析与测试策划，软件测试计划通过评审后，建立软件测试分配基线。软件测试需求规格说明书和测试计划应纳入配置管理，受到变更控制和版本控制。

（3）完成测试设计和实现，通过测试就绪的评审后，建立软件测试设计的基线。软件测试说明应纳入配置管理，受到变更控制和版本控制。

（4）完成测试执行和测试总结，通过测试总结的评审后，建立软件测试产品基线。测试记录、测试问题报告和测试报告应纳入配置管理，受到变更控制和版本控制。

2. 基线配置项审核

基线配置项审核在基线产品进入受控库之前进行，配置管理员、质量保证人员、项目负责人参加审核。基准配置项审核通过后由测试部门的负责人批准，进入受控库。

6.1.4 四库管理

采用四库实现配置管理是非常有效的。正如一个大型工厂，生产出的许多零部件以及许多成品需要在仓库里集中存放和保管。要依靠仓库的管理机制保证存放在其中的零部件和成品安全和有序，避免发生混乱（例如，把外形相似或者完全一样的两种产品混淆），避免出现仓库存放的物品丢失现象。为此要强化仓库的管理，采取一些有力和有效的措施，如严格坚持出入库的检查制度。

与此相似，采用四库实现项目管理，就可以把软件测试过程中的各种工作产品，包括半成品、阶段产品、最终产品，管理得井井有条，避免管乱、管混、管丢。

1. 四库

配置库有四类：被测件库、开发库、受控库、产品库，配置管理计划表如表6-1所示。

表6-1 配置管理计划表

阶段	输出	出入库			
		被测件库	开发库	受控库	产品库
立项阶段	—	首轮测试被测件	—	—	—
测试需求分析	软件测试大纲或者软件测试需求规格说明书	—	—	软件测试大纲或者软件测试需求规格说明书	—

续表

<table>
<tr><th rowspan="2">阶段</th><th rowspan="2">输出</th><th colspan="4">出入库</th></tr>
<tr><th>被测件库</th><th>开发库</th><th>受控库</th><th>产品库</th></tr>
<tr><td rowspan="2">测试策划</td><td>软件测试计划</td><td rowspan="2">—</td><td rowspan="2">—</td><td>软件测试计划</td><td rowspan="2">—</td></tr>
<tr><td>质量保证计划</td><td>质量保证计划</td></tr>
<tr><td>测试设计</td><td>软件测试说明</td><td>—</td><td>—</td><td>软件测试说明</td><td>—</td></tr>
<tr><td rowspan="3">测试执行</td><td rowspan="3">软件测试记录</td><td rowspan="3">回归测试被测件</td><td rowspan="3">—</td><td>首轮软件测试计录</td><td rowspan="3">—</td></tr>
<tr><td>第一轮回归测试记录</td></tr>
<tr><td>第二轮回归测试记录</td></tr>
<tr><td rowspan="2">测试总结</td><td>软件测试问题报告</td><td rowspan="2">—</td><td rowspan="2">—</td><td rowspan="2">—</td><td>软件测试问题报告</td></tr>
<tr><td>软件测试报告</td><td>软件测试报告</td></tr>
<tr><td rowspan="6">收尾阶段</td><td rowspan="6">—</td><td rowspan="6">—</td><td rowspan="6">—</td><td rowspan="6">—</td><td>软件测试大纲或软件测试需求规格说明书</td></tr>
<tr><td>软件测试计划、软件测试质量保证计划</td></tr>
<tr><td>软件测试说明</td></tr>
<tr><td>三轮软件测试记录</td></tr>
<tr><td>软件测试问题报告</td></tr>
<tr><td>软件测试报告</td></tr>
</table>

（1）被测件库。被测件库存放被测件，包括被测文档、安装包、源代码。所有测试工程师都没有权限修改该被测件库。

（2）开发库。开发库存放测试工程师有关的配置项，分为成员私有库和公共库。每个成员的私有库只有本人才可浏览/更改。分配给个人的任务完成后，经项目负责人确认后，将配置项存入公共库。所有原始技术文件和测试记录等电子数据一律在开发库内编制。

（3）受控库。在软件测试的某个阶段的工作结束时，将工作产品存入或者将有关的信息存入受控库。存入的信息包括计算机可读的及人工可读的文档资料。应该对库内信息的读写和修改加以控制。

（4）产品库。完成三轮测试后，将受控库中各阶段的基线配置项，如软件测试大纲或软件测试需求规格说明书、软件测试计划、软件测试质量保证计划、软件测试说明、三轮软件测试记录、软件测试问题报告、软件测试报告，发布到产品库，库内的信息也应加以控制。

2. 出入库审批

基线配置项出、入库之前，须由项目负责人填写基线配置项出入库申请报告，质量负责人、质量保证人员、配置管理员、测试监督员、项目负责人参加审批，审批通过后由测试部门负责人批准，出入基线配置库。

6.1.5 变更控制

变更控制的目的不是控制变更的发生，而是对变更进行管理，确保变更有序进行。对于整个软件测试过程，每个阶段都有输入和输出的文件，为了进行有效的管理，出入四库的配置项的变更由项目负责人提出申请，由测试部门负责人审批。

变更控制包括变更请求和变更控制过程两部分内容。

1. 变更请求

变更请求是实施变更控制的第一步，也是必不可少的一步。最为常见的变更理由是软件测试需求规格说明书、软件测试计划、软件测试计划等入库文件进行了内容修改、版本升级等。

变更请求的主要内容有两个方面：

（1）变更理由，就是陈述要做什么变更，为什么要做，以及打算怎么做变更；

（2）对变更的审批，包括出库和入库审批。关于变更的必要性、可行性的审批意见，主要是由项目负责人填写出库入库申请报告，由测试部门负责人审批。

2. 变更控制过程

从上述变更请求中可以看出，变更控制的大致过程主要分为五步，在整个软件测试的过程中，发生变更的主要有软件测试大纲或软件测试需求规格说明书、软件测试计划、软件测试说明和软件测试报告，接下来分别讲述软件测试大纲或软件需求规格说明书、软件测试说明和软件测试报告的变更。

1）软件测试大纲或软件测试需求规格说明书的变更

（1）项目负责人提出软件测试大纲变更请求，填写基线配置项的出库申请报告，填写变更理由，变更请求理由一般有根据内部大纲的评审意见、外部大纲专家的评审意见等修改软件测试大纲。

（2）质量负责人、质量保证人员、配置管理员、测试监督员、项目负责人参加审核，对出库必要性、可行性进行审核，审核通过后由测试部门负责人批准。

（3）项目负责人填写基线配置项的入库申请报告，质量负责人、质量保证人员、配置管理员、测试监督员、项目负责人参加审核，对入库的基线配置项进行审核，审核通过后由测试部门负责人批准。

（4）变更实施。变更的具体内容：

① 软件测试大纲版本的升级；

② 测试分配基线的版本号由原来的版本升级一个版本；

③ 在当前阶段的项目跟踪报告中说明软件测试大纲的变更；

④ 在当前阶段的质量监督报告中说明软件测试大纲的变更。

（5）变更实施完毕后，仍然由原来的审批人员批准发布。

2）软件测试说明的变更

（1）项目负责人提出软件测试说明的变更请求，填写基线配置项的出库申请报告，填写变更理由，变更请求理由一般有根据内部测试说明的评审意见变更、项目执行过程中测试环境的变化导致测试用例设计的变更、软件测试过程中开发方对软件某个功能模块修改导致的软件测试用例的变更等。

（2）质量负责人、质量保证人员、配置管理员、测试监督员、项目负责人参加审核，对出库的必要性、可行性进行审核，审核通过后由测试部门负责人批准。

（3）项目负责人填写基线配置项的入库申请报告，质量负责人、质量保证人员、配置管理员、测试监督员、项目负责人参加审核，对入库的基线配置项进行审核，审核通过后由测试部门负责人批准。

（4）变更实施。变更的具体内容：

① 软件测试说明版本的升级；

② 测试设计基线的版本号由原来的版本升级一个版本；

③ 在当前阶段的项目跟踪报告中说明软件测试说明的变更；

④ 在当前阶段的质量监督报告中说明软件测试说明的变更。

（5）变更实施完毕后，仍然由原来的审批人员批准发布。

3）软件测试报告的变更

（1）项目负责人提出软件测试报告的变更请求，填写基线配置项的出库申请报告，填写变更理由，变更请求理由一般有根据内部软件测试报告的评审意见、软件测试报告的专家评审意见等修改软件测试报告。

（2）质量负责人、质量保证人员、配置管理员、测试监督员、项目负责人参加审核，对出库必要性、可行性进行审核，审核通过后由测试部门负责人批准。

（3）项目负责人填写基线配置项的入库申请报告，质量负责人、质量保证人员、配置管理员、测试监督员、项目负责人参加审核，对入库的基线配置项进行审核，审核通过后由测试部门负责人批准。

（4）变更实施。变更的具体内容：

① 软件测试报告版本的升级；

② 测试产品基线版本号由原来的版本升级一个版本；

③ 在当前阶段的项目跟踪报告中说明软件测试报告的变更；

④ 在当前阶段的质量监督报告中说明软件测试报告的变更。

（5）变更实施完毕后，仍然由原来的审批人员批准发布。

6.1.6 配置状态报告

1）配置状态报告的定义

配置状态报告又称配置状态说明与报告，是配置管理的组成部分，其任务是有效地记录和报告配置管理所需要的信息，目的是及时、准确地给出软件配置项的当前状况，供相关人员了解，以加强配置管理工作。

2）配置状态报告的内容

配置管理员必须做好并保存形成基线、变更控制和软件发行等重要活动的记录。依据配置管理计划或在项目负责人要求出具配置状态的统计报告时，执行配置状态统计。配置状态统计必须将近期配置管理发生的主要事件及其状态、基线库的当前状态和历史，如实地以配置状态的统计报告发布，让相关测试工程师及时了解配置管理动态。

定期提交的配置状态报告的具体内容如下。

（1）变更状态：变更或问题编号、变更开始日期、变更简述、受影响的配置项、变更后版本、变更完成日期、纳入基线日期和状态及标识日期。

（2）基线库状态：基线名称/标识、基线版本、配置项标识、配置项名称、配置项版本。

（3）统计信息：项目名称、统计人员、统计日期。

6.2 质量监督

软件测试是从软件中发现并排除错误的过程，是提高软件质量和可靠性最好的手段，所以要加强软件测试的质量监督，通过对测试过程实施监督，及时发现和纠正不符合项，确保测试工作的质量。

质量监督主要由测试监督员执行，对测试过程的工作活动进行实地监督，参加各阶段的评审工作，检查测试工作产品，审核测试说明和测试问题报告。在每次监督检查中，测试监督员应填写阶段质量监督报告。针对每次监督检查中发现的不符合项，测试监督员应督促测试工程师按照相关程序及时纠正或采取纠正措施，并报告质量负责人，必要时报告单位负责人。

质量监督具体体现为在不同的测试阶段分别对测试过程进行监督、对配置管理进行审核、对输出文件的符合性进行审查及对测试环境和测试方法进行验证。

6.2.1 需求分析与策划阶段的质量监督

需求分析与策划阶段主要根据软件测评任务书、合同或其他等效文件，以及被测软件的需求规格说明书或设计文档，对测评任务进行测试需求分析与策划，完成软件测试计划与质量保证计划，并对其进行评审。

需求分析阶段的质量监督内容为是否按要求进行测试需求分析与确认，对测试需求进行跟踪与变更，对软件测试需求规格说明书进行评审。策划阶段的质量监督内容为是否按要求进行测试策划，对测试策划进行跟踪与变更，对软件测试计划和质量保证计划进行评审。

在本阶段，被测件进入被测件库并建立了需求基线，软件测评大纲或软件测试需求规格说明书、软件测试计划和软件测试质量保证计划进入受控库并建立了分配基线。分别检查被测件库中的被测件和受控库中的软件测评大纲或软件测试需求规格说明书、软件测试计划和质量保证计划是否齐全、变更控制是否正确。

本阶段的输出文件有软件测试需求规格说明书、软件测试计划和质量保证计划。应审核其文档内容是否完整、正确，以及格式是否与模板要求一致。

本阶段的具体输入、输出结果如下。

1. 输入

（1）测试任务书、项目合同；

（2）被测软件的需求规格说明书/设计文档/用户手册/安装手册。

2. 输出

需求分析与策划阶段输出如表6-2所示。

表6-2 需求分析与策划阶段输出

文档名称	负责人
软件测评大纲或软件测试需求规格说明书、软件测试计划	项目负责人
软件测试质量保证计划	质量保证人员
软件测试需求规格说明书评审表	项目负责人
软件测试计划评审表	项目负责人
基线配置项的入库申请报告	项目负责人
配置状态统计报告	配置管理员
委托方服务记录表	客户经理 项目负责人
测试需求分析与策划阶段的质量监督报告	测试监督员
项目跟踪报告	项目负责人
风险评估报告	项目负责人
委托方满意度调查（初期）	客户经理

6.2.2 设计与实现阶段的质量监督

设计与实现阶段主要根据测试计划和被测件文档进行测试用例的设计、测试数据的获取和测试环境的建立，完成软件测试说明的编写，并对测试就绪进行评审。因此本阶段的监督内容为是否按相关要求进行测试说明的编制、对软件测试说明进行跟踪与变更和对软件测试说明进行评审。

在本阶段，软件测试说明进入受控库并建立了设计基线，分别检查被测件库中的被测件和受控库中的软件测试需求规格说明书、软件测试计划、软件测试质量保证计划和软件测试说明是否齐全、变更控制是否正确。

本阶段要审核的文档为软件测试说明，检查其文档内容是否完整、正确，以及格式是否与软件测试说明模板的要求一致。

此外，本阶段还须对测试环境进行验证，检验测试环境的搭建是否与测试计划的要求一致。

本阶段具体的输入、输出结果如下。

1. 输入

（1）测试任务书、项目合同；

（2）被测软件的需求规格说明书/设计文档/用户手册；

（3）软件测试需求规格说明书；

（4）软件测试计划。

2. 输出

设计与实现阶段输出如表 6-3 所示。

表 6-3　设计与实现阶段输出

文档名称	负责人
软件测试说明	项目负责人
测试环境建立记录	项目负责人
软件测试说明评审表	项目负责人
基线配置项的入库申请报告	项目负责人
配置状态统计报告	配置管理员
委托方服务记录表	客户经理 项目负责人
测试设计阶段的质量监督报告	测试监督员
项目跟踪报告	项目负责人
风险评估报告	项目负责人

6.2.3 执行阶段的质量监督

执行阶段主要根据测试说明执行测试、进行记录、获取测试结果数据，视情况进行补充测试和回归测试，并完成各轮次测试记录的编写。因此本阶段的监督内容为是否按相关要求执行测试，并对软件测试记录进行跟踪与变更管理。

在本阶段，测试记录进入受控库并建立了产品基线，对回归测试之前被测件的版本进行了变更。分别检查被测件库中的被测件和受控库中的软件测试计划、软件测试质量保证计划、软件测试说明和软件测试记录是否齐全、变更控制是否正确。

本阶段的输出文档为各轮次的软件测试记录，检查其文档内容是否完整、正确，以及格式是否与软件测试记录模板的要求一致。

此外，本阶段还须对测试环境和测试方法进行验证，检验测试环境的搭建是否与测试计划的要求一致，测试用例的执行方法是否按照软件测试计划执行。

本阶段具体的输入、输出结果如下。

1. 输入

（1）测试任务书、项目合同；

（2）被测软件的需求规格说明书/设计文档/用户手册；

（3）软件测试需求规格说明书；

（4）软件测试计划；

（5）软件测试说明。

2. 输出

执行阶段输出如表6-4所示。

表6-4 执行阶段输出

文档名称	负责人
软件测试记录	项目负责人
软件测试就绪评审表	项目负责人
基线配置项的入库申请报告	项目负责人
配置状态统计报告	配置管理员
委托方服务记录表	客户经理 项目负责人

续表

文档名称	负 责 人
测试执行阶段的质量监督报告	测试监督员
项目跟踪报告	项目负责人
风险评估报告	项目负责人
委托方满意度调查（中期）	项目负责人

6.2.4 总结阶段的质量监督

总结阶段主要根据测试记录和测试结果数据，编制软件测试问题报告和软件测试报告、对测试进行总结、对软件测试报告进行评审，因此本阶段的监督内容为是否按相关要求进行测试总结，对软件测试问题报告、软件测试报告进行跟踪与变更，对软件测试报告进行评审。

在本阶段，软件测试问题报告和软件测试报告进入受控库。分别检查被测件库中的被测件和受控库中的软件测试需求规格说明书、软件测试计划、软件测试质量保证计划、软件测试说明、软件测试记录、软件测试问题报告和软件测试报告是否齐全、变更控制是否正确。

本阶段的输出文档为软件测试问题报告和软件测试报告，检查其文档内容是否完整、正确，以及格式是否与模板要求一致。

本阶段具体的输入、输出结果如下。

1. 输入

（1）测试任务书、项目合同；

（2）被测软件的需求规格说明书/设计文档/用户手册；

（3）软件测试需求规格说明书；

（4）软件测试计划；

（5）软件测试记录。

2. 输出

总结阶段输出如表 6-5 所示。

表 6-5 总结阶段输出

文档名称	负责人
软件测试问题报告	项目负责人
软件测试报告	项目负责人
测试总结评审表	项目负责人
测试报告审批表	项目负责人
基线配置项的入库申请报告	项目负责人
配置状态统计报告	配置管理员
委托方服务记录表	客户经理 项目负责人
测试总结阶段的质量监督报告	测试监督员
测试过程监督汇总表	测试监督员
项目跟踪报告	项目负责人
风险评估报告	项目负责人

6.3 成果评审

第 5 章详细说明了软件测试的整个流程，测试需求分析、测试策划、测试设计和实现、测试执行、测试总结五个阶段。每个阶段的成果都关系着下个阶段的方向正确与否，因此每个阶段的评审必不可少。

6.3.1 阶段评审的作用

阶段评审的作用体现在以下四个方面。

（1）检验各阶段输出的产品的完整性和合理性；

（2）阶段评审指导了软件测试的方向；

（3）及时发现软件测试过程中存在的问题；

（4）为每个阶段的风险评估提供依据。

6.3.2 测试需求规格说明书评审

测试需求分析阶段由项目负责人组织项目组成员，根据软件测评任务书、合同或其他等效文件，以及被测软件的需求规格说明书或设计文档，对测评任务进行测试需求分析，最后形成被测软件或系统的测试需求规格说明书。

当测试需求分析的各项任务已经完成，项目负责人组织相关人员，依据软件测试需求规格说明书的模板、下达的任务书、软件需求规格说明书、系统规格说明书等文档，对测试需求的可测试性、完备性、一致性进行评审。

评审的内容主要包括：

（1）根据测试级别和测试对象确定的测试类型及其测试要求是否恰当；

（2）每个测试项是否进行了标识，并逐条覆盖了测试需求和潜在需求；

（3）测试类型和测试项是否充分；

（4）测试项是否包括了测试终止要求；

（5）文档审查表是否符合委托方的要求；

（6）文档是否符合规定的要求。

细化条款具体表现在文档格式、文档标识、文档内容三个方面。

1. 文档格式

文档格式包括以下方面。

（1）目录结构是否与模板一致；

（2）页眉页脚是否正确；

（3）目录、正文页码是否从 1 开始；

（4）各级标题的字体、字号是否正确；

（5）正文的字体、字号是否正确；

（6）正文是否首行缩进；

（7）段落间距是否一致；

（8）表格的标题行是否重复；

（9）表格的字体、字号是否正确；

（10）图、表、标题等编号是否连续。

2. 文档标识

文档标识包括以下方面。

（1）封面名称、标识、版本是否正确；

（2）正文对应部分（范围、引用文件、测试内容与方法、配置管理等）的名称、标识、版本、简称是否一致。

3. 文档内容

（1）系统描述是否有整体组成、功能结构、主要流程、接口图；

（2）配置项、系统内/外部接口是否准确，如内/外部、单/双向；

（3）运行环境是否正确合理、与需求一致；

（4）被测范围是否清晰准确；

（5）测试需求规格说明书的引用文档是否包括任务书、研制要求、会议纪要、相关标准、被测软件需求文档；

（6）软件测试需求规格说明书的引用文档是否包括相关标准、软件的需求文档；

（7）测试类型是否明晰、覆盖委托方要求，未进行的通用测试类型是否说明了原因；

（8）测试类型是否与测试需求相对应；

（9）测试方法的描述是否准确适用；

（10）功能测试的测试项是否覆盖所有功能要求，排列顺序是否与需求规格说明书的要求一致；

（11）性能测试的测试项是否覆盖所有性能指标，排列顺序是否与需求规格说明书的要求一致；

（12）接口测试的测试项是否覆盖所有接口，排列顺序是否与接口图一致；

（13）边界测试的测试项是否明确边界数据；

（14）其他安全、保密等需求是否有对应测试项覆盖；

（15）测试项描述是否清晰，测试方法是否合适，约束条件是否正确，测试充分性要求的覆盖是否全面，通过准则是否包含充分性要求的全部条款，测试项终止条件是否明确；

（16）追踪关系表是否无遗漏，对应关系是否正确；

（17）测试内容是否覆盖研制要求，未覆盖的是否有合理解释；

（18）问题类型、严重性等级是否合适。

测试需求规格说明书的评审流程图如图 6-1 所示。

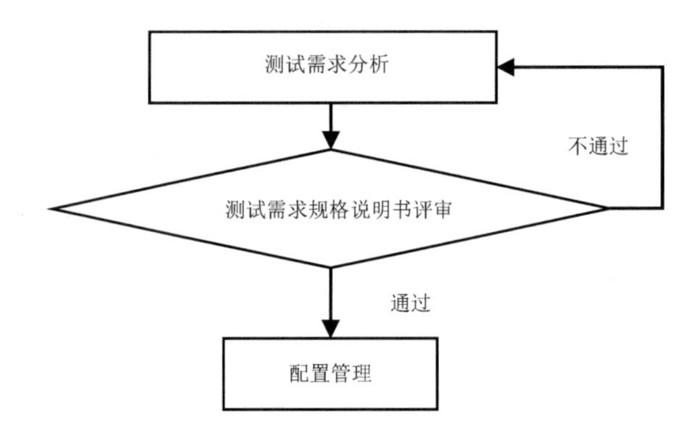

图 6-1　测试需求规格说明书的评审流程图

评审由技术负责人、质量负责人、质量保证人员、测试监督员、项目负责人、软件测试工程师、委托方和其他项目相关成员负责。

6.3.3　测试计划评审

测试策划阶段由项目负责人组织项目组成员根据软件测评任务书、合同或其他等效文件，以及软件需求规格说明书和设计文档等进行测试策划，最后形成被测软件或系统的软件测试计划、软件测试质量保证计划。

项目负责人组织相关人员依据软件测试计划模板、软件测试质量保证计划模板、下达的任务书、软件需求规格说明书、系统规格说明等文档，对测试计划的可行性、合理性、明确性进行评审。

评审的内容主要包括：

（1）确定的测试策略、测试需要的技术或方法是否合理、有效和可行；

（2）用于测试的资源要求，包括软、硬件设备，环境条件，人员数量和技能等要求是否确定；

（3）是否进行测试风险分析；

（4）测试的范围、测试活动的进度是否恰当；

（5）被测软件的评价准则和方法是否确定；

（6）测试任务的结束条件是否确定；

（7）测试文档是否符合规范。

细化条款具体表现在文档格式、文档标识、文档内容三个方面。

1. 文档格式

文档格式包括以下方面。

（1）目录结构是否与模板一致；

（2）页眉、页脚是否正确；

（3）目录、正文页码是否从1开始；

（4）各级标题的字体、字号是否正确；

（5）正文的字体、字号是否正确；

（6）正文是否首行缩进；

（7）段落间距是否一致；

（8）表格的标题行是否重复；

（9）表格的字体、字号是否正确；

（10）图、表、标题等编号是否连续。

2. 文档标识

文档标识包括以下方面。

（1）封面名称、标识、版本是否正确；

（2）正文对应部分（范围、引用文件、测试内容与方法、配置管理等）的名称、标识、版本、简称是否一致。

3. 文档内容

文档内容包括以下方面。

（1）系统描述是否有整体组成、功能结构、主要流程、接口图；

（2）配置项、系统内/外部接口是否准确，如内/外部、单/双向；

（3）运行环境是否正确合理、与需求一致；

（4）被测范围是否清晰、准确；

（5）软件测试计划的引用文档是否包括任务书、研制要求、会议纪要、相关标准、软件需求文档、软件测试需求规格说明书；

（6）软件测试质量保证计划的引用文档是否包括相关标准、软件需求文档、软件测试需求规格说明书；

（7）测评环境是否按不同测试场所分别建立，网络结构图是否合理，各软件和硬件的配置是否详细、是否满足最低测试要求，软件部署是否正确，测试数据是否齐全；

（8）测试场所是否明确，如是否分阶段、分地点实施；

（9）环境差异性分析和影响是否正确；

（10）测试进度安排是否基本合理，如总时间，需求分析、设计、实施、总结时间之间的比例；

（11）测试的结束条件是否包含了测试正常终止条件、测试异常终止条件、测试异常终止的恢复条件；

（12）配置管理中是否对受控工作产品进行正确的标识，基线计划是否合理准确；

（13）是否指定质量保证人员、测试监督员；

（14）风险分析是否正确，如所分析的风险是否存在，影响有多大，解决的方法是否有效；

（15）人员组成是否合理，是否指定保密管理员。

测试计划评审流程图如图 6-2 所示。

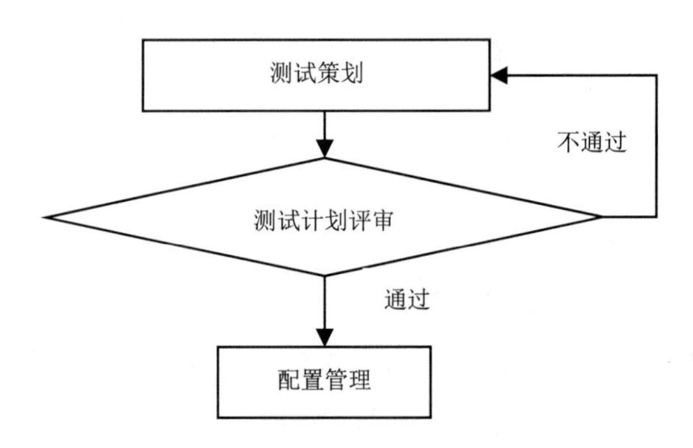

图 6-2　测试计划评审流程图

评审由技术负责人、质量负责人、质量保证人员、测试监督员、项目负责人、软件测试工程师、委托方和其他项目相关成员负责。

6.3.4 测试说明评审

测试设计阶段由项目负责人组织项目组成员，根据软件需求规格说明书、设计文档、用户手册、软件测试需求规格说明书，对测评任务、被测软件的正常与异常测试进行分析，最后形成软件或系统的测试说明。

项目负责人组织相关人员依据软件测试说明模板、下达的任务书、软件测试需求规格说明书、软件测试计划、软件需求规格说明书、系统规格说明，对被测软件或者系统的测试说明进行评审，对测试说明设计的可测试性、充分性、一致性进行评审。

评审的内容主要包括：

（1）测试说明是否完整、正确和规范；

（2）测试设计是否完整和合理；

（3）测试用例是否可行和充分。

细化条款具体表现在文档格式、文档标识、文档内容三个方面。

1．文档格式

文档格式包括以下方面。

（1）目录结构是否与模板一致；

（2）页眉、页脚是否正确；

（3）目录、正文页码是否从1开始；

（4）各级标题的字体、字号是否正确；

（5）正文的字体、字号是否正确；

（6）正文是否首行缩进；

（7）段落间距是否一致；

（8）表格的标题行是否重复；

（9）表格的字体、字号是否正确；

（10）图、表、标题等编号是否连续。

2．文档标识

文档标识包括以下方面。

（1）封面名称、标识、版本是否正确；

（2）正文对应部分（范围、引用文件、测试内容与方法、配置管理等）的名称、标识、版本、简称是否一致。

3. 文档内容

文档内容包括以下方面。

（1）系统描述是否有整体组成、功能结构、主要流程、接口图；

（2）配置项、系统内/外部接口是否准确，如内/外部、单/双向；

（3）运行环境是否正确合理、与需求一致；

（4）被测范围是否清晰准确；

（5）软件测试说明的引用文档是否包括标准、任务书、研制要求、会议纪要、相关标准、软件需求文档、软件测试需求规格说明书、软件测试计划；

（6）测试类型是否与测试需求相对应；

（7）测评环境是否按不同测试场所分别建立，网络结构图是否合理，各软件和硬件的配置是否详细、是否满足最低测试要求，软件部署是否正确，测试数据是否齐全；

（8）测试场所是否明确，如是否分阶段、分地点实施；

（9）环境差异性分析和影响是否正确；

（10）测试进度安排是否基本合理，如总时间，需求分析、设计、实施、总结时间之间的比例；

（11）功能测试的测试用例是否覆盖所有功能要求，包括正常测试和异常测试；

（12）性能测试的测试用例是否覆盖所有性能指标，包括压力测试、负载测试、响应时间等；

（13）接口测试的测试用例是否覆盖所有接口，包括接口的正常测试和异常测试；

（14）边界测试的测试用例是否明确边界数据，是否设计了正常边界值和异常边界值的测试；

（15）人机交互界面的测试用例是否设计了各种健壮性测试用例；

（16）安装性测试用例中是否设计了多种异常的安装与卸载；

（17）测试用例中是否覆盖了软件测试需求规格说明书中所有的测试项，设计人员是否为项目组成员，设计日期是否处于当前阶段中。

测试说明评审流程图如图 6-3 所示。

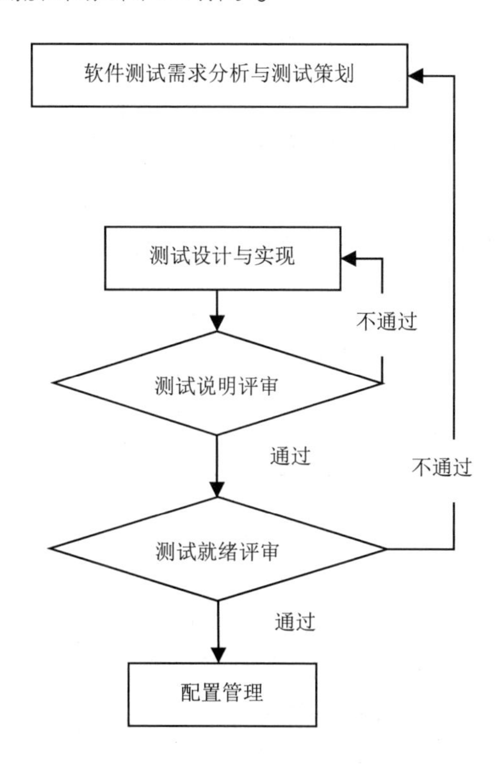

图 6-3 测试说明评审流程图

评审由技术负责人、质量负责人、质量保证人员、测试监督员、项目负责人、软件测试工程师、委托方和其他项目相关成员负责。

6.3.5 测试就绪评审

在测试执行前，项目负责人组织相关人员依据下达的任务书、软件测试需求规格说明书、软件测试计划、软件测试说明、软件需求规格说明书，对测试计划和测试说明等进行审查，审查测试计划的合理性，测试用例的正确性、科学性和覆盖充分性，以及测试组织、测试环境和设备工具是否齐全并符合技术要求等。

测试就绪评审的内容主要包括：

（1）比较测试环境与软件真实运行的软件、硬件环境的差异，审查测试环境要求是否合理、是否满足测试要求；

（2）是否对测试环境中使用的软、硬件设备及工具（包括永久控制）的校检/校准状态进行了核查，并确保其在有效期内；

（3）审查测试活动是否具有独立性和公正性；

（4）审查测试需求规格说明书评审中的问题是否得到了解决；

（5）审查测试计划评审中的遗留问题是否得到了解决；

（6）审查测试说明评审中的遗留问题是否得到了解决；

（7）审查是否存在影响测试执行的其他问题。

测试就绪评审流程图如图 6-4 所示。

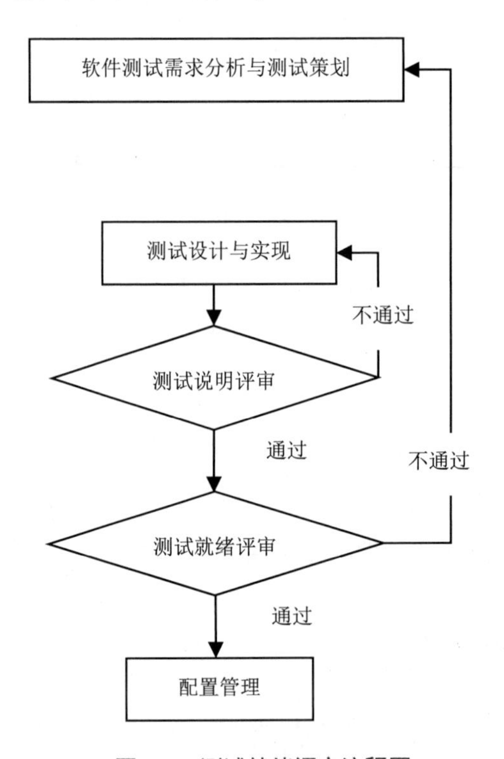

图 6-4　测试就绪评审流程图

评审由技术负责人、质量负责人、质量保证人员、测试监督员、项目负责人、软件测试工程师、委托方和其他项目相关成员负责。

6.3.6 测试记录评审

测试执行阶段由项目负责人组织项目组成员，根据软件测评任务书、合同或其他等效文件，以及软件需求规格说明书、设计文档、用户手册、软件测试需求规格说明书、软件测试说明，对软件进行测试，最后形成软件或系统的测试记录。

项目负责人组织相关人员，依据软件测试记录模板、下达的任务书、软件需求规格说明书、软件测试说明、软件测试需求规格说明书、软件测试计划、软件测试说明，对测试记录的完整性、准确性、一致性进行评审。

评审的内容主要包括：

（1）测试记录是否真实、均为测试原始记录，可量化的结果是否记录了实际数值；

（2）使用测试工具是否保存了原始记录；

（3）测试记录是否规范，至少应包括测试用例标识、测试结果和发现的缺陷；

（4）根据测试结果判断该测试用例通过的结论是否合理；

（5）软件缺陷是否记录到软件测试问题报告中；

（6）软件测试问题报告的格式是否规范，问题单是否包括了问题名称、问题级别、详细描述、所属配置项、截图、问题分析、解决措施，对遗留问题的处理是否恰当。

细化条款具体表现在文档格式、文档标识、文档内容三个方面。

1. 文档格式

文档格式包括以下方面。

（1）目录结构是否与模板一致；

（2）页眉、页脚是否正确；

（3）目录、正文页码是否从1开始；

（4）各级标题的字体、字号是否正确；

（5）正文的字体、字号是否正确；

（6）正文是否首行缩进；

（7）段落间距是否一致；

（8）表格的标题行是否重复；

（9）表格的字体、字号是否正确；

（10）图、表、标题等编号是否连续。

2. 文档标识

文档标识包括以下方面。

（1）封面名称、标识、版本是否正确；

（2）正文对应部分（范围、引用文件、测试内容与方法、配置管理等）的名称、标识、版本、简称是否一致。

3. 文档内容

文档内容包括以下方面。

（1）测试记录的引用文档是否包括任务书、研制要求、会议纪要、相关标准、软件需求文档、软件测试需求规格说明书、软件测试计划、软件测试说明；

（2）测评环境是否按不同测试场所分别建立，网络结构图是否合理，各软、硬件的配置是否详细、是否满足最低测试要求，软件部署是否正确，测试数据是否齐全；

（3）测试场所是否明确，如是否分阶段、分地点实施；

（4）环境差异性分析和影响是否正确；

（5）测试记录中测试人员是否为项目组成员，测试日期是否处于当前阶段中；

（6）执行记录中，可量化的实测结果是否记录了实测值；

（7）问题单中是否包括了问题名称、问题级别、详细描述、所属配置项、截图、问题分析、解决措施等；

（8）问题级别的定位是否准确合理。

测试记录评审流程图如图 6-5 所示。

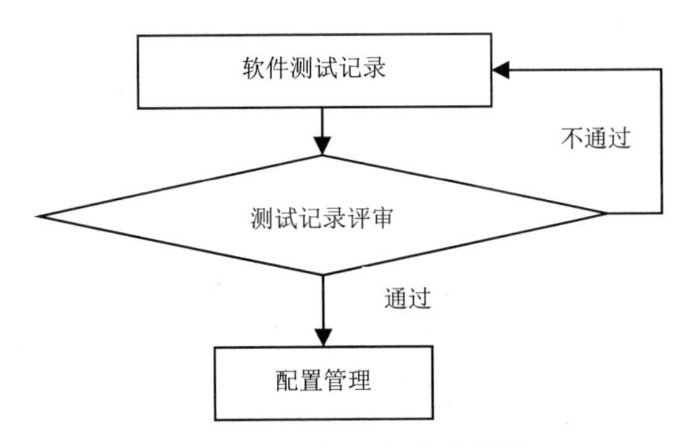

图6-5　测试记录评审流程图

评审由技术负责人、质量负责人、质量保证人员、测试监督员、项目负责人、软件测试工程师、委托方和其他项目相关成员负责。

6.3.7　测试报告评审

测试总结阶段由项目负责人组织项目组成员，根据三轮测试记录和测试结果数据，对测评结果进行分析，最后编写并形成软件测试问题报告和软件测试报告。

项目负责人组织相关人员，依据软件测试报告模板、下达的任务书、软件需求规格说明书、系统规格说明书、软件测试需求规格说明书、软件测试计划、软件测试说明、软件测试记录、软件测试问题报告等文档，对软件测试报告进行评审，对测试报告的完整性、准确性、一致性进行评审。

评审的内容主要包括：

（1）文档是否符合规定的要求；

（2）测试报告的名称、标识、版本是否正确；

（3）测评过程描述是否完整、与实际一致；

（4）测评环境描述是否完整、与实际一致；

（5）测试结果与软件测试原始记录和问题报告是否一致；

（6）评价结论是否真实、正确。

细化条款具体表现在文档格式、文档标识、文档内容三个方面。

1. 文档格式

文档格式包括以下方面。

（1）目录结构是否与模板一致；

（2）页眉、页脚是否正确；

（3）目录、正文的页码是否从 1 开始；

（4）各级标题的字体、字号是否正确；

（5）正文的字体、字号是否正确；

（6）正文是否首行缩进；

（7）段落间距是否一致；

（8）表格的标题行是否重复；

（9）表格的字体、字号是否正确；

（10）图、表、标题等编号是否连续。

2. 文档标识

文档标识包括以下方面。

（1）封面名称、标识、版本是否正确；

（2）正文对应部分（范围、引用文件、测试内容与方法、配置管理等）的名称、标识、版本、简称是否一致。

3. 文档内容

文档内容包括以下方面。

（1）系统描述是否有整体组成、功能结构、主要流程、接口图；

（2）配置项、系统内/外部接口是否准确，如内/外部、单/双向；

（3）被测范围是否清晰准确；

（4）软件测试报告的引用文档是否包括任务书、研制要求、会议纪要、需求文档、软件测试需求规格说明书、软件测试计划、软件测试说明、软件测试记录、软件测试问题报告；

（5）软件测试报告的引用文档是否包括相关标准、软件需求文档、软件测试需求规格说明书、软件测试说明、软件测试记录、软件测试问题报告；

（6）测试过程的时间等是否与其他文档保持一致、逻辑合理，如没有前后颠倒；

（7）测评环境是否按不同测试场所分别建立，网络结构图是否合理，各软件和硬件的配置是否详细、是否满足最低测试要求，软件部署是否正确，测试数据是否齐全；

（8）测试场所是否明确，如是否分阶段、分地点实施；

（9）环境差异性分析和影响是否正确；

（10）测试用例总数、通过数、测试问题等结果统计是否前后一致、与附录是否一致；

（11）测试问题的类型、级别是否与软件测试需求规格说明书中定义的一致？

（12）测试结论是否根据实际情况进行总结；

（13）附录中的测试问题等级、内容是否与测试结果一致、无遗漏；

（14）附录中的测试需求、测试项、测试用例追踪是否正确。

测试报告评审流程图如图6-6所示。

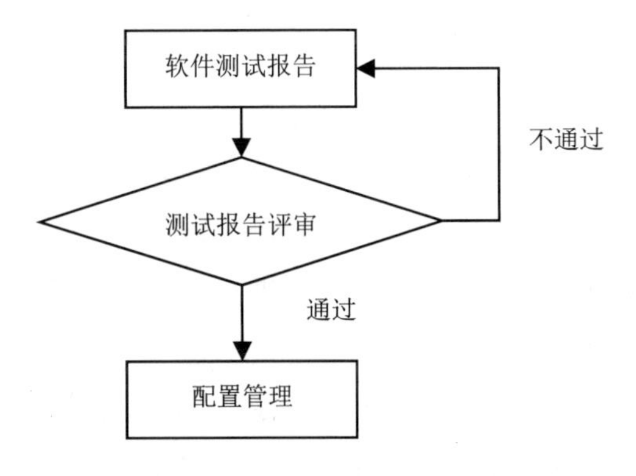

图6-6 测试报告评审流程图

评审由技术负责人、质量负责人、质量保证人员、测试监督员、项目负责人、软件测试工程师、委托方和其他项目相关成员负责。

6.3.8 测试总结评审

评审依据：软件测试合同、软件测试需求规格说明书评审表、软件测试计划评审表、软件测试说明评审表、软件测试记录评审表、软件测试报告评审表。

评审输入：软件测试需求规格说明书、软件测试计划、软件测试说明、三轮软件测试记录、软件测试问题报告、软件测试报告。

测试总结评审的内容主要包括：

（1）审查文档和记录内容的完整性、正确性和规范性；

（2）审查测试活动的独立性和有效性；

（3）审查测试环境是否符合测试要求；

（4）审查软件测试记录、测试数据以及测试报告内容与实际测试过程和结果的一致性；

（5）审查实际测试过程与软件测试计划和软件测试说明的一致性；

（6）审查未测试项和新增测试项的合理性。

（7）审查对测试过程中出现异常时处理的正确性；

（8）审查测试结果的真实性和正确性。

具体可以细化为以下条款。

（1）各文档中文档概述是否与文档内容对应；

（2）软件测试需求规格说明书、软件测试计划、软件测试说明、软件测试记录、软件测试问题报告中历史修订记录是否填写完整；

（3）质量保证计划中历史修订记录是否填写完整；

（4）软件测试说明中设计人员和设计日期是否与实际项目执行保持一致；

（5）所有测试记录中问题数量是否准确，问题级别是否一致，测试用例执行人员、执行日期是否与实际项目执行保持一致；

（6）所有测试记录问题单中的问题追踪是否准确；

（7）软件测试问题报告的引用文档是否包括相关标准、软件需求文档、软件测试需求规格说明书、软件测试说明、软件测试记录；

（8）软件测试问题报告中问题统计分析是否准确；

（9）软件测试问题报告中的问题追踪与测试记录是否一致；

（10）软件测试报告中的测试用例总数、通过数、测试问题等结果统计是否前后一致、与附录是否一致；

（11）软件测试报告中的测试问题的类型、级别是否与软件测试信息规格说明定义的一致；

（12）软件测试报告中的测试结论是否根据实际情况进行总结；

（13）软件测试报告附录中的测试问题等级、内容是否与测试结果一致、无遗漏；

（14）软件测试报告附录中的测试需求、测试项、测试用例追踪是否正确。

测试总结评审流程图如图 6-7 所示。

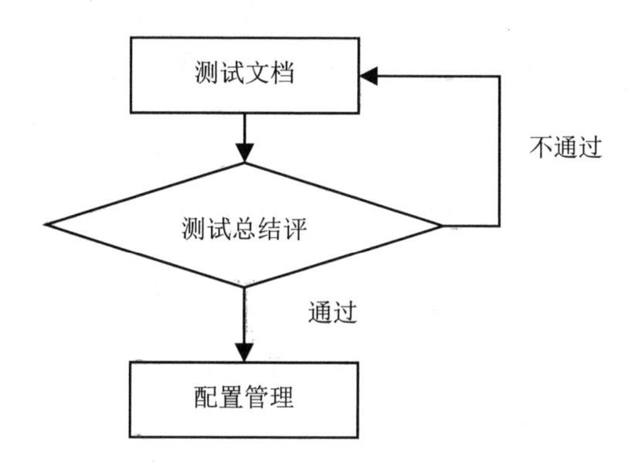

图 6-7 测试总结评审流程图

参加人员：技术负责人、质量负责人、质量保证人员、测试监督员、项目负责人、软件测试工程师。

第 7 章

测试项目实践

本章以 SDRC 绩效考核评测系统为例，展示完整的测试流程和相关文档编制的具体内容，包括被测软件介绍、测试需求分析与策划、测试设计与实现、测试执行、测试总结，供相关人员参考。

7.1 被测软件介绍

“SDRC 绩效考核评测系统”用于公司日常的绩效、津贴和评分管理，主要包括以下功能。

（1）登录与注销：完成系统的登录、注销和修改密码等功能；

（2）查询我的个人绩效：完成个人月度绩效显示、个人季度管理绩效显示、个人月度津贴显示等功能；

（3）提交津贴月报：完成对实习补助、差旅补助、值班费、保密津贴、项目提成奖励、销售提成、产品经理津贴、销售经理津贴、研发创新基金津贴和职业资格奖励等内容的填报、显示和汇总等功能；

（4）管理绩效打分：完成对部门和个人的管理绩效进行打分的功能，包括管理绩效打分、结果查询；

（5）经营数据查询：总经理和项目部主任对公司的经营数据进行查询；

（6）版本升级：用该软件的高版本替换低版本后，软件能够继续使用低版本软件使用过的数据。

7.1.1 功能性需求

1. 登录与注销

本模块为登录与注销模块，包括登录、退出、修改登录密码。

（1）登录：输入正确的用户名、密码后可进入绩效考核评测系统，若输入的用户名、密码错误，则软件给出提示；

（2）退出：退出当前用户，返回登录界面；

（3）修改登录密码：用户可以修改自己的密码。

2. 查询我的个人绩效

查询我的个人绩效模块能够提供个人月度绩效显示、个人季度管理绩效显示、个人月度津贴显示和绩效输入等功能。

当前日期处于规定日期（如7月16日）之前时，个人月度绩效显示、个人季度管理绩效显示、个人月度津贴显示的功能会提示："正在填报期间，请在7月16日后登录查询"，界面中无个人绩效信息。

（1）个人月度绩效显示：显示个人月度绩效信息；

（2）个人季度管理绩效显示：显示个人季度管理绩效信息；

（3）个人月度津贴显示：显示个人月度津贴信息。

3. 提交津贴月报

提交津贴月报的主要功能包括：

（1）添加实习补助；

（2）添加差旅补助；

（3）添加值班费；

（4）添加研发创新基金津贴；

（5）添加保密津贴；

（6）添加其他；

（7）添加项目提成奖励；

（8）添加销售提成；

（9）添加重点产品线的产品经理津贴；

（10）添加重点产品线的销售经理津贴；

（11）添加激励基金；

（12）添加职称及职业资格奖励；

（13）查询以前我的输入；

（14）复用上个月的输入；

（15）查询汇总。

各职位提交津贴月报权限表见表 7-1 所示。

表 7-1　各职位提交津贴月报权限表

序　号	职　位	权　限
1	总经理 副总经理 大客户部主任 行政助理 部门主任	实习补助
		差旅补助
		其他
2	人力专员	值班费
		激励基金
		职称及职业资格奖励
		查询汇总
3	项目和知识管理部	项目提成奖励
		销售提成
		重点产品线的产品经理津贴
		重点产品线的销售经理津贴
		研发创新基金津贴
4	保密专员	保密津贴
5	所有用户	查询以前我的输入
		复用上个月的输入

4. 管理绩效打分

本系统提供管理绩效打分的功能，包括管理绩效打分、结果查询。

（1）管理绩效打分：对员工和部门管理绩效打分；

（2）结果查询：查看人员打分操作情况，以及部门管理绩效。

管理绩效打分后，总经理可查看每项的具体分值和打分人，人力专员可查看上个月各员工的绩效，部门主任可以查询本部门绩效，员工可查询本人绩效。

5. 经营数据查询

本系统提供经营数据查询功能，该功能权限仅向总经理和项目部主任开放。

7.1.2 用户界面需求

整个 SDRC 绩效考核评测系统的界面风格保持一致。

系统采用统一认证的登录方式，系统界面要满足以下原则。

（1）便于用户操作，整体设计风格符合公司信息系统的整体界面风格和设计惯例。

（2）页面布局合理、色调统一。

7.1.3 系统接口需求

系统接口包括内部接口和外部接口两部分。

7.1.3.1 内部接口

（1）绩效输入接口。行政助理可以使用绩效考核评测系统，在规定的时间内对单位、部门和员工进行管理绩效打分。

（2）查询汇总接口。人力专员可通过绩效考核评测系统，查询公司各员工绩效工资情况。

（3）绩效查询接口。总经理和项目部主任可以使用绩效考核评测系统，查询公司各员工的绩效确认情况。

7.1.3.2 外部接口

读取文本文件数据接口。具有提交津贴月报权限的人员可以选择通过文本文件（TXT 格式）上传相应津贴。上传文本文件的要求如下。

（1）文件中可以包含的津贴项目有保密津贴、实习补助、差旅补助、值班费、项目提成奖励、销售提成、重点产品线的产品经理津贴、重点产品线的销售经理津贴、激励基金、研发创新基金津贴、职称及职业资格奖励、其他；

（2）提交者上传的文本文件中，只能包含提交者有权限提交的项目；

（3）每个津贴项目后面按“部门 员工 金额”的格式输入记录；

（4）每条记录中部门、员工、金额之间通过一个 Tab 键分隔；

（5）每条记录的正文前后可以有空格，正文前后的空格不影响文件的上传；

（6）文件中可以有空行，空行不影响文件的上传。

7.1.4 计算机资源需求

计算机资源包括硬件环境和软件环境两部分。

7.1.4.1 硬件环境

（1）PC；

（2）CPU：与 X86 兼容，主频不小于 2 GHz；

（3）内存：2GB 及以上；

（4）硬盘：500GB 及以上；

（5）显示器、客户端分辨率：1400 像素×900 像素及以上。

7.1.4.2 软件环境

（1）操作系统：Windows 7 64 位操作系统；

（2）数据库：Microsoft SQL Server 2012；

（3）支撑系统：IIS 4.0 及以上；

（3）浏览器：Internet Explorer 8.0 及以上版本、Chrome 66 及以上版本、Firefox 59 及以上版本。

7.1.5 其他需求

性能需求：20 名用户可以同时登录系统。

安全性需求：用户须使用密码进行登录，初始密码为123456，首次登录后，需要修改密码。

浏览器：Internet Explorer 6.0及以上版本、Chrome 66及以上版本、Firefox 59及以上版本。

版本升级：用该软件的高版本替换低版本后，软件能够继续使用低版本软件使用过的数据。

7.2 测试需求分析与策划

依据软件需求规格说明书和委托方要求，对软件测试需求进行分析和策划，编制软件测试需求规格说明书和软件测试计划，因篇幅限制，本节主要描述被测软件分析、测试项分析、测试项示例和测试环境这些重点内容。

被测软件分析部分主要介绍如何从系统软件组成、测评对象和范围、软件开发平台、软件规模及应用平台、被测软件运行环境、被测软件信息方面进行分析和描述。

测试项分析给出了依据软件需求规格说明书和委托方要求明确的具体测试内容，以及测试项对软件需求和委托方要求的覆盖情况等。

测试项示例以功能测试为例，详细描述了如何进行测试项的编写。

测试环境描述了测试使用的软、硬件环境，测评场所和测评数据。

7.2.1 被测软件分析

被测软件分析从系统软件组成，测评对象和范围，软件开发平台、软件规模及应用平台，被测软件运行环境，被测软件信息五个方面进行了阐述。

7.2.1.1 系统软件组成

SDRC绩效考核评测系统是由XXXX公司自主研发的管理员工奖金、绩效、补助等的Web端软件，主要有登录与注销、查询我的个人绩效、提交津贴月报、管理绩效打分、修改登录密码、经营数据查询等功能，SDRC绩效考核评测系统软件组成图如图7-1所示。

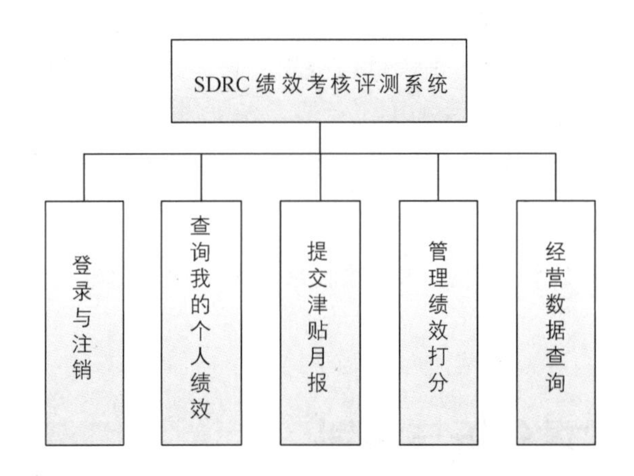

图 7-1　SDRC 绩效考核评测系统软件组成图

不同权限的管理人员通过“提交津贴月报”功能为员工添加补助、奖金及津贴。

“管理绩效打分”功能用于不同权限的管理人员对员工的管理绩效进行打分和查询。

“查询我的个人绩效”功能用于员工自身补助、奖金、绩效的综合查询。

“经营数据查询”功能用于总经理和项目部主任查询月度经营数据。

7.2.1.2　测评对象和范围

软件测评对象如表 7-2 所示。

表 7-2　软件测评对象

系统名称	模块名称
SDRC 绩效考核评测系统	登录与注销
	查询我的个人绩效
	提交津贴月报
	管理绩效打分
	经营数据查询

7.2.1.3　软件开发平台、软件规模及应用平台

软件开发平台、软件规模及应用平台如表 7-3 所示。

表 7-3　软件开发平台、软件规模及应用平台

系统名称	开发平台	开发语言	代码规模（行）	应用平台
SDRC 绩效考核评测系统	.net	C#	5600	Windows 7

7.2.1.4 被测软件运行环境

1. 计算机硬件需求

计算机硬件需求如表 7-4 所示。

表 7-4 计算机硬件需求

序号	设备名称	配置
1	服务器	CPU：与 X86 兼容，主频不小于 2GHz 内存：不小于 2GB 硬盘：不小于 500GB
2	客户端	CPU：与 X86 兼容，主频不小于 1GHz 内存：2GB 硬盘：400GB 显示器分辨率：1400 像素×900 像素及以上

2. 计算机软件需求

计算机软件需求如表 7-5 所示。

表 7-5 计算机软件需求

序号	软件名称及版本号	软件类型
1	Windows 7	操作系统
2	Microsoft SQL Server 2012	数据库
3	IIS 4.0	支撑系统
4	Firefox 59 及以上版本	浏览器
5	Chrome 66 及以上版本	
6	Internet Explorer 8.0 及以上版本	

7.2.1.5 被测软件信息

承研方提交的被测软件信息如表 7-6、表 7-7 所示。

表 7-6 提交的被测软件列表

提交内容	级别	版本	提交单位
SDRC 绩效考核评测系统	配置项	V1.0	SDRC 公司

表 7-7 提交的被测软件的文档列表

序号	提交内容	标识	版本	提交单位
1	SDRC 绩效考核评测系统软件需求规格说明书	CSTE2019SWOA01-SRS	V1.0	SDRC 公司
2	SDRC 绩效考核评测系统软件设计说明书	CSTE2019SWOA01-SDD	V1.0	SDRC 公司
3	SDRC 绩效考核评测系统软件用户手册	CSTE2019SWOA01-SUM	V1.0	SDRC 公司

7.2.2 测试项分析

测试项分析从测试总体要求出发，首先确定测试类型，然后编制对应的测试项及测试方法，最后进行测试充分性分析。

7.2.2.1 测试总体要求

依据委托方要求，本次测试进行如下工作。

（1）对软件需求规格说明书或设计文档中的功能需求逐项进行测试，验证其功能是否满足要求；

（2）对软件需求规格说明书或设计文档中的性能需求逐项进行测试，验证其性能是否满足要求；

（3）对软件处在边界或端点情况下的运行状态进行测试，检查是否满足要求；

（4）测试软件在运行过程中发现错误时，其错误处理措施是否有效。

经过分析，本次测评任务为对 SDRC 绩效考核评测系统软件进行配置项测试，测试类型包括文档审查、数据处理测试、接口测试、边界测试、功能测试、安全性测试、强度测试、性能测试、余量测试、容量测试、恢复性测试、人机交互界面测试、安装性测试、兼容性测试。综上所述，被测软件测试类型的要求如表 7-8 所示。

表 7-8 被测软件测试类型的要求

被测软件		SDRC 绩效考核评测系统
级别		配置项
测试类型	文档审查	√
	数据处理测试	√
	接口测试	√
	边界测试	√
	功能测试	√
	安全性测试	√
	强度测试	√
	性能测试	√
	余量测试	√
	容量测试	√
	恢复性测试	√
	人机交互界面测试	√
	安装性测试	√
	兼容性测试	√

7.2.2.2 测试项及测试方法

各测试类型的具体分析如下所示。

1. 文档审查

1）测试要求

按照文档审查表对被测件文档的完整性、一致性和准确性进行检查。文档审查表须依据委托方要求进行设计，并得到委托方的确认。

文档审查单详见软件需求规格说明书文档审查表、软件设计说明书文档审查表、软件用户手册文档审查表。

2）测试对象分析

本次文档审查的测试对象是软件需求规格说明书、软件设计说明书和软件用户手册，SDRC绩效考核评测系统的软件文档审查测试项如表7-9所示。

表7-9 SDRC绩效考核评测系统的软件文档审查测试项

测试类型	测试项	测试项标识	相关文档
文档审查	文档审查-软件需求规格说明书	DFYYMMXYZ0101001	隐含
文档审查	文档审查-软件设计说明书	DFYYMMXYZ0101002	隐含
文档审查	文档审查-软件用户手册	DFYYMMXYZ0101003	隐含

2. 功能测试

1）测试要求

功能测试是对软件需求规格说明书或设计文档中的功能需求逐项进行的测试，以验证其功能是否满足要求。功能测试包括以下内容。

（1）用正常值的等价类输入数据值测试；

（2）用非正常值的等价类输入数据值测试；

（3）进行每个功能的合法边界值和非法边界值输入的测试；

（4）对控制流程的正确性、合理性等进行验证。

2）测试对象分析

SDRC绩效考核评测系统软件的功能包括以下模块。

（1）登录与注销：登录、退出、修改登录密码；

（2）查询我的个人绩效：个人月度绩效显示、个人季度管理绩效显示、个人月度津贴显示；

（3）提交津贴月报：添加实习补助、添加差旅补助、添加值班费、添加研发创新基金津贴、添加保密津贴、添加其他、添加项目提成奖励、添加销售提成、添加重点产品线的产品经理津贴、添加重点产品线的销售经理津贴、添加激励基金、添加职称及职业资格奖励、查询以前我的输入、复用上个月的输入、查询汇总；

（4）管理绩效打分：管理绩效打分、结果查询；

（5）经营数据查询：经营数据查询。

SDRC 绩效考核评测系统软件功能测试的测试项如表 7-10 所示。

表 7-10　SDRC 绩效考核评测系统软件功能测试的测试项

测试类型	测试项	测试项标识	相关文档
功能测试	功能测试-登录与注销-登录	DFYYMMXYZ0102001	SDRC 绩效考核评测系统软件需求规格说明书 4.1.1
功能测试	功能测试-登录与注销-退出	DFYYMMXYZ0102002	SDRC 绩效考核评测系统软件需求规格说明书 4.1.2
功能测试	功能测试-登录与注销-修改登录密码	DFYYMMXYZ0102003	SDRC 绩效考核评测系统软件需求规格说明书 4.1.3
功能测试	功能测试-查询我的个人绩效-个人月度绩效显示	DFYYMMXYZ0102004	SDRC 绩效考核评测系统软件需求规格说明书 4.2.1
功能测试	功能测试-查询我的个人绩效-个人季度管理绩效显示	DFYYMMXYZ0102005	SDRC 绩效考核评测系统软件需求规格说明书 4.2.2
功能测试	功能测试-查询我的个人绩效-个人月度津贴显示	DFYYMMXYZ0102006	SDRC 绩效考核评测系统软件需求规格说明书 4.2.3
功能测试	功能测试-提交津贴月报-添加实习补助	DFYYMMXYZ0102007	SDRC 绩效考核评测系统软件需求规格说明书 4.3.1
功能测试	功能测试-提交津贴月报-添加差旅补助	DFYYMMXYZ0102008	SDRC 绩效考核评测系统软件需求规格说明书 4.3.2
功能测试	功能测试-提交津贴月报-添加值班费	DFYYMMXYZ0102009	SDRC 绩效考核评测系统软件需求规格说明书 4.3.3

续表

测试类型	测 试 项	测试项标识	相关文档
功能测试	功能测试-提交津贴月报-添加研发创新基金津贴	DFYYMMXYZ0102010	SDRC 绩效考核评测系统软件需求规格说明书 4.3.4
功能测试	功能测试-提交津贴月报-添加保密津贴	DFYYMMXYZ0102011	SDRC 绩效考核评测系统软件需求规格说明书 4.3.5
功能测试	功能测试-提交津贴月报-添加其他	DFYYMMXYZ0102012	SDRC 绩效考核评测系统软件需求规格说明书 4.3.6
功能测试	功能测试-提交津贴月报-添加项目提成奖励	DFYYMMXYZ0102013	SDRC 绩效考核评测系统软件需求规格说明书 4.3.7
功能测试	功能测试-提交津贴月报-添加销售提成	DFYYMMXYZ0102014	SDRC 绩效考核评测系统软件需求规格说明书 4.3.8
功能测试	功能测试-提交津贴月报-添加重点产品线的产品经理津贴	DFYYMMXYZ0102015	SDRC 绩效考核评测系统软件需求规格说明书 4.3.9
功能测试	功能测试-提交津贴月报-添加重点产品线的销售经理津贴	DFYYMMXYZ0102016	SDRC 绩效考核评测系统软件需求规格说明书 4.3.10
功能测试	功能测试-提交津贴月报-添加激励基金	DFYYMMXYZ0102017	SDRC 绩效考核评测系统软件需求规格说明书 4.3.11
功能测试	功能测试-提交津贴月报-添加职称及职业资格奖励	DFYYMMXYZ0102018	SDRC 绩效考核评测系统软件需求规格说明书 4.3.12
功能测试	功能测试-提交津贴月报-查询以前我的输入	DFYYMMXYZ0102019	SDRC 绩效考核评测系统软件需求规格说明书 4.3.13
功能测试	功能测试-提交津贴月报-复用上个月的输入	DFYYMMXYZ0102020	SDRC 绩效考核评测系统软件需求规格说明书 4.3.14
功能测试	功能测试-提交津贴月报-查询汇总	DFYYMMXYZ0102021	SDRC 绩效考核评测系统软件需求规格说明书 4.3.15
功能测试	功能测试-管理绩效打分-管理绩效打分	DFYYMMXYZ0102022	SDRC 绩效考核评测系统软件需求规格说明书 4.4.1

续表

测试类型	测试项	测试项标识	相关文档
功能测试	功能测试-管理绩效打分-结果查询	DFYYMMXYZ0102023	SDRC 绩效考核评测系统软件需求规格说明书 4.4.2
功能测试	功能测试-经营数据查询-经营数据查询	DFYYMMXYZ0102024	SDRC 绩效考核评测系统软件需求规格说明书 4.5.1

3. 性能测试

1）测试要求

对软件需求规格说明书或设计文档中的性能需求逐项进行测试，以验证其性能是否满足要求，测试内容包括：

（1）测试其时间特性和实际完成功能的时间（响应时间）；

（2）测试为完成功能所处理的数据量。

2）测试对象分析

SDRC 绩效考核评测系统软件性能：20 名用户可以同时登录系统。

SDRC 绩效考核评测系统软件性能测试的测试项如表 7-11 所示。

表 7-11　SDRC 绩效考核评测系统软件性能测试的测试项

测试类型	测试项	测试项标识	相关文档
性能测试	性能测试-用户并发	DFYYMMXYZ0103001	SDRC 绩效考核评测系统软件需求规格说明书 5.2

4. 接口测试

1）测试要求

接口测试是依据软件需求规格说明书中的接口需求逐项进行测试。测试内容可以包括但不限于检查外部接口信息的格式和内容，输入/输出正常和异常数值，测试内部接口的功能、性能，测试硬件提供接口的可用性。

2）测试对象分析

SDRC 绩效考核评测系统软件的接口包括：

（1）绩效输入接口；

（2）查询汇总接口；

（3）经营数据查询接口；

（4）读取文本文件数据接口。

SDRC绩效考核评测系统软件接口测试的测试项如表7-12所示。

表7-12 SDRC绩效考核评测系统软件接口测试的测试项

测试类型	测试项	测试项标识	相关文档
接口测试	接口测试-绩效输入接口	DFYYMMXYZ0104001	SDRC绩效考核评测系统软件需求规格说明书6.1
接口测试	接口测试-查询汇总接口	DFYYMMXYZ0104002	SDRC绩效考核评测系统软件需求规格说明书6.1
接口测试	接口测试-经营数据查询接口	DFYYMMXYZ0104003	SDRC绩效考核评测系统软件需求规格说明书6.1
接口测试	接口测试-读取文本文件数据接口-正常上传文本文件	DFYYMMXYZ0104004	SDRC绩效考核评测系统软件需求规格说明书6.2
接口测试	接口测试-读取文本文件数据接口-异常上传文本文件	DFYYMMXYZ0104005	SDRC绩效考核评测系统软件需求规格说明书6.2

5. 人机交互界面测试

1）测试要求

对所有人机交互界面提供的操作和显示界面进行测试，以检验其是否满足用户的要求，测试内容包括：

（1）以非常规操作、误操作、快速操作来检验人机界面的健壮性；

（2）测试对错误指令或非法数据输入的检测能力与提示情况；

（3）测试对错误操作流程的检测与提示；

（4）对照用户手册或操作手册逐条进行操作和观察。

2）测试对象分析

SDRC绩效考核评测系统软件包含以下界面：

（1）登录界面；

（2）查询我的个人绩效界面；

（3）提交津贴月报界面；

（4）管理绩效打分界面；

（5）修改登录密码界面；

（6）经营数据查询界面。

SDRC 绩效考核评测系统软件人机交互界面测试的测试项如表 7-13 所示。

表 7-13　SDRC 绩效考核评测系统软件人机交互界面测试的测试项

测试类型	测试项	测试项标识	相关文档
人机交互界面测试	人机交互界面测试-登录界面	DFYYMMXYZ0105001	SDRC 绩效考核评测系统软件需求规格说明书 5.1
人机交互界面测试	人机交互界面测试-查询我的个人绩效界面	DFYYMMXYZ0105002	SDRC 绩效考核评测系统软件需求规格说明书 5.1
人机交互界面测试	人机交互界面测试-提交津贴月报界面	DFYYMMXYZ0105003	SDRC 绩效考核评测系统软件需求规格说明书 5.1
人机交互界面测试	人机交互界面测试-管理绩效打分界面	DFYYMMXYZ0105004	SDRC 绩效考核评测系统软件需求规格说明书 5.1
人机交互界面测试	人机交互界面测试-修改登录密码界面	DFYYMMXYZ0105005	SDRC 绩效考核评测系统软件需求规格说明书 5.1
人机交互界面测试	人机交互界面测试-经营数据查询界面	DFYYMMXYZ0105006	SDRC 绩效考核评测系统软件需求规格说明书 5.1

6. 强度测试

1）测试要求

强度测试是强制软件运行在不正常到发生故障（设计的极限状态到超出极限）的情况下，检验软件可以运行到何种程度的测试。

2）测试对象分析

SDRC 绩效考核评测系统软件的隐含要求为连续稳定运行。

SDRC 绩效考核评测系统软件强度测试的测试项如表 7-14 所示。

表 7-14　SDRC 绩效考核评测系统软件强度测试的测试项

测试类型	测试项	测试项标识	相关文档
强度测试	强度测试-连续 3 小时稳定运行	DFYYMMXYZ0106001	隐含

7. 余量测试

1）测试要求

余量测试是对软件是否达到需求规格说明书中要求的余量的测试。

2）测试对象分析

SDRC 绩效考核评测系统软件的余量须在要求的性能指标基础上存在 20% 的余量。

SDRC 绩效考核评测系统软件余量测试的测试项如表 7-15 所示。

表 7-15 SDRC 绩效考核评测系统软件余量测试的测试项

测试类型	测试项	测试项标识	相关文档
余量测试	余量测试-用户并发	DFYYMMXYZ0107001	SDRC 绩效考核评测系统软件需求规格说明书 5.2

8. 安全性测试

1）测试要求

安全性测试是检验软件中已存在的安全性、安全保密性措施是否有效的测试。测试内容可以包括但不限于权限控制的安全性测试、日志记录规范及完整性的安全性测试。测试策略如下。

（1）安全性测试需求依据测试要求、结合系统实际情况进行分析；

（2）安全性测试结合功能测试等进行测试；

（3）安全性测试主要采用人工方式进行，必要时可采用测试工具进行。

2）测试对象分析

SDRC 绩效考核评测系统软件的安全性需求为用户使用密码进行登录。隐含需求是误操作需要确认。

SDRC 绩效考核评测系统软件安全性测试的测试项如表 7-16 所示。

表 7-16 SDRC 绩效考核评测系统软件安全性测试的测试项

测试类型	测试项	测试项标识	相关文档
安全性测试	安全性测试-用户登录	DFYYMMXYZ0108001	SDRC 绩效考核评测系统软件需求规格说明书 5.2
安全性测试	安全性测试-误操作	DFYYMMXYZ0108002	隐含

9. 恢复性测试

1）测试要求

恢复性测试是对软件是否达到需求规格说明书中要求的恢复性功能的测试。

2）测试对象分析

SDRC 绩效考核评测系统软件恢复性测试的隐含需求为网络中断恢复后不影响软件运行。

SDRC 绩效考核评测系统软件恢复性测试的测试项如表 7-17 所示。

表 7-17　SDRC 绩效考核评测系统软件恢复性测试的测试项

测试类型	测试项	测试项标识	相关文档
恢复性测试	恢复性测试-网络中断	DFYYMMXYZ0109001	隐含

10. 边界测试

1）测试要求

边界测试是对软件处在边界或端点情况下的运行状态进行的测试，测试内容包括：

（1）软件的输入或输出的边界或端点的测试；

（2）状态转换的边界或端点的测试；

（3）功能界限的边界或端点的测试。

2）测试对象分析

SDRC 绩效考核评测系统软件的边界主要是进行管理绩效打分时的输入边界。

SDRC 绩效考核评测系统软件边界测试的测试项如表 7-18 所示。

表 7-18　SDRC 绩效考核评测系统软件边界测试的测试项

测试类型	测试项	测试项标识	相关文档
边界测试	边界测试-管理绩效打分	DFYYMMXYZ0110001	隐含

11. 数据处理测试

1）测试要求

数据处理测试是对专门完成数据处理的功能进行的测试。

2）测试对象分析

SDRC 绩效考核评测系统软件的数据处理包括数据采集功能和数据精准性两部分。

SDRC 绩效考核评测系统软件数据处理测试的测试项如表 7-19 所示。

表 7-19　SDRC 绩效考核评测系统软件数据处理测试的测试项

测试类型	测试项	测试项标识	相关文档
数据处理测试	数据处理测试-数据采集功能	DFYYMMXYZ0111001	隐含
数据处理测试	数据处理测试-数据精准性	DFYYMMXYZ0111002	隐含

12. 安装性测试

1）测试要求

安装性测试是对安装过程是否符合安装规程进行的测试，以发现安装过程中的错误，测试内容包括：

（1）不同配置下的安装和卸载测试；

（2）安装规程的正确性测试。

2）测试对象分析

SDRC 绩效考核评测系统软件的安装性体现在服务器端运行环境准备和客户端浏览器安装两部分。

SDRC 绩效考核评测系统软件安装性测试的测试项如表 7-20 所示。

表 7-20　SDRC 绩效考核评测系统软件安装性测试的测试项

测 试 类 型	测　试　项	测试项标识	相 关 文 档
安装性测试	安装性测试-服务器端运行环境准备	DFYYMMXYZ0112001	隐含
安装性测试	安装性测试-客户端浏览器安装	DFYYMMXYZ0112002	隐含

13. 容量测试

1）测试要求

容量测试是对软件是否达到需求规格说明书中要求的容量进行的测试。

2）测试对象分析

SDRC 绩效考核评测系统软件的容量应考虑用户并发。

SDRC 绩效考核评测系统软件容量测试的测试项如表 7-21 所示。

表 7-21　SDRC 绩效考核评测系统软件容量测试的测试项

测 试 类 型	测　试　项	测试项标识	相 关 文 档
容量测试	容量测试-用户并发	DFYYMMXYZ0113001	SDRC 绩效考核评测系统软件需求规格说明书 5.2

14. 兼容性测试

1）测试要求

兼容性测试主要验证被测软件在不同版本之间的兼容性。

2）测试对象分析

SDRC 绩效考核评测系统软件的兼容性体现在浏览器、版本升级、与其他软件共同运行三方面。

SDRC 绩效考核评测系统软件兼容性测试的测试项如表 7-22 所示。

表 7-22　SDRC 绩效考核评测系统软件兼容性测试的测试项

测试类型	测试项	测试项标识	相关文档
兼容性测试	兼容性测试-浏览器	DFYYMMXYZ0114001	SDRC 绩效考核评测系统软件需求规格说明书 5.2
兼容性测试	兼容性测试-版本升级	DFYYMMXYZ0114002	SDRC 绩效考核评测系统软件需求规格说明书 5.2
兼容性测试	兼容性测试-与其他软件共同运行	DFYYMMXYZ0114003	隐含

7.2.2.3　测试充分性分析

根据上述分析，本次测试共设计 53 个测试项，覆盖了软件需求规格说明书中的第 4～6 章及隐含需求，软件需求与测试要求的追踪关系如下。

1. 软件需求与测试要求的正向追踪关系

软件需求与测试要求的正向追踪关系如表 7-23 所示。

表 7-23　软件需求与测试要求的正向追踪关系

软件需求		测试要求		
需求名称	章节号	测试类型	测试项名称	测试项标识
登录	4.1.1	功能测试	功能测试-登录与注销-登录	DFYYMMXYZ0102001
退出	4.1.2	功能测试	功能测试-登录与注销-退出	DFYYMMXYZ0102002
修改登录密码	4.1.3	功能测试	功能测试-登录与注销-修改登录密码	DFYYMMXYZ0102003
个人月度绩效显示	4.2.1	功能测试	功能测试-查询我的个人绩效-个人月度绩效显示	DFYYMMXYZ0102004
个人季度管理绩效显示	4.2.2	功能测试	功能测试-查询我的个人绩效-个人季度管理绩效显示	DFYYMMXYZ0102005
个人月度津贴显示	4.2.3	功能测试	功能测试-查询我的个人绩效-个人月度津贴显示	DFYYMMXYZ0102006

续表

软件需求		测试要求		
需求名称	章节号	测试类型	测试项名称	测试项标识
添加实习补助	4.3.1	功能测试	功能测试-提交津贴月报-添加实习补助	DFYYMMXYZ0102007
添加差旅补助	4.3.2	功能测试	功能测试-提交津贴月报-添加差旅补助	DFYYMMXYZ0102008
添加值班费	4.3.3	功能测试	功能测试-提交津贴月报-添加值班费	DFYYMMXYZ0102009
添加研发创新基金津贴	4.3.4	功能测试	功能测试-提交津贴月报-添加研发创新基金津贴	DFYYMMXYZ0102010
添加保密津贴	4.3.5	功能测试	功能测试-提交津贴月报-添加保密津贴	DFYYMMXYZ0102011
添加其他	4.3.6	功能测试	功能测试-提交津贴月报-添加其他	DFYYMMXYZ0102012
添加项目提成奖励	4.3.7	功能测试	功能测试-提交津贴月报-添加项目提成奖励	DFYYMMXYZ0102013
添加销售提成	4.3.8	功能测试	功能测试-提交津贴月报-添加销售提成	DFYYMMXYZ0102014
添加重点产品线的产品经理津贴	4.3.9	功能测试	功能测试-提交津贴月报-添加重点产品线的产品经理津贴	DFYYMMXYZ0102015
添加重点产品线的销售经理津贴	4.3.10	功能测试	功能测试-提交津贴月报-添加重点产品线的销售经理津贴	DFYYMMXYZ0102016
添加激励基金	4.3.11	功能测试	功能测试-提交津贴月报-添加激励基金	DFYYMMXYZ0102017
添加职称及职业资格奖励	4.3.12	功能测试	功能测试-提交津贴月报-添加职称及职业资格奖励	DFYYMMXYZ0102018
查询以前我的输入	4.3.13	功能测试	功能测试-提交津贴月报-查询以前我的输入	DFYYMMXYZ0102019
复用上个月的输入	4.3.14	功能测试	功能测试-提交津贴月报-复用上个月的输入	DFYYMMXYZ0102020
查询汇总	4.3.15	功能测试	功能测试-提交津贴月报-查询汇总	DFYYMMXYZ0102021
管理绩效打分	4.4.1	功能测试	功能测试-管理绩效打分-管理绩效打分	DFYYMMXYZ0102022
结果查询	4.4.2	功能测试	功能测试-管理绩效打分-结果查询	DFYYMMXYZ0102023
经营数据查询	4.5.1	功能测试	功能测试-经营数据查询-经营数据查询	DFYYMMXYZ0102024

续表

软件需求		测试要求		
需求名称	章节号	测试类型	测试项名称	测试项标识
用户界面需求	5.1	人机交互界面测试	人机交互界面测试-登录界面	DFYYMMXYZ0105001
		人机交互界面测试	人机交互界面测试-查询我的个人绩效界面	DFYYMMXYZ0105002
		人机交互界面测试	人机交互界面测试-提交津贴月报界面	DFYYMMXYZ0105003
		人机交互界面测试	人机交互界面测试-管理绩效打分界面	DFYYMMXYZ0105004
		人机交互界面测试	人机交互界面测试-修改登录密码界面	DFYYMMXYZ0105005
		人机交互界面测试	人机交互界面测试-经营数据查询界面	DFYYMMXYZ0105006
非功能需求	5.2	性能测试	性能测试-用户并发	DFYYMMXYZ0103001
非功能需求	5.2	容量测试	容量测试-用户并发	DFYYMMXYZ0113001
非功能需求	5.2	安全性测试	安全性测试-用户登录	DFYYMMXYZ0108001
非功能需求	5.2	兼容性测试	兼容性测试-浏览器	DFYYMMXYZ0114001
版本升级	5.2	兼容性测试	兼容性测试-版本升级	DFYYMMXYZ0114002
内部接口	6.1	接口测试	接口测试-绩效输入接口	DFYYMMXYZ0104001
内部接口	6.1	接口测试	接口测试-查询汇总接口	DFYYMMXYZ0104002
内部接口	6.1	接口测试	接口测试-经营数据查询接口	DFYYMMXYZ0104003
外部接口	6.2	接口测试	接口测试-读取文本文件数据接口-正常上传文本文件	DFYYMMXYZ0104004
外部接口	6.2	接口测试	接口测试-读取文本文件数据接口-异常上传文本文件	DFYYMMXYZ0104005
隐含	—	文档审查	文档审查-软件需求规格说明书	DFYYMMXYZ0101001
隐含	—	文档审查	文档审查-软件设计说明书	DFYYMMXYZ0101002
隐含	—	文档审查	文档审查-软件用户手册	DFYYMMXYZ0101003
隐含	—	强度测试	强度测试-连续 3 小时稳定运行	DFYYMMXYZ0106001
隐含	—	余量测试	余量测试-用户并发	DFYYMMXYZ0107001
隐含	—	安全性测试	安全性测试-误操作	DFYYMMXYZ0108002
隐含	—	恢复性测试	恢复性测试-网络中断	DFYYMMXYZ0109001
隐含	—	边界测试	边界测试-管理绩效打分	DFYYMMXYZ0110001
隐含	—	数据处理测试	数据处理测试-数据采集功能	DFYYMMXYZ0111001
隐含	—	数据处理测试	数据处理测试-数据精准性	DFYYMMXYZ0111002
隐含	—	安装性测试	安装性测试-服务器端运行环境准备	DFYYMMXYZ0112001
隐含	—	安装性测试	安装性测试-客户端浏览器安装	DFYYMMXYZ0112002
隐含	—	兼容性测试	兼容性测试-与其他软件共同运行	DFYYMMXYZ0114003

2. 软件需求与测试要求的逆向追踪关系

软件需求与测试要求的逆向追踪关系如表7-24所示。

表7-24 软件需求与测试要求的逆向追踪关系

测试类型	测试项名称	测试项标识	相关文档
文档审查	文档审查-软件需求规格说明书	DFYYMMXYZ0101001	隐含
文档审查	文档审查-软件设计说明书	DFYYMMXYZ0101002	隐含
文档审查	文档审查-软件用户手册	DFYYMMXYZ0101003	隐含
功能测试	功能测试-登录与注销-登录	DFYYMMXYZ0102001	SDRC绩效考核评测系统软件需求规格说明书4.1.1
功能测试	功能测试-登录与注销-退出	DFYYMMXYZ0102002	SDRC绩效考核评测系统软件需求规格说明书4.1.2
功能测试	功能测试-登录与注销-修改登录密码	DFYYMMXYZ0102003	SDRC绩效考核评测系统软件需求规格说明书4.1.3
功能测试	功能测试-查询我的个人绩效-个人月度绩效显示	DFYYMMXYZ0102004	SDRC绩效考核评测系统软件需求规格说明书4.2.1
功能测试	功能测试-查询我的个人绩效-个人季度管理绩效显示	DFYYMMXYZ0102005	SDRC绩效考核评测系统软件需求规格说明书4.2.2
功能测试	功能测试-查询我的个人绩效-个人月度津贴显示	DFYYMMXYZ0102006	SDRC绩效考核评测系统软件需求规格说明书4.2.3
功能测试	功能测试-提交津贴月报-添加实习补助	DFYYMMXYZ0102007	SDRC绩效考核评测系统软件需求规格说明书4.3.1
功能测试	功能测试-提交津贴月报-添加差旅补助	DFYYMMXYZ0102008	SDRC绩效考核评测系统软件需求规格说明书4.3.2
功能测试	功能测试-提交津贴月报-添加值班费	DFYYMMXYZ0102009	SDRC绩效考核评测系统软件需求规格说明书4.3.3
功能测试	功能测试-提交津贴月报-添加研发创新基金津贴	DFYYMMXYZ0102010	SDRC绩效考核评测系统软件需求规格说明书4.3.4
功能测试	功能测试-提交津贴月报-添加保密津贴	DFYYMMXYZ0102011	SDRC绩效考核评测系统软件需求规格说明书4.3.5
功能测试	功能测试-提交津贴月报-添加其他	DFYYMMXYZ0102012	SDRC绩效考核评测系统软件需求规格说明书4.3.6
功能测试	功能测试-提交津贴月报-添加项目提成奖励	DFYYMMXYZ0102013	SDRC绩效考核评测系统软件需求规格说明书4.3.7
功能测试	功能测试-提交津贴月报-添加销售提成	DFYYMMXYZ0102014	SDRC绩效考核评测系统软件需求规格说明书4.3.8
功能测试	功能测试-提交津贴月报-添加重点产品线的产品经理津贴	DFYYMMXYZ0102015	SDRC绩效考核评测系统软件需求规格说明书4.3.9
功能测试	功能测试-提交津贴月报-添加重点产品线-销售经理津贴	DFYYMMXYZ0102016	SDRC绩效考核评测系统软件需求规格说明书4.3.10

续表

测试类型	测试项名称	测试项标识	相关文档
功能测试	功能测试-提交津贴月报-添加激励基金	DFYYMMXYZ0102017	SDRC 绩效考核评测系统软件需求规格说明书 4.3.11
功能测试	功能测试-提交津贴月报-添加职称及职业资格奖励	DFYYMMXYZ0102018	SDRC 绩效考核评测系统软件需求规格说明书 4.3.12
功能测试	功能测试-提交津贴月报-查询以前我的输入	DFYYMMXYZ0102019	SDRC 绩效考核评测系统软件需求规格说明书 4.3.13
功能测试	功能测试-提交津贴月报-复用上个月的输入	DFYYMMXYZ0102020	SDRC 绩效考核评测系统软件需求规格说明书 4.3.14
功能测试	功能测试-提交津贴月报-查询汇总	DFYYMMXYZ0102021	SDRC 绩效考核评测系统软件需求规格说明书 4.3.15
功能测试	功能测试-管理绩效打分-管理绩效打分	DFYYMMXYZ0102022	SDRC 绩效考核评测系统软件需求规格说明书 4.4.1
功能测试	功能测试-管理绩效打分-结果查询	DFYYMMXYZ0102023	SDRC 绩效考核评测系统软件需求规格说明书 4.4.2
功能测试	功能测试-经营数据查询-经营数据查询	DFYYMMXYZ0102024	SDRC 绩效考核评测系统软件需求规格说明书 4.5.1
性能测试	性能测试-用户并发	DFYYMMXYZ0103001	SDRC 绩效考核评测系统软件需求规格说明书 5.2
接口测试	接口测试-绩效输入接口	DFYYMMXYZ0104001	SDRC 绩效考核评测系统软件需求规格说明书 6.1
接口测试	接口测试-查询汇总接口	DFYYMMXYZ0104002	SDRC 绩效考核评测系统软件需求规格说明书 6.1
接口测试	接口测试-经营数据查询接口	DFYYMMXYZ0104003	SDRC 绩效考核评测系统软件需求规格说明书 6.1
接口测试	接口测试-读取文本文件数据接口-正常上传文本文件	DFYYMMXYZ0104004	SDRC 绩效考核评测系统软件需求规格说明书 6.2
接口测试	接口测试-读取文本文件数据接口-异常上传文本文件	DFYYMMXYZ0104005	SDRC 绩效考核评测系统软件需求规格说明书 6.2
人机交互界面测试	人机交互界面测试-登录界面	DFYYMMXYZ0105001	SDRC 绩效考核评测系统软件需求规格说明书 5.1
人机交互界面测试	人机交互界面测试-查询我的个人绩效界面	DFYYMMXYZ0105002	SDRC 绩效考核评测系统软件需求规格说明书 5.1
人机交互界面测试	人机交互界面测试-提交津贴月报界面	DFYYMMXYZ0105003	SDRC 绩效考核评测系统软件需求规格说明书 5.1
人机交互界面测试	人机交互界面测试-管理绩效打分界面	DFYYMMXYZ0105004	SDRC 绩效考核评测系统软件需求规格说明书 5.1
人机交互界面测试	人机交互界面测试-修改登录密码界面	DFYYMMXYZ0105005	SDRC 绩效考核评测系统软件需求规格说明书 5.1
人机交互界面测试	人机交互界面测试-经营数据查询界面	DFYYMMXYZ0105006	SDRC 绩效考核评测系统软件需求规格说明书 5.1
强度测试	强度测试-连续3小时稳定运行	DFYYMMXYZ0106001	隐含

续表

测试类型	测试项名称	测试项标识	相关文档
余量测试	余量测试-用户并发	DFYYMMXYZ0107001	隐含
安全性测试	安全性测试-用户登录	DFYYMMXYZ0108001	SDRC 绩效考核评测系统软件需求规格说明书 5.2
安全性测试	安全性测试-误操作	DFYYMMXYZ0108002	隐含
恢复性测试	恢复性测试-网络中断	DFYYMMXYZ0109001	隐含
边界测试	边界测试-管理绩效打分	DFYYMMXYZ0110001	隐含
数据处理测试	数据处理测试-数据采集功能	DFYYMMXYZ0111001	隐含
数据处理测试	数据处理测试-数据精准性	DFYYMMXYZ0111002	隐含
安装性测试	安装性测试-服务器端运行环境准备	DFYYMMXYZ0112001	隐含
安装性测试	安装性测试-客户端浏览器安装	DFYYMMXYZ0112002	隐含
容量测试	容量测试-用户并发	DFYYMMXYZ0113001	隐含
兼容性测试	兼容性测试-浏览器	DFYYMMXYZ0114001	SDRC 绩效考核评测系统软件需求规格说明书 5.2
兼容性测试	兼容性测试-版本升级	DFYYMMXYZ0114002	SDRC 绩效考核评测系统软件需求规格说明书 5.2
兼容性测试	兼容性测试-与其他软件共同运行	DFYYMMXYZ0114003	隐含

7.2.3 测试项示例

本部分以功能测试为例，给出了部分测试内容的测试项。

1. 登录与注销-登录

表 7-25 功能测试-登录与注销-登录

测试项名称	功能测试-登录与注销－登录	测试项标识	DFYYMMXYZ0102001
测评需求章节号	SDRC 绩效考核评测系统软件需求规格说明书 4.1.1	测试优先级	高
测试项描述	检测登录与注销-登录功能是否满足需求规格说明书的要求		
测试方法	采用功能分解、等价类、边界值和猜错法等方法设计测试用例，以黑盒方式，通过手工或自动化测试工具执行测试用例		
约束条件	系统正常运行		
测试充分性要求	（1）打开软件进入登录界面 （2）在登录界面输入正常的用户名和密码 （3）在登录界面输入不存在的用户名 （4）在登录界面输入正确的用户名、错误的密码 （5）在登录界面输入用户名和密码都为空 （6）在登录界面输入正确的用户名、密码为空		

续表

测试项名称	功能测试-登录与注销－登录	测试项标识	DFYYMMXYZ0102001
通过准则	满足以下要求为通过，否则为不通过 （1）成功进入登录界面 （2）正常登录软件，进入登录界面 （3）登录失败，软件给出“用户没有登录权限”的提示 （4）登录失败，软件给出“密码错误”提示 （5）登录失败，软件给出“用户名不能为空”的提示 （6）登录失败，软件给出“密码不能为空”的提示		
测试项终止条件	正常终止：功能相关的测试用例执行完毕 异常终止：由于某些特殊原因，导致该测试项分解的测试用例不能完全执行，无法执行的原因已记录		

2. 登录与注销-修改登录密码

表 7-26　功能测试-登录与注销-修改登录密码

测试项名称	功能测试-登录与注销-修改登录密码	测试项标识	DFYYMMXYZ0102003
测评需求章节号	SDRC 绩效考核评测系统软件需求规格说明书 4.1.3	测试优先级	高
测试项描述	检测登录与注销-修改登录密码功能是否满足需求规格说明书的要求		
测试方法	采用功能分解、等价类、边界值和猜错法等方法设计测试用例，以黑盒方式，通过手工或自动化测试工具执行测试用例		
约束条件	系统正常运行，成功登录系统		
测试充分性要求	（1）单击“修改登录密码”按钮，进入修改密码界面 （2）输入两次一致的新密码，进行密码修改 （3）输入两次不一致的新密码，进行密码修改 （4）输入两次新密码为空，进行密码修改		
通过准则	满足以下要求为通过，否则为不通过 （1）成功进入修改密码界面 （2）密码修改成功 （3）密码修改失败，给出“两次输入的密码不一致”的提示 （4）密码修改失败，给出“密码不能为空”的提示		
测试项终止条件	正常终止：功能相关的测试用例执行完毕 异常终止：由于某些特殊原因，导致该测试项分解的测试用例不能完全执行，无法执行的原因已记录		

3. 查询我的个人绩效-个人月度绩效显示

表 7-27　功能测试-查询我的个人绩效-个人月度绩效显示

测试项名称	功能测试-查询我的个人绩效-个人月度绩效显示	测试项标识	DFYYMMXYZ0102004
测评需求章节号	SDRC 绩效考核评测系统软件需求规格说明书 4.2.1	测试优先级	高

续表

测试项描述	检测查询我的个人绩效-个人月度绩效显示功能是否满足需求规格说明书的要求
测试方法	采用功能分解、等价类、边界值和猜错法等方法设计测试用例，以黑盒方式，通过手工或自动化测试工具执行测试用例
约束条件	系统正常运行
测试充分性要求	（1）单击“查询我的个人绩效”按钮，查看个人绩效得分 （2）填报期间单击“查询我的个人绩效”按钮，查看个人绩效得分
通过准则	满足以下要求为通过，否则为不通过 （1）进入登录界面，成功登录软件 （2）成功显示当月本人的个人、部门、单位绩效及绩效得分等信息 （3）界面显示：正在填报期间，请在7月16日后登录查询
测试项终止条件	正常终止：功能相关测试用例执行完毕 异常终止：由于某些特殊原因，导致该测试项分解的测试用例不能完全执行，无法执行的原因已记录

4. 查询我的个人绩效-绩效输入

表7-28 功能测试-查询我的个人绩效-绩效输入

测试项名称	功能测试-查询我的个人绩效-绩效输入	测试项标识	DFYYMMXYZ0102007
测评需求章节号	SDRC绩效考核评测系统软件需求规格说明书4.2.4	测试优先级	高
测试项描述	检测查询我的个人绩效-绩效输入功能是否满足需求规格说明书的要求		
测试方法	采用功能分解、等价类、边界值和猜错法等方法设计测试用例，以黑盒方式，通过手工或自动化测试工具执行测试用例		
约束条件	行政助理已成功登录系统，进入“绩效输入”界面		
测试充分性要求	（1）查询期间，在“个人任务绩效”界面中选择部门员工，填写正常格式的绩效数据 （2）填报期间，在“个人任务绩效”界面中选择部门员工，填写正常格式的绩效数据 （3）在“个人任务绩效”界面中选择部门员工，填写异常格式的绩效数据并提交 （4）在“个人任务绩效”界面中选择已添加的部门员工，填写绩效数据并提交 （5）在“个人任务绩效”界面中删除已添加的部门员工绩效数据并提交 （6）在“部门绩效任务”界面中依次选择各部门，填写正常格式的绩效数据并提交 （7）在“部门绩效任务”界面中依次选择各部门，填写异常格式的绩效数据并提交 （8）在“单位绩效任务”界面中选择单位，填写正常格式的绩效数据并提交 （9）在“单位绩效任务”界面中选择单位，填写异常格式的绩效数据并提交 （10）在“绩效输入”界面中放弃当前操作 （11）无行政助理权限的人员登录系统，进行绩效输入		
通过准则	满足以下要求为通过，否则为不通过 （1）界面显示：正在查询期间，请在7月16日之前登录填报 （2）成功添加部门员工的绩效数据 （3）个人绩效添加失败，给出“输入或选择有错误”的提示 （4）个人绩效添加失败，给出“不能重复添加相同人员”的提示 （5）成功删除已添加的数据 （6）成功添加各部门的绩效数据		

续表

通过准则	（7）添加失败，异常格式的数据提交后自动归零 （8）成功添加单位的绩效数据 （9）添加失败，异常格式的数据提交后自动归零 （10）成功放弃操作 （11）无行政助理权限的人员无绩效输入功能
测试项终止条件	正常终止：功能相关的测试用例执行完毕 异常终止：由于某些特殊原因，导致该测试项分解的测试用例不能完全执行，无法执行的原因已记录

5. 提交津贴月报-添加实习补助

表 7-29 功能测试-提交津贴月报-添加实习补助

测试项名称	功能测试-提交津贴月报-添加实习补助	测试项标识	DFYYMMXYZ0102007
测评需求章节号	SDRC 绩效考核评测系统软件需求规格说明书 4.3.1	测试优先级	高
测试项描述	检测提交津贴月报-添加实习补助功能是否满足需求规格说明书的要求		
测试方法	采用功能分解、等价类、边界值和猜错法等方法设计测试用例，以黑盒方式，通过手工或自动化测试工具执行测试用例		
约束条件	系统正常运行，使用部门主任账号成功登录系统，进入“提交津贴月报”界面添加实习补助		
测试充分性要求	（1）填写正确数据进行添加并提交 （2）选择正确部门、人员，金额框为空时进行添加 （3）选择正确部门、人员，金额框为 0 时进行添加 （4）选择正确部门、人员，金额框为汉字时进行添加 （5）选择正确部门、人员，金额框为字符时进行添加 （6）选择正确部门、人员，金额框为空格时进行添加 （7）选择正确部门、人员，金额框为负数时进行添加 （8）不选择部门和人员，只输入正确金额时进行添加 （9）不选择人员，选择部门后输入正确金额进行添加 （10）单击“已添加信息”按钮后的“×”进行删除操作		
通过准则	满足以下要求为通过，否则为不通过 （1）添加成功，输入栏下方显示一行新的数据，该员工个人绩效中正确显示该条数据 （2）提示“输入或选择有错误” （3）提示“输入或选择有错误” （4）提示“输入或选择有错误” （5）提示“输入或选择有错误” （6）提示“输入或选择有错误” （7）提示“输入或选择有错误” （8）提示“请选择人员或部门” （9）提示“请选择人员” （10）成功删除该条信息		
测试项终止条件	正常终止：功能相关的测试用例执行完毕 异常终止：由于某些特殊原因，导致该测试项分解的测试用例不能完全执行，无法执行的原因已记录		

6. 提交津贴月报-添加差旅补助

表 7-30　功能测试-提交津贴月报-添加差旅补助

测试项名称	功能测试-提交津贴月报-添加差旅补助	测试项标识	DFYYMMXYZ0102008
测评需求章节号	SDRC 绩效考核评测系统软件需求规格说明书 4.3.2	测试优先级	高
测试项描述	检测提交津贴月报-添加差旅补助功能是否满足需求规格说明书的要求		
测试方法	采用功能分解、等价类、边界值和猜错法等方法设计测试用例，以黑盒方式，通过手工或自动化测试工具执行测试用例		
约束条件	系统正常运行，使用部门主任账号成功登录系统，进入“提交津贴月报”界面添加差旅补助		
测试充分性要求	（1）填写正确数据进行添加并提交 （2）选择正确部门、人员，金额框为空时进行添加 （3）选择正确部门、人员，金额框为 0 时进行添加 （4）选择正确部门、人员，金额框为汉字时进行添加 （5）选择正确部门、人员，金额框为字符时进行添加 （6）选择正确部门、人员，金额框为空格时进行添加 （7）选择正确部门、人员，金额框为负数时进行添加 （8）不选择部门和人员，只输入正确金额时进行添加 （9）不选择人员，选择部门后输入正确金额进行添加 （10）单击“已添加信息”按钮后的“×”进行删除操作		
通过准则	满足以下要求为通过，否则为不通过 （1）添加成功，输入栏下方显示一行新的数据，该员工个人绩效中正确显示该条数据 （2）提示“输入或选择有错误” （3）提示“输入或选择有错误” （4）提示“输入或选择有错误” （5）提示“输入或选择有错误” （6）提示“输入或选择有错误” （7）提示“输入或选择有错误” （8）提示“请选择人员或部门” （9）提示“请选择人员” （10）成功删除该条信息		
测试项终止条件	正常终止：功能相关的测试用例执行完毕 异常终止：由于某些特殊原因，导致该测试项分解的测试用例不能完全执行，无法执行的原因已记录		

7. 提交津贴月报-添加值班费

表 7-31　功能测试-提交津贴月报-添加值班费

测试项名称	功能测试-提交津贴月报-添加值班费	测试项标识	DFYYMMXYZ0102009
测评需求章节号	SDRC 绩效考核评测系统软件需求规格说明书 4.3.3	测试优先级	高

续表

测试项描述	检测提交津贴月报-添加值班费功能是否满足需求规格说明书的要求
测试方法	采用功能分解、等价类、边界值和猜错法等方法设计测试用例，以黑盒方式，通过手工或自动化测试工具执行测试用例
约束条件	系统正常运行，使用人力专员账号成功登录系统，进入“提交津贴月报”界面添加值班费
测试充分性要求	（1）填写正确数据进行添加并提交 （2）选择正确部门、人员，金额框为空时进行添加 （3）选择正确部门、人员，金额框为 0 时进行添加 （4）选择正确部门、人员，金额框为汉字时进行添加 （5）选择正确部门、人员，金额框为字符时进行添加 （6）选择正确部门、人员，金额框为空格时进行添加 （7）选择正确部门、人员，金额框为负数时进行添加 （8）不选择部门和人员，只输入正确金额时进行添加 （9）不选择人员，选择部门后输入正确金额进行添加 （10）单击“已添加信息”按钮后的“×”进行删除操作
通过准则	满足以下要求为通过，否则为不通过 （1）添加成功，输入栏下方显示一行新的数据，该员工个人绩效中正确显示该条数据 （2）提示“输入或选择有错误” （3）提示“输入或选择有错误” （4）提示“输入或选择有错误” （5）提示“输入或选择有错误” （6）提示“输入或选择有错误” （7）提示“输入或选择有错误” （8）提示“请选择人员或部门” （9）提示“请选择人员” （10）成功删除该条信息
测试项终止条件	正常终止：功能相关的测试用例执行完毕 异常终止：由于某些特殊原因，导致该测试项分解的测试用例不能完全执行，无法执行的原因已记录

8. 提交津贴月报-添加研发创新基金津贴

表 7-32　功能测试-提交津贴月报-添加研发创新基金津贴

测试项名称	功能测试-提交津贴月报-添加研发创新基金津贴	测试项标识	DFYYMMXYZ0102010
测评需求章节号	SDRC 绩效考核评测系统软件需求规格说明书 4.3.4	测试优先级	高
测试项描述	检测提交津贴月报-添加研发创新基金津贴功能是否满足需求规格说明书的要求		
测试方法	采用功能分解、等价类、边界值和猜错法等方法设计测试用例，以黑盒方式，通过手工或自动化测试工具执行测试用例		
约束条件	系统正常运行，使用人力专员账号成功登录系统，进入“提交津贴月报”界面添加研发创新基金津贴		

续表

测试充分性要求	（1）填写正确数据进行添加并提交 （2）选择正确部门、人员，金额框为空时进行添加 （3）选择正确部门、人员，金额框为0时进行添加 （4）选择正确部门、人员，金额框为汉字时进行添加 （5）选择正确部门、人员，金额框为字符时进行添加 （6）选择正确部门、人员，金额框为空格时进行添加 （7）选择正确部门、人员，金额框为负数时进行添加 （8）不选择部门和人员，只输入正确金额时进行添加 （9）不选择人员，选择部门后输入正确金额时进行添加 （10）单击“已添加信息”按钮后的“×”进行删除操作
通过准则	满足以下要求为通过，否则为不通过 （1）添加成功，输入栏下方显示一行新的数据，该员工个人绩效中正确显示该条数据 （2）提示“输入或选择有错误” （3）提示“输入或选择有错误” （4）提示“输入或选择有错误” （5）提示“输入或选择有错误” （6）提示“输入或选择有错误” （7）提示“输入或选择有错误” （8）提示“请选择人员或部门” （9）提示“请选择人员” （10）成功删除该条信息
测试项终止条件	正常终止：功能相关的测试用例执行完毕 异常终止：由于某些特殊原因，导致该测试项分解的测试用例不能完全执行，无法执行的原因已记录

9. 提交津贴月报-添加保密津贴

表 7-33 功能测试-提交津贴月报-添加保密津贴

测试项名称	功能测试-提交津贴月报-添加保密津贴	测试项标识	DFYYMMXYZ0102011
测评需求章节号	SDRC 绩效考核评测系统软件需求规格说明书 4.3.5	测试优先级	高
测试项描述	检测提交津贴月报-添加保密津贴功能是否满足需求规格说明书的要求		
测试方法	采用功能分解、等价类、边界值和猜错法等方法设计测试用例，以黑盒方式，通过手工或自动化测试工具执行测试用例		
约束条件	系统正常运行，使用保密专员账号成功登录系统，进入“提交津贴月报”界面添加保密津贴		
测试充分性要求	（1）填写正确数据进行添加并提交 （2）选择正确部门、人员，金额框为空时进行添加 （3）选择正确部门、人员，金额框为0时进行添加 （4）选择正确部门、人员，金额框为汉字时进行添加 （5）选择正确部门、人员，金额框为字符时进行添加 （6）选择正确部门、人员，金额框为空格时进行添加 （7）选择正确部门、人员，金额框为负数时进行添加 （8）不选择部门和人员，只输入正确金额时进行添加 （9）不选择人员，选择部门后输入正确金额时进行添加 （10）单击“已添加信息”按钮后的“×”进行删除操作		

续表

通过准则	满足以下要求为通过，否则为不通过 （1）添加成功，输入栏下方显示一行新的数据，该员工个人绩效中正确显示该条数据 （2）提示“输入或选择有错误” （3）提示“输入或选择有错误” （4）提示“输入或选择有错误” （5）提示“输入或选择有错误” （6）提示“输入或选择有错误” （7）提示“输入或选择有错误” （8）提示“请选择人员或部门” （9）提示“请选择人员” （10）成功删除该条信息
测试项终止条件	正常终止：功能相关的测试用例执行完毕 异常终止：由于某些特殊原因，导致该测试项分解的测试用例不能完全执行，无法执行的原因已记录

10. 提交津贴月报-添加其他

表 7-34 功能测试-提交津贴月报-添加其他

测试项名称	功能测试-提交津贴月报-添加其他	测试项标识	DFYYMMXYZ0102012
测评需求章节号	SDRC 绩效考核评测系统软件需求规格说明书 4.3.6	测试优先级	高
测试项描述	检测提交津贴月报-添加其他功能是否满足需求规格说明书要求		
测试方法	采用功能分解、等价类、边界值和猜错法等方法设计测试用例，以黑盒方式，通过手工或自动化测试工具执行测试用例		
约束条件	系统正常运行，使用副总经理、大客户部主任、行政助理、部门主任的账号成功登录系统，进入“提交津贴月报”界面添加其他		
测试充分性要求	（1）填写正确数据进行添加并提交 （2）选择正确部门、人员，金额框为空时进行添加 （3）选择正确部门、人员，金额框为 0 时进行添加 （4）选择正确部门、人员，金额框为汉字时进行添加 （5）选择正确部门、人员，金额框为字符时进行添加 （6）选择正确部门、人员，金额框为空格时进行添加 （7）选择正确部门、人员，金额框为负数时进行添加 （8）不选择部门和人员，只输入正确金额时进行添加 （9）不选择人员，选择部门后输入正确金额进行添加 （10）单击“已添加信息”按钮后的“×”进行删除操作		
通过准则	满足以下要求为通过，否则为不通过 （1）添加成功，输入栏下方显示一行新的数据，该员工个人绩效中正确显示该条数据 （2）提示“输入或选择有错误” （3）提示“输入或选择有错误” （4）提示“输入或选择有错误” （5）提示“输入或选择有错误” （6）提示“输入或选择有错误”		

续表

通过准则	（7）提示“输入或选择有错误” （8）提示“请选择人员或部门” （9）提示“请选择人员” （10）成功删除该条信息
测试项终止条件	正常终止：功能相关的测试用例执行完毕 异常终止：由于某些特殊原因，导致该测试项分解的测试用例不能完全执行，无法执行的原因已记录

11. 提交津贴月报-添加项目提成奖励

表7-35 功能测试-提交津贴月报-添加项目提成奖励

测试项名称	功能测试-提交津贴月报-添加项目提成奖励	测试项标识	DFYYMMXYZ0102013
测评需求章节号	SDRC 绩效考核评测系统软件需求规格说明书 4.3.7	测试优先级	高
测试项描述	检测提交津贴月报-添加项目提成奖励功能是否满足需求规格说明书的要求		
测试方法	采用功能分解、等价类、边界值和猜错法等方法设计测试用例，以黑盒方式，通过手工或自动化测试工具执行测试用例		
约束条件	系统正常运行，使用项目和知识管理部人员的账号成功登录系统，进入“提交津贴月报”界面添加项目提成奖励		
测试充分性要求	（1）填写正确数据进行添加并提交 （2）选择正确部门、人员，金额框为空时进行添加 （3）选择正确部门、人员，金额框为0时进行添加 （4）选择正确部门、人员，金额框为汉字时进行添加 （5）选择正确部门、人员，金额框为字符时进行添加 （6）选择正确部门、人员，金额框为空格时进行添加 （7）选择正确部门、人员，金额框为负数时进行添加 （8）不选择部门和人员，只输入正确金额时进行添加 （9）不选择人员，选择部门后输入正确金额时进行添加 （10）单击“已添加信息”按钮后的“×”进行删除操作		
通过准则	满足以下要求为通过，否则为不通过 （1）添加成功，在输入栏下方显示一行新的数据，该员工个人绩效中正确显示该条数据 （2）提示“输入或选择有错误” （3）提示“输入或选择有错误” （4）提示“输入或选择有错误” （5）提示“输入或选择有错误” （6）提示“输入或选择有错误” （7）提示“输入或选择有错误” （8）提示“请选择人员或部门” （9）提示“请选择人员” （10）成功删除该条信息		
测试项终止条件	正常终止：功能相关的测试用例执行完毕 异常终止：由于某些特殊原因，导致该测试项分解的测试用例不能完全执行，无法执行的原因已记录		

12. 提交津贴月报-添加销售提成

表 7-36　功能测试-提交津贴月报-添加销售提成

测试项名称	功能测试-提交津贴月报-添加销售提成	测试项标识	DFYYMMXYZ0102014
测评需求章节号	SDRC 绩效考核评测系统软件需求规格说明书 4.3.8	测试优先级	高
测试项描述	检测提交津贴月报-添加销售提成功能是否满足需求规格说明书的要求		
测试方法	采用功能分解、等价类、边界值和猜错法等方法设计测试用例，以黑盒方式，通过手工或自动化测试工具执行测试用例		
约束条件	系统正常运行，使用项目和知识管理部人员的账号成功登录系统，进入“提交津贴月报”界面添加销售提成		
测试充分性要求	（1）填写正确数据进行添加并提交 （2）选择正确部门、人员，金额框为空时进行添加 （3）选择正确部门、人员，金额框为 0 时进行添加 （4）选择正确部门、人员，金额框为汉字时进行添加 （5）选择正确部门、人员，金额框为字符时进行添加 （6）选择正确部门、人员，金额框为空格时进行添加 （7）选择正确部门、人员，金额框为负数时进行添加 （8）不选择部门和人员，只输入正确金额时进行添加 （9）不选择人员，选择部门后输入正确金额时进行添加 （10）单击“已添加信息”按钮后的“×”进行删除操作		
通过准则	满足以下要求为通过，否则为不通过 （1）添加成功，在输入栏下方显示一行新的数据，该员工个人绩效中正确显示该条数据 （2）提示“输入或选择有错误” （3）提示“输入或选择有错误” （4）提示“输入或选择有错误” （5）提示“输入或选择有错误” （6）提示“输入或选择有错误” （7）提示“输入或选择有错误” （8）提示“请选择人员或部门” （9）提示“请选择人员” （10）成功删除该条信息		
测试项终止条件	正常终止：功能相关的测试用例执行完毕 异常终止：由于某些特殊原因，导致该测试项分解的测试用例不能完全执行，无法执行的原因已记录		

13. 提交津贴月报-添加重点产品线的产品经理津贴

表 7-37　功能测试-提交津贴月报-添加重点产品线的产品经理津贴

测试项名称	功能测试-提交津贴月报-添加重点产品线的产品经理津贴	测试项标识	DFYYMMXYZ0102015

续表

测评需求章节号	SDRC 绩效考核评测系统软件需求规格说明书 4.3.9	测试优先级	高
测试项描述	检测提交津贴月报-添加重点产品线的产品经理津贴功能是否满足需求规格说明书的要求		
测试方法	采用功能分解、等价类、边界值和猜错法等方法设计测试用例，以黑盒方式，通过手工或自动化测试工具执行测试用例		
约束条件	系统正常运行，使用项目和知识管理部人员的账号成功登录系统，进入“提交津贴月报”界面添加重点产品线的产品经理津贴		
测试充分性要求	（1）填写正确数据进行添加并提交 （2）选择正确部门、人员，金额框为空时进行添加 （3）选择正确部门、人员，金额框为 0 时进行添加 （4）选择正确部门、人员，金额框为汉字时进行添加 （5）选择正确部门、人员，金额框为字符时进行添加 （6）选择正确部门、人员，金额框为空格时进行添加 （7）选择正确部门、人员，金额框为负数时进行添加 （8）不选择部门和人员，只输入正确金额时进行添加 （9）不选择人员，选择部门后输入正确金额时进行添加 （10）单击“已添加信息”按钮后的“×”进行删除操作		
通过准则	满足以下要求为通过，否则为不通过 （1）添加成功，输入栏下方显示一行新的数据，该员工个人绩效中正确显示该条数据 （2）提示“输入或选择有错误” （3）提示“输入或选择有错误” （4）提示“输入或选择有错误” （5）提示“输入或选择有错误” （6）提示“输入或选择有错误” （7）提示“输入或选择有错误” （8）提示“请选择人员或部门” （9）提示“请选择人员” （10）成功删除该条信息		
测试项终止条件	正常终止：功能相关的测试用例执行完毕 异常终止：由于某些特殊原因，导致该测试项分解的测试用例不能完全执行，无法执行的原因已记录		

14. 提交津贴月报-添加重点产品线的销售经理津贴

表 7-38 功能测试-提交津贴月报-添加重点产品线的销售经理津贴

测试项名称	功能测试-提交津贴月报-添加重点产品线的销售经理津贴	测试项标识	DFYYMMXYZ0102016
测评需求章节号	SDRC 绩效考核评测系统软件需求规格说明书 4.3.10	测试优先级	高
测试项描述	检测提交津贴月报-添加重点产品线的销售经理津贴功能是否满足需求规格说明书的要求		

续表

测试方法	采用功能分解、等价类、边界值和猜错法等方法设计测试用例，以黑盒方式，通过手工或自动化测试工具执行测试用例
约束条件	系统正常运行，使用项目和知识管理部人员的账号成功登录系统，进入“提交津贴月报”界面添加重点产品线的销售经理津贴
测试充分性要求	（1）填写正确数据进行添加并提交 （2）选择正确部门、人员，金额框为空时进行添加 （3）选择正确部门、人员，金额框为0时进行添加 （4）选择正确部门、人员，金额框为汉字时进行添加 （5）选择正确部门、人员，金额框为字符时进行添加 （6）选择正确部门、人员，金额框为空格时进行添加 （7）选择正确部门、人员，金额框为负数时进行添加 （8）不选择部门和人员，只输入正确金额时进行添加 （9）不选择人员，选择部门后输入正确金额时进行添加 （10）单击“已添加信息”按钮后的“×”进行删除操作
通过准则	满足以下要求为通过，否则为不通过 （1）添加成功，输入栏下方显示一行新的数据，该员工个人绩效中正确显示该条数据 （2）提示“输入或选择有错误” （3）提示“输入或选择有错误” （4）提示“输入或选择有错误” （5）提示“输入或选择有错误” （6）提示“输入或选择有错误” （7）提示“输入或选择有错误” （8）提示“请选择人员或部门” （9）提示“请选择人员” （10）成功删除该条信息
测试项终止条件	正常终止：功能相关的测试用例执行完毕 异常终止：由于某些特殊原因，导致该测试项分解的测试用例不能完全执行，无法执行的原因已记录

15. 提交津贴月报-添加激励基金

表 7-39 功能测试-提交津贴月报-添加激励基金

测试项名称	功能测试-提交津贴月报-添加激励基金	测试项标识	DFYYMMXYZ0102017
测评需求章节号	SDRC 绩效考核评测系统软件需求规格说明书 4.3.11	测试优先级	高
测试项描述	检测提交津贴月报-添加激励基金功能是否满足需求规格说明书的要求		
测试方法	采用功能分解、等价类、边界值和猜错法等方法设计测试用例，以黑盒方式，通过手工或自动化测试工具执行测试用例		
约束条件	系统正常运行，使用项目和知识管理部人员的账号成功登录系统，进入“提交津贴月报”界面添加激励基金		

续表

测试充分性要求	（1）填写正确数据进行添加并提交 （2）选择正确部门、人员，金额框为空时进行添加 （3）选择正确部门、人员，金额框为0时进行添加 （4）选择正确部门、人员，金额框为汉字时进行添加 （5）选择正确部门、人员，金额框为字符时进行添加 （6）选择正确部门、人员，金额框为空格时进行添加 （7）选择正确部门、人员，金额框为负数时进行添加 （8）不选择部门和人员，只输入正确金额时进行添加 （9）不选择人员，选择部门后输入正确金额时进行添加 （10）单击“已添加信息”按钮后的“×”进行删除操作
通过准则	满足以下要求为通过，否则为不通过 （1）添加成功，输入栏下方显示一行新的数据，该员工个人绩效中正确显示该条数据 （2）提示“输入或选择有错误” （3）提示“输入或选择有错误” （4）提示“输入或选择有错误” （5）提示“输入或选择有错误” （6）提示“输入或选择有错误” （7）提示“输入或选择有错误” （8）提示“请选择人员或部门” （9）提示“请选择人员” （10）成功删除该条信息
测试项终止条件	正常终止：功能相关的测试用例执行完毕 异常终止：由于某些特殊原因，导致该测试项分解的测试用例不能完全执行，无法执行的原因已记录

16. 提交津贴月报-添加职称及职业资格奖励

表7-40 功能测试-提交津贴月报-添加职称及职业资格奖励

测试项名称	功能测试-提交津贴月报-添加职称及职业资格奖励	测试项标识	DFYYMMXYZ0102018
测评需求章节号	SDRC 绩效考核评测系统软件需求规格说明书 4.3.12	测试优先级	高
测试项描述	检测提交津贴月报-添加职称及职业资格奖励功能是否满足需求规格说明书的要求		
测试方法	采用功能分解、等价类、边界值和猜错法等方法设计测试用例，以黑盒方式，通过手工或自动化测试工具执行测试用例		
约束条件	系统正常运行，使用人力专员的账号成功登录系统，进入“提交津贴月报”界面添加职称及职业资格奖励		
测试充分性要求	（1）填写正确数据进行添加并提交 （2）选择正确部门、人员，金额框为空时进行添加 （3）选择正确部门、人员，金额框为0时进行添加 （4）选择正确部门、人员，金额框为汉字时进行添加 （5）选择正确部门、人员，金额框为字符时进行添加 （6）选择正确部门、人员，金额框为空格时进行添加		

续表

	（7）选择正确部门、人员，金额框为负数时进行添加 （8）不选择部门和人员，只输入正确金额时进行添加 （9）不选择人员，选择部门后输入正确金额时进行添加 （10）单击“已添加信息”按钮后的“×”进行删除操作
通过准则	满足以下要求为通过，否则为不通过 （1）添加成功，输入栏下方显示一行新的数据，该员工个人绩效中正确显示该条数据 （2）提示“输入或选择有错误” （3）提示“输入或选择有错误” （4）提示“输入或选择有错误” （5）提示“输入或选择有错误” （6）提示“输入或选择有错误” （7）提示“输入或选择有错误” （8）提示“请选择人员或部门” （9）提示“请选择人员” （10）成功删除该条信息
测试项终止条件	正常终止：功能相关的测试用例执行完毕 异常终止：由于某些特殊原因，导致该测试项分解的测试用例不能完全执行，无法执行的原因已记录

7.2.4 测试环境

基于被测软件的分析结果，本项目的测试环境设计如下。

7.2.4.1 软、硬件环境

1. 软件测试环境拓扑图

软件测试环境拓扑图如图 7-2 所示。

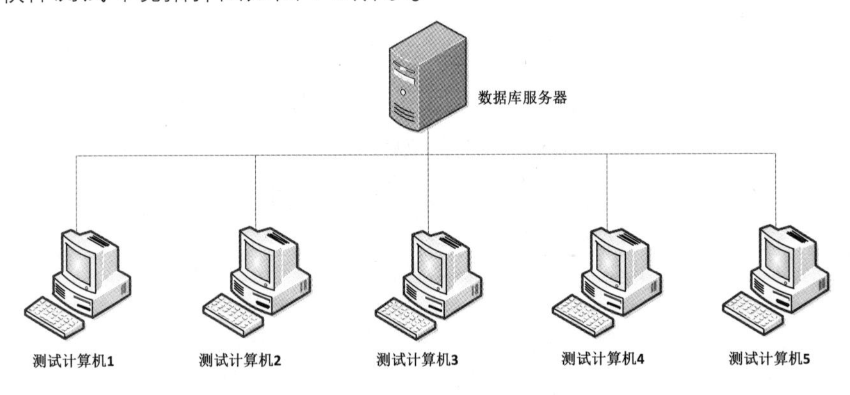

图 7-2 软件测试环境拓扑图

2. 硬件环境配置

硬件环境配置如表7-41所示。

表7-41　硬件配置

序号	设备名称	设备型号/编号	配　置
1	数据库服务器	Lenovo 万全 R510 G7 /N001	CPU：Intel E5620，2.40GHz 内存：32GB 硬盘：500GB
2	测试计算机1	Lenovo 启天 A7200 /N002～006	CPU：Intel G3250，3.20GHz 内存：2GB 显示器：Lenovo AIO 分辨率1400像素×900像素 硬盘：500GB
3	测试计算机2		
4	测试计算机3		
5	测试计算机4		
6	测试计算机5		

3. 软件环境配置

软件环境配置如表7-42所示。

表7-42　软件环境配置

序号	软件名称及版本号	软件来源	软件类型
1	SDRC 绩效考核评测系统 V1.0	SDRC 公司	被测件
2	Windows 7	软件测试中心	操作系统
3	Microsoft SQL Server 2012	软件测试中心	数据库
4	IIS 4.0	软件测试中心	支撑系统
5	Firefox 59.0.2（64位）	软件测试中心	浏览器
6	Google Chrome 66.0.3359.117（64位）	软件测试中心	
7	Internet Explorer 8.0	软件测试中心	
8	Loadrunner 11	软件测试中心	测试工具

4. 软件部署

软件部署如表7-43所示。

表7-43　软件部署

序号	设备型号	软件名称	备　注
1	测试计算机1	Windows 7 Internet Explorer 8.0 Google Chrome 66.0.3359.117（64位） Firefox 59.0.2（64位） Loadrunner 11	—
2	测试计算机2	Windows 7 Internet Explorer 8.0 Google Chrome 66.0.3359.117（64位） Firefox 59.0.2（64位）	—
3	测试计算机3		—
4	测试计算机4		—
5	测试计算机5		—

续表

序号	设备型号	软件名称	备　注
6	数据库服务器	SDRC 绩效考核评测系统软件 V1.0 Windows 7 Microsoft SQL Server 2012 IIS 4.0	—

7.2.4.2　测评场所

测评场所为软件测试中心的测试机房。

7.2.4.3　测评数据

表 7-44　软件测试数据准备表

测试数据类别	数据形式	数据提供者	提交时间
用户管理数据	数据流	SDRC 公司	测试过程中产生

7.3　测试设计与实现

依据软件测试需求规格说明书文档和软件测试计划进行用例设计，编制软件测试说明，本节主要描述如何对测试项进行分解，并设计对应的测试用例，体现了测试用例对测试项覆盖的充分性。

7.3.1　文档审查

文档审查是指对委托方提交的软件需求规格说明书、软件设计说明书和用户手册的完整性、一致性和准确性进行检查，文档审查测试用例如表 7-45 所示。

表 7-45　文档审查测试用例

序号	用例名称	用例标识	用例描述
1	文档审查-软件需求规格说明书	CSYYMMXYZ0101001001	检测软件需求规格说明书是否满足委托方的要求
2	文档审查-软件设计说明书	CSYYMMXYZ0101002001	检测软件设计说明书是否满足委托方的要求
3	文档审查-软件用户手册	CSYYMMXYZ0101003001	检测软件用户手册是否满足委托方的要求

7.3.2 功能测试

功能测试主要对软件测试需求规格说明书中的功能测试需求逐项进行测试，测试内容包括：

（1）用正常值的等价类输入数据值测试；

（2）用非正常值的等价类输入数据值测试；

（3）对每项功能的合法边界值和非法边界值输入进行测试；

（4）对控制流程的正确性、合理性等进行验证。

使用功能分解、等价类分析等方法设计的功能测试用例如表7-46所示。

表7-46 功能测试用例

序号	用例名称	用例标识	用例描述
1	功能测试-登录与注销-登录-进入登录界面	CSYYMMXYZ0102001001	检测输入网址是否能够进入登录界面
2	功能测试-登录与注销-登录-正常登录	CSYYMMXYZ0102001002	检测输入正常的用户名和密码是否能登录成功
3	功能测试-登录与注销-登录-异常用户名登录	CSYYMMXYZ0102001003	检测输入异常的用户名是否能够登录成功
4	功能测试-登录与注销-登录-异常密码登录	CSYYMMXYZ0102001004	检测输入异常的密码是否能够正常登录成功
5	功能测试-登录与注销-登录-用户名为空时登录	CSYYMMXYZ0102001005	检测不输入用户名是否能够正常登录成功
6	功能测试-登录与注销-登录-登录密码为空时登录	CSYYMMXYZ0102001006	检测不输入密码是否能够正常登录成功
7	功能测试-登录与注销-登录-用户名和密码均为空时登录	CSYYMMXYZ0102001007	检测不输入用户名和密码是否能够正常登录成功
8	功能测试-登录与注销-退出-单击“退出”按钮	CSYYMMXYZ0102002001	检测单击“退出”按钮是否能够正常退出
9	功能测试-登录与注销-退出-关闭网页	CSYYMMXYZ0102002002	检测关闭网页是否能够正常退出
10	功能测试-登录与注销-修改登录密码-进入修改密码界面	CSYYMMXYZ0102003001	检测单击“修改登录密码”按钮是否正常进入修改密码界面
11	功能测试-登录与注销-修改登录密码-正常修改密码	CSYYMMXYZ0102003002	检测正常修改密码是否能够成功
12	功能测试-登录与注销-修改登录密码-两次修改密码不一致	CSYYMMXYZ0102003003	检测两次修改密码不一致是否能够修改成功
13	功能测试-登录与注销-修改登录密码-修改密码中添加空格	CSYYMMXYZ0102003004	检测在两次输入新密码中添加空格是否能修改成功

续表

序号	用例名称	用例标识	用例描述
14	功能测试-登录与注销-修改登录密码-使用汉字修改密码	CSYYMMXYZ0102003005	检测在修改密码时，修改密码为汉字是否能够修改成功
15	功能测试-登录与注销-修改登录密码-不输入新密码	CSYYMMXYZ0102003006	检测不输入新密码是否能修改成功
16	功能测试-登录与注销-修改登录密码-取消修改密码	CSYYMMXYZ0102003007	检测取消修改密码是否能修改密码成功
17	功能测试-登录与注销-修改登录密码-修改用户名	CSYYMMXYZ0102003008	检测修改用户名是否能够成功
18	功能测试-查询我的个人绩效-个人月度绩效显示-进入查询我的个人绩效页面	CSYYMMXYZ0102003009	检测单击“查询我的个人绩效”按钮是否正常进入查询我的个人绩效页面
19	功能测试-查询我的个人绩效-个人月度绩效显示-查询期间查询个人月度绩效显示	CSYYMMXYZ0102003010	检测在查询日期时，是否能够查询个人月度绩效
20	功能测试-查询我的个人绩效-个人月度绩效显示-填报期间查询个人月度绩效显示	CSYYMMXYZ0102003011	检测在打分日期时，是否能够查询个人月度绩效
21	功能测试-查询我的个人绩效-个人季度管理绩效显示-查询期间查询个人季度管理绩效显示	CSYYMMXYZ0102005001	检测在查询日期时是否能够查询个人季度管理绩效
22	功能测试-查询我的个人绩效-个人季度管理绩效显示-打分期间查询个人季度管理绩效显示	CSYYMMXYZ0102005002	检测在打分日期时是否能够查询个人季度管理绩效
23	功能测试-查询我的个人绩效-个人月度津贴显示-查询期间查询个人月度津贴显示	CSYYMMXYZ0102006001	检测在查询日期时是否能够查询个人月度津贴
24	功能测试-查询我的个人绩效-个人月度津贴显示-填报期间查询个人月度津贴显示	CSYYMMXYZ0102006002	检测填报期间是否能够查询个人月度津贴
25	功能测试-提交津贴月报-添加实习补助-正常金额	CSYYMMXYZ0102007001	检测提交津贴月报-添加实习补助-正常金额时功能是否满足需求规格说明书的要求
26	功能测试-提交津贴月报-添加实习补助-金额为空	CSYYMMXYZ0102007002	检测提交津贴月报-添加实习补助-金额为空时功能是否满足需求规格说明书的要求
27	功能测试-提交津贴月报-添加实习补助-金额为 0	CSYYMMXYZ0102007003	检测提交津贴月报-添加实习补助-金额为 0 时功能是否满足需求规格说明书的要求
28	功能测试-提交津贴月报-添加实习补助-金额为汉字	CSYYMMXYZ0102007004	检测提交津贴月报-添加实习补助-金额为汉字时功能是否满足需求规格说明书的要求

续表

序号	用例名称	用例标识	用例描述
29	功能测试-提交津贴月报-添加实习补助-金额为字符	CSYYMMXYZ0102007005	检测提交津贴月报添加实习补助-金额为字符时功能是否满足需求规格说明书的要求
30	功能测试-提交津贴月报-添加实习补助-金额为空格	CSYYMMXYZ0102007006	检测提交津贴月报-添加实习补助-金额为空格时功能是否满足需求规格说明书的要求
31	功能测试-提交津贴月报-添加实习补助-金额为负数	CSYYMMXYZ0102007007	检测提交津贴月报-添加实习补助-金额为负数时功能是否满足需求规格说明书的要求
32	功能测试-提交津贴月报-添加实习补助-不选择部门	CSYYMMXYZ0102007008	检测提交津贴月报-添加实习补助-不选择部门时功能是否满足需求规格说明书的要求
33	功能测试-提交津贴月报-添加实习补助-不选择人员	CSYYMMXYZ0102007009	检测提交津贴月报-添加实习补助-不选择人员时功能是否满足需求规格说明书的要求
34	功能测试-提交津贴月报-添加实习补助-删除数据	CSYYMMXYZ0102007010	检测提交津贴月报-添加实习补助-删除数据时功能是否满足需求规格说明书的要求
35	功能测试-提交津贴月报-添加差旅补助-正常金额	CSYYMMXYZ0102008001	检测提交津贴月报-添加差旅补助-正常金额时功能是否满足需求规格说明书的要求
36	功能测试-提交津贴月报-添加差旅补助-金额为空	CSYYMMXYZ0102008002	检测提交津贴月报-添加差旅补助-金额为空时功能是否满足需求规格说明书的要求
37	功能测试-提交津贴月报-添加差旅补助-金额为 0	CSYYMMXYZ0102008003	检测提交津贴月报-添加差旅补助-金额为 0 时功能是否满足需求规格说明书的要求
38	功能测试-提交津贴月报-添加差旅补助-金额为汉字	CSYYMMXYZ0102008004	检测提交津贴月报-添加差旅补助-金额为汉字时功能是否满足需求规格说明书的要求
39	功能测试-提交津贴月报-添加差旅补助-金额为字符	CSYYMMXYZ0102008005	检测提交津贴月报-添加差旅补助-金额为字符时功能是否满足需求规格说明书的要求
40	功能测试-提交津贴月报-添加差旅补助-金额为空格	CSYYMMXYZ0102008006	检测提交津贴月报-添加差旅补助-金额为空格时功能是否满足需求规格说明书的要求
41	功能测试-提交津贴月报-添加差旅补助-金额为负数	CSYYMMXYZ0102008007	检测提交津贴月报-添加差旅补助-金额为负数时功能是否满足需求规格说明书的要求
42	功能测试-提交津贴月报-添加差旅补助-不选择部门	CSYYMMXYZ0102008008	检测提交津贴月报-添加差旅补助-不选择部门时功能是否满足需求规格说明书的要求

续表

序号	用例名称	用例标识	用例描述
43	功能测试-提交津贴月报-添加差旅补助-不选择人员	CSYYMMXYZ0102008009	检测提交津贴月报-添加差旅补助-不选择人员时功能是否满足需求规格说明书的要求
44	功能测试-提交津贴月报-添加差旅补助-删除数据	CSYYMMXYZ0102008010	检测提交津贴月报-添加差旅补助-删除数据时功能是否满足需求规格说明书的要求
45	功能测试-提交津贴月报-添加值班费-正常金额	CSYYMMXYZ0102009001	检测提交津贴月报-添加值班费-正常金额时功能是否满足需求规格说明书的要求
46	功能测试-提交津贴月报-添加值班费-金额为空	CSYYMMXYZ0102009002	检测提交津贴月报-添加值班费-金额为空时功能是否满足需求规格说明书的要求
47	功能测试-提交津贴月报-添加值班费-金额为 0	CSYYMMXYZ0102009003	检测提交津贴月报-添加值班费-金额为 0 时功能是否满足需求规格说明书的要求
48	功能测试-提交津贴月报-添加值班费-金额为汉字	CSYYMMXYZ0102009004	检测提交津贴月报-添加值班费-金额为汉字时功能是否满足需求规格说明书的要求
49	功能测试-提交津贴月报-添加值班费-金额为字符	CSYYMMXYZ0102009005	检测提交津贴月报-添加值班费-金额为字符时功能是否满足需求规格说明书的要求
50	功能测试-提交津贴月报-添加值班费-金额为空格	CSYYMMXYZ0102009006	检测提交津贴月报-添加值班费-金额为空格时功能是否满足需求规格说明书的要求
51	功能测试-提交津贴月报-添加值班费-金额为负数	CSYYMMXYZ0102009007	检测提交津贴月报-添加值班费-金额为负数时功能是否满足需求规格说明书的要求
52	功能测试-提交津贴月报-添加值班费-不选择部门	CSYYMMXYZ0102009008	检测提交津贴月报-添加值班费-不选择部门时功能是否满足需求规格说明书的要求
53	功能测试-提交津贴月报-添加值班费-不选择人员	CSYYMMXYZ0102009009	检测提交津贴月报-添加值班费-不选择人员时功能是否满足需求规格说明书的要求
54	功能测试-提交津贴月报-添加值班费-删除数据	CSYYMMXYZ0102009010	检测提交津贴月报-添加值班费-删除数据时功能是否满足需求规格说明书的要求
55	功能测试-提交津贴月报-添加研发创新基金津贴-正常金额	CSYYMMXYZ0102010001	检测提交津贴月报-添加研发创新基金津贴-正常金额时功能是否满足需求规格说明书的要求
56	功能测试-提交津贴月报-添加研发创新基金津贴-金额为空	CSYYMMXYZ0102010002	检测提交津贴月报-添加研发创新基金津贴-金额为空时功能是否满足需求规格说明书的要求

续表

序号	用例名称	用例标识	用例描述
57	功能测试-提交津贴月报-添加研发创新基金津贴-金额为0	CSYYMMXYZ0102010003	检测提交津贴月报-添加研发创新基金津贴-金额为0时功能是否满足需求规格说明书的要求
58	功能测试-提交津贴月报-添加研发创新基金津贴-金额为汉字	CSYYMMXYZ0102010004	检测提交津贴月报-添加研发创新基金津贴-金额为汉字时功能是否满足需求规格说明书的要求
59	功能测试-提交津贴月报-添加研发创新基金津贴-金额为字符	CSYYMMXYZ0102010005	检测提交津贴月报-添加研发创新基金津贴-金额为字符时功能是否满足需求规格说明书的要求
60	功能测试-提交津贴月报-添加研发创新基金津贴-金额为空格	CSYYMMXYZ0102010006	检测提交津贴月报-添加研发创新基金津贴-金额为空格时功能是否满足需求规格说明书的要求
61	功能测试-提交津贴月报-添加研发创新基金津贴-金额为负数	CSYYMMXYZ0102010007	检测提交津贴月报-添加研发创新基金津贴-金额为负数时功能是否满足需求规格说明书的要求
62	功能测试-提交津贴月报-添加研发创新基金津贴——不选择部门	CSYYMMXYZ0102010008	检测提交津贴月报-添加研发创新基金津贴-不选择部门时功能是否满足需求规格说明书的要求
63	功能测试-提交津贴月报-添加研发创新基金津贴-不选择人员	CSYYMMXYZ0102010009	检测提交津贴月报-添加研发创新基金津贴-不选择人员时功能是否满足需求规格说明书的要求
64	功能测试-提交津贴月报-添加研发创新基金津贴-删除数据	CSYYMMXYZ0102010010	检测提交津贴月报-添加研发创新基金津贴-删除数据时功能是否满足需求规格说明书的要求
65	功能测试-提交津贴月报-添加保密津贴-正常金额	CSYYMMXYZ0102011001	检测提交津贴月报-添加保密津贴-正常金额时功能是否满足需求规格说明书的要求
66	功能测试-提交津贴月报-添加保密津贴-金额为空	CSYYMMXYZ0102011002	检测提交津贴月报-添加保密津贴-金额为空时功能是否满足需求规格说明书的要求
67	功能测试-提交津贴月报-添加保密津贴-金额为0	CSYYMMXYZ0102011003	检测提交津贴月报-添加保密津贴-金额为0时功能是否满足需求规格说明书的要求
68	功能测试-提交津贴月报-添加保密津贴-金额为汉字	CSYYMMXYZ0102011004	检测提交津贴月报-添加保密津贴-金额为汉字时功能是否满足需求规格说明书的要求
69	功能测试-提交津贴月报-添加保密津贴-金额为字符	CSYYMMXYZ0102011005	检测提交津贴月报-添加保密津贴-金额为字符时功能是否满足需求规格说明书的要求
70	功能测试-提交津贴月报-添加保密津贴-金额为空格	CSYYMMXYZ0102011006	检测提交津贴月报-添加保密津贴-金额为空格时功能是否满足需求规格说明书的要求

续表

序号	用例名称	用例标识	用例描述
71	功能测试-提交津贴月报-添加保密津贴-金额为负数	CSYYMMXYZ0102011007	检测提交津贴月报-添加保密津贴-金额为负数时功能是否满足需求规格说明书的要求
72	功能测试-提交津贴月报-添加保密津贴-不选择部门	CSYYMMXYZ0102011008	检测提交津贴月报-添加保密津贴-不选择部门时功能是否满足需求规格说明书的要求
73	功能测试-提交津贴月报-添加保密津贴-不选择人员	CSYYMMXYZ0102011009	检测提交津贴月报-添加保密津贴-不选择人员时功能是否满足需求规格说明书的要求
74	功能测试-提交津贴月报-添加保密津贴-删除数据	CSYYMMXYZ0102011010	检测提交津贴月报-添加保密津贴-删除数据时功能是否满足需求规格说明书的要求
75	功能测试-提交津贴月报-添加其他-正常金额	CSYYMMXYZ0102012001	检测提交津贴月报-添加其他-正常金额时功能是否满足需求规格说明书的要求
76	功能测试-提交津贴月报-添加其他-金额为空	CSYYMMXYZ0102012002	检测提交津贴月报-添加其他-金额为空时功能是否满足需求规格说明书的要求
77	功能测试-提交津贴月报-添加其他-金额为 0	CSYYMMXYZ0102012003	检测提交津贴月报-添加其他-金额为 0 时功能是否满足需求规格说明书的要求
78	功能测试-提交津贴月报-添加其他-金额为汉字	CSYYMMXYZ0102012004	检测提交津贴月报-添加其他-金额为汉字时功能是否满足需求规格说明书的要求
79	功能测试-提交津贴月报-添加其他-金额为字符	CSYYMMXYZ0102012005	检测提交津贴月报-添加其他-金额为字符时功能是否满足需求规格说明书的要求
80	功能测试-提交津贴月报-添加其他-金额为空格	CSYYMMXYZ0102012006	检测提交津贴月报-添加其他-金额为空格时功能是否满足需求规格说明书的要求
81	功能测试-提交津贴月报-添加其他-金额为负数	CSYYMMXYZ0102012007	检测提交津贴月报-添加其他-金额为负数时功能是否满足需求规格说明书的要求
82	功能测试-提交津贴月报-添加其他-不选择部门	CSYYMMXYZ0102012008	检测提交津贴月报-添加其他-不选择部门时功能是否满足需求规格说明书的要求
83	功能测试-提交津贴月报-添加其他-不选择人员	CSYYMMXYZ0102012009	检测提交津贴月报-添加其他-不选择人员时功能是否满足需求规格说明书的要求
84	功能测试-提交津贴月报-添加其他-删除数据	CSYYMMXYZ0102012010	检测提交津贴月报-添加其他-删除数据时功能是否满足需求规格说明书的要求

续表

序号	用例名称	用例标识	用例描述
85	功能测试-提交津贴月报-添加项目提成奖励-正常金额	CSYYMMXYZ0102013001	检测提交津贴月报-添加项目提成奖励-正常金额时功能是否满足需求规格说明书的要求
86	功能测试-提交津贴月报-添加项目提成奖励-金额为空	CSYYMMXYZ0102013002	检测提交津贴月报-添加项目提成奖励-金额为空时功能是否满足需求规格说明书的要求
87	功能测试-提交津贴月报-添加项目提成奖励-金额为 0	CSYYMMXYZ0102013003	检测提交津贴月报-添加项目提成奖励-金额为 0 时功能是否满足需求规格说明书的要求
88	功能测试-提交津贴月报-添加项目提成奖励-金额为汉字	CSYYMMXYZ0102013004	检测提交津贴月报-添加项目提成奖励-金额为汉字时功能是否满足需求规格说明书的要求
89	功能测试-提交津贴月报-添加项目提成奖励-金额为字符	CSYYMMXYZ0102013005	检测提交津贴月报-添加项目提成奖励-金额为字符时功能是否满足需求规格说明书的要求
90	功能测试-提交津贴月报-添加项目提成奖励-金额为空格	CSYYMMXYZ0102013006	检测提交津贴月报-添加项目提成奖励-金额为空格时功能是否满足需求规格说明书的要求
91	功能测试-提交津贴月报-添加项目提成奖励-金额为负数	CSYYMMXYZ0102013007	检测提交津贴月报-添加项目提成奖励-金额为负数时功能是否满足需求规格说明书的要求
92	功能测试-提交津贴月报-添加项目提成奖励-不选择部门	CSYYMMXYZ0102013008	检测提交津贴月报-添加项目提成奖励-不选择部门时功能是否满足需求规格说明书的要求
93	功能测试-提交津贴月报-添加项目提成奖励-不选择人员	CSYYMMXYZ0102013009	检测提交津贴月报-添加项目提成奖励-不选择人员时功能是否满足需求规格说明书的要求
94	功能测试-提交津贴月报-添加项目提成奖励-删除数据	CSYYMMXYZ0102013010	检测提交津贴月报-添加项目提成奖励-删除数据时功能是否满足需求规格说明书的要求
95	功能测试-提交津贴月报-添加销售提成-正常金额	CSYYMMXYZ0102014001	检测提交津贴月报-添加销售提成-正常金额时功能是否满足需求规格说明书的要求
96	功能测试-提交津贴月报-添加销售提成-金额为空	CSYYMMXYZ0102014002	检测提交津贴月报-添加销售提成-金额为空时功能是否满足需求规格说明书的要求
97	功能测试-提交津贴月报-添加销售提成-金额为 0	CSYYMMXYZ0102014003	检测提交津贴月报-添加销售提成-金额为 0 时功能是否满足需求规格说明书的要求
98	功能测试-提交津贴月报-添加销售提成-金额为汉字	CSYYMMXYZ0102014004	检测提交津贴月报-添加销售提成-金额为汉字时功能是否满足需求规格说明书的要求

续表

序号	用例名称	用例标识	用例描述
99	功能测试-提交津贴月报-添加销售提成-金额为字符	CSYYMMXYZ0102014005	检测提交津贴月报-添加销售提成-金额为字符时功能是否满足需求规格说明书的要求
100	功能测试-提交津贴月报-添加销售提成-金额为空格	CSYYMMXYZ0102014006	检测提交津贴月报-添加销售提成-金额为空格时功能是否满足需求规格说明书的要求
101	功能测试-提交津贴月报-添加销售提成-金额为负数	CSYYMMXYZ0102014007	检测提交津贴月报-添加销售提成-金额为负数时功能是否满足需求规格说明书的要求
102	功能测试-提交津贴月报-添加销售提成-不选择部门	CSYYMMXYZ0102014008	检测提交津贴月报-添加销售提成-不选择部门时功能是否满足需求规格说明书的要求
103	功能测试-提交津贴月报-添加销售提成-不选择人员	CSYYMMXYZ0102014009	检测提交津贴月报-添加销售提成-不选择人员时功能是否满足需求规格说明书的要求
104	功能测试-提交津贴月报-添加销售提成-删除数据	CSYYMMXYZ0102014010	检测提交津贴月报-添加销售提成-删除数据时功能是否满足需求规格说明书的要求
105	功能测试-提交津贴月报-添加重点产品线的产品经理津贴-正常金额	CSYYMMXYZ0102015001	检测提交津贴月报-添加重点产品线的产品经理津贴-正常金额时功能是否满足需求规格说明书的要求
106	功能测试-提交津贴月报-添加重点产品线的产品经理津贴-金额为空	CSYYMMXYZ0102015002	检测提交津贴月报-添加重点产品线的产品经理津贴-金额为空时功能是否满足需求规格说明书的要求
107	功能测试-提交津贴月报-添加重点产品线的产品经理津贴-金额为 0	CSYYMMXYZ0102015003	检测提交津贴月报-添加重点产品线的产品经理津贴-金额为 0 时功能是否满足需求规格说明书的要求
108	功能测试-提交津贴月报-添加重点产品线的产品经理津贴-金额为汉字	CSYYMMXYZ0102015004	检测提交津贴月报-添加重点产品线的产品经理津贴-金额为汉字时功能是否满足需求规格说明书的要求
109	功能测试-提交津贴月报-添加重点产品线的产品经理津贴-金额为字符	CSYYMMXYZ0102015005	检测提交津贴月报-添加重点产品线的产品经理津贴-金额为字符时功能是否满足需求规格说明书的要求
110	功能测试-提交津贴月报-添加重点产品线的产品经理津贴-金额为空格	CSYYMMXYZ0102015006	检测提交津贴月报-添加重点产品线的产品经理津贴-金额为空格时功能是否满足需求规格说明书的要求

续表

序号	用例名称	用例标识	用例描述
111	功能测试-提交津贴月报-添加重点产品线的产品经理津贴-金额为负数	CSYYMMXYZ0102015007	检测提交津贴月报-添加重点产品线的产品经理津贴-金额为负数时功能是否满足需求规格说明书的要求
112	功能测试-提交津贴月报-添加重点产品线的产品经理津贴-不选择部门	CSYYMMXYZ0102015008	检测提交津贴月报-添加重点产品线的产品经理津贴-不选择部门时功能是否满足需求规格说明书的要求
113	功能测试-提交津贴月报-添加重点产品线的产品经理津贴-不选择人员	CSYYMMXYZ0102015009	检测提交津贴月报-添加重点产品线的产品经理津贴-不选择人员时功能是否满足需求规格说明书的要求
114	功能测试-提交津贴月报-添加重点产品线的产品经理津贴-删除数据	CSYYMMXYZ0102015010	检测提交津贴月报-添加重点产品线的产品经理津贴-删除数据时功能是否满足需求规格说明书的要求
115	功能测试-提交津贴月报-添加重点产品线的销售经理津贴-正常金额	CSYYMMXYZ0102016001	检测提交津贴月报-添加重点产品线的销售经理津贴-正常金额时功能是否满足需求规格说明书的要求
116	功能测试-提交津贴月报-添加重点产品线的销售经理津贴-金额为空	CSYYMMXYZ0102016002	检测提交津贴月报-添加重点产品线的销售经理津贴-金额为空时功能是否满足需求规格说明书的要求
117	功能测试-提交津贴月报-添加重点产品线的销售经理津贴-金额为 0	CSYYMMXYZ0102016003	检测提交津贴月报-添加重点产品线的销售经理津贴-金额为 0 时功能是否满足需求规格说明书的要求
118	功能测试-提交津贴月报-添加重点产品线的销售经理津贴-金额为汉字	CSYYMMXYZ0102016004	检测提交津贴月报-添加重点产品线的销售经理津贴-金额为汉字时功能是否满足需求规格说明书的要求
119	功能测试-提交津贴月报-添加重点产品线的销售经理津贴-金额为字符	CSYYMMXYZ0102016005	检测提交津贴月报-添加重点产品线的销售经理津贴-金额为字符时功能是否满足需求规格说明书的要求
120	功能测试-提交津贴月报-添加重点产品线的销售经理津贴-金额为空格	CSYYMMXYZ0102016006	检测提交津贴月报-添加重点产品线的销售经理津贴-金额为空格时功能是否满足需求规格说明书的要求

续表

序号	用例名称	用例标识	用例描述
121	功能测试-提交津贴月报-添加重点产品线的销售经理津贴-金额为负数	CSYYMMXYZ0102016007	检测提交津贴月报-添加重点产品线的销售经理津贴-金额为负数时功能是否满足需求规格说明书的要求
122	功能测试-提交津贴月报-添加重点产品线的销售经理津贴-不选择部门	CSYYMMXYZ0102016008	检测提交津贴月报-添加重点产品线的销售经理津贴-不选择部门时功能是否满足需求规格说明书的要求
123	功能测试-提交津贴月报-添加重点产品线的销售经理津贴-不选择人员	CSYYMMXYZ0102016009	检测提交津贴月报-添加重点产品线的销售经理津贴-不选择人员时功能是否满足需求规格说明书的要求
124	功能测试-提交津贴月报-添加重点产品线的销售经理津贴-删除数据	CSYYMMXYZ0102016010	检测提交津贴月报-添加重点产品线的销售经理津贴-删除数据时功能是否满足需求规格说明书的要求
125	功能测试-提交津贴月报-添加激励基金-正常金额	CSYYMMXYZ0102017001	检测提交津贴月报-添加激励基金-正常金额时功能是否满足需求规格说明书的要求
126	功能测试-提交津贴月报-添加激励基金-金额为空	CSYYMMXYZ0102017002	检测提交津贴月报-添加激励基金-金额为空时功能是否满足需求规格说明书的要求
127	功能测试-提交津贴月报-添加激励基金-金额为 0	CSYYMMXYZ0102017003	检测提交津贴月报-添加激励基金-金额为 0 时功能是否满足需求规格说明书的要求
128	功能测试-提交津贴月报-添加激励基金-金额为汉字	CSYYMMXYZ0102017004	检测提交津贴月报-添加激励基金-金额为汉字时功能是否满足需求规格说明书的要求
129	功能测试-提交津贴月报-添加激励基金-金额为字符	CSYYMMXYZ0102017005	检测提交津贴月报-添加激励基金-金额为字符时功能是否满足需求规格说明书的要求
130	功能测试-提交津贴月报-添加激励基金-金额为空格	CSYYMMXYZ0102017006	检测提交津贴月报-添加激励基金-金额为空格时功能是否满足需求规格说明书的要求
131	功能测试-提交津贴月报-添加激励基金-金额为负数	CSYYMMXYZ0102017007	检测提交津贴月报-添加激励基金-金额为负数时功能是否满足需求规格说明书的要求
132	功能测试-提交津贴月报-添加激励基金-不选择部门	CSYYMMXYZ0102017008	检测提交津贴月报-添加激励基金-不选择部门时功能是否满足需求规格说明书的要求
133	功能测试-提交津贴月报-添加激励基金-不选择人员	CSYYMMXYZ0102017009	检测提交津贴月报-添加激励基金-不选择人员时功能是否满足需求规格说明书的要求

续表

序号	用例名称	用例标识	用例描述
134	功能测试-提交津贴月报-添加激励基金-删除数据	CSYYMMXYZ0102017010	检测提交津贴月报-添加激励基金-删除数据时功能是否满足需求规格说明书的要求
135	功能测试-提交津贴月报-添加职称及职业资格奖励-正常金额	CSYYMMXYZ0102018001	检测提交津贴月报-添加职称及职业资格奖励-正常金额时功能是否满足需求规格说明书的要求
136	功能测试-提交津贴月报-添加职称及职业资格奖励-金额为空	CSYYMMXYZ0102018002	检测提交津贴月报-添加职称及职业资格奖励-金额为空时功能是否满足需求规格说明书的要求
137	功能测试-提交津贴月报-添加职称及职业资格奖励-金额为0	CSYYMMXYZ0102018003	检测提交津贴月报-添加职称及职业资格奖励-金额为0时功能是否满足需求规格说明书的要求
138	功能测试-提交津贴月报-添加职称及职业资格奖励-金额为汉字	CSYYMMXYZ0102018004	检测提交津贴月报-添加职称及职业资格奖励-金额为汉字时功能是否满足需求规格说明书的要求
139	功能测试-提交津贴月报-添加职称及职业资格奖励-金额为字符	CSYYMMXYZ0102018005	检测提交津贴月报-添加职称及职业资格奖励-金额为字符时功能是否满足需求规格说明书的要求
140	功能测试-提交津贴月报-添加职称及职业资格奖励-金额为空格	CSYYMMXYZ0102018006	检测提交津贴月报-添加职称及职业资格奖励-金额为空格时功能是否满足需求规格说明书的要求
141	功能测试-提交津贴月报-添加职称及职业资格奖励-金额为负数	CSYYMMXYZ0102018007	检测提交津贴月报-添加职称及职业资格奖励-金额为负数时功能是否满足需求规格说明书的要求
142	功能测试-提交津贴月报-添加职称及职业资格奖励-不选择部门	CSYYMMXYZ0102018008	检测提交津贴月报-添加职称及职业资格奖励-不选择部门时功能是否满足需求规格说明书的要求
143	功能测试-提交津贴月报-添加职称及职业资格奖励-不选择人员	CSYYMMXYZ0102018009	检测提交津贴月报-添加职称及职业资格奖励-不选择人员时功能是否满足需求规格说明书的要求
144	功能测试-提交津贴月报-添加职称及职业资格奖励-删除数据	CSYYMMXYZ0102018010	检测提交津贴月报-添加职称及职业资格奖励-删除数据时功能是否满足需求规格说明书的要求
145	功能测试-提交津贴月报-查询以前我的输入-有数据输入	CSYYMMXYZ0102019001	提交津贴月报-查询以前我的输入-有数据输入时功能是否满足需求规格说明书的要求

续表

序号	用例名称	用例标识	用例描述
146	功能测试-提交津贴月报-查询以前我的输入-无数据输入	CSYYMMXYZ0102019002	提交津贴月报-查询以前我的输入-无数据输入时功能是否满足需求规格说明书的要求
147	功能测试-提交津贴月报-查询以前我的输入-时间期限外	CSYYMMXYZ0102019003	提交津贴月报-查询以前我的输入-时间期限外时功能是否满足需求规格说明书的要求
148	功能测试-提交津贴月报-查询以前我的输入-无权限人员	CSYYMMXYZ0102019004	提交津贴月报-查询以前我的输入-无权限人员时功能是否满足需求规格说明书的要求
149	功能测试-提交津贴月报-复用上个月的输入-有数据输入	CSYYMMXYZ0102020001	提交津贴月报-复用上个月的输入-有数据输入时功能是否满足需求规格说明书的要求
150	功能测试-提交津贴月报-复用上个月的输入-无数据输入	CSYYMMXYZ0102020002	提交津贴月报-复用上个月的输入-无数据输入时功能是否满足需求规格说明书的要求
151	功能测试-提交津贴月报-复用上个月的输入-时间期限外	CSYYMMXYZ0102020003	提交津贴月报-复用上个月的输入-时间期限外时功能是否满足需求规格说明书的要求
152	功能测试-提交津贴月报-复用上个月的输入-无权限人员	CSYYMMXYZ0102020004	提交津贴月报-复用上个月的输入-无权限人员时功能是否满足需求规格说明书的要求
153	功能测试-提交津贴月报-查询以前我的输入-有数据输入	CSYYMMXYZ0102021001	提交津贴月报-复用上个月的输入-有数据输入时功能是否满足需求规格说明书的要求
154	功能测试-提交津贴月报-查询以前我的输入-无数据输入	CSYYMMXYZ0102021002	提交津贴月报-复用上个月的输入-无数据输入时功能是否满足需求规格说明书的要求
155	功能测试-管理绩效打分-管理绩效打分	CSYYMMXYZ0102022001	检测在打分期间进行管理绩效打分是否正常
156	功能测试-管理绩效打分-管理绩效打分-查询时间进行管理绩效打分 1	CSYYMMXYZ0102022002	检测在查询期间进行管理绩效打分 1 是否正常
157	功能测试-管理绩效打分-管理绩效打分-查询时间进行管理绩效打分 2	CSYYMMXYZ0102022003	检测在查询期间进行管理绩效打分 2 是否正常
158	功能测试-管理绩效打分-管理绩效打分-查询时间进行管理绩效打分 3	CSYYMMXYZ0102022004	检测在查询期间进行管理绩效打分 3 是否正常
159	功能测试-管理绩效打分-管理绩效打分-查询时间进行管理绩效打分 4	CSYYMMXYZ0102022005	检测在查询期间进行管理绩效打分 4 是否正常

续表

序号	用例名称	用例标识	用例描述
160	功能测试-管理绩效打分-管理绩效打分-测试部主任或副主任进行管理绩效打分	CSYYMMXYZ0102022006	检测登录测试部主任或副主任账号进行管理绩效打分是否正常
161	功能测试-管理绩效打分-管理绩效打分-综合部主任进行管理绩效打分	CSYYMMXYZ0102022007	检测登录综合部主任的账号进行管理绩效打分是否正常
162	功能测试-管理绩效打分-管理绩效打分-项目部主任进行管理绩效打分	CSYYMMXYZ0102022008	检测登录项目部主任的账号进行管理绩效打分是否正常
163	功能测试-管理绩效打分-管理绩效打分-财务部主任进行管理绩效打分	CSYYMMXYZ0102022009	检测登录财务部主任的账号进行管理绩效打分是否正常
164	功能测试-管理绩效打分-管理绩效打分-大客户部人员进行管理绩效打分	CSYYMMXYZ0102022010	检测登录大客户部人员的账号进行管理绩效打分是否正常
165	功能测试-管理绩效打分-管理绩效打分-技术支持部人员进行管理绩效打分	CSYYMMXYZ0102022011	检测登录技术支持部人员的账号进行管理绩效打分是否正常
166	功能测试-管理绩效打分-管理绩效打分-保密专员进行管理绩效打分	CSYYMMXYZ0102022012	检测登录保密专员的账号进行管理绩效打分是否正常
167	功能测试-管理绩效打分-管理绩效打分-副总经理进行管理绩效打分	CSYYMMXYZ0102022013	检测副总经理进行管理绩效打分是否正常
168	功能测试-管理绩效打分-管理绩效打分-无权限人员进行管理绩效打分	CSYYMMXYZ0102022014	检测无权限人员进行管理绩效打分是否正常
169	功能测试-管理绩效打分-管理绩效打分-取消打分	CSYYMMXYZ0102022015	检测取消打分是否正常
170	功能测试-管理绩效打分-管理绩效打分-同一用户多次打分	CSYYMMXYZ0102022016	检测同一用户多次打分是否正常
171	功能测试-管理绩效打分-管理绩效打分-异常打分	CSYYMMXYZ0102022017	检测异常打分是否正常
172	功能测试-管理绩效打分-管理绩效打分-正常输入个人任务绩效	CSYYMMXYZ0102022018	检测正常输入个人任务绩效是否能够提交
173	功能测试-管理绩效打分-管理绩效打分-异常输入个人任务绩效1	CSYYMMXYZ0102022019	检测异常输入个人任务绩效 1 是否能够正常提交
174	功能测试-管理绩效打分-管理绩效打分-异常输入个人任务绩效2	CSYYMMXYZ0102022020	检测异常输入个人任务绩效 2 是否能够正常提交
175	功能测试-管理绩效打分-管理绩效打分-同时提交多个人员个人任务绩效	CSYYMMXYZ0102022021	检测同时提交多个人员的个人任务绩效是否能够提交

续表

序号	用例名称	用例标识	用例描述
176	功能测试-管理绩效打分-管理绩效打分-同时添加多个相同人员个人任务绩效	CSYYMMXYZ0102022022	检测同时添加多个相同人员的个人任务绩效是否能够正常提交
177	功能测试-管理绩效打分-管理绩效打分-删除添加的个人任务绩效	CSYYMMXYZ0102022023	检测删除添加的个人任务绩效是否正常
178	功能测试-管理绩效打分-管理绩效打分-正常输入部门绩效	CSYYMMXYZ0102022024	检测正常输入部门绩效是否正常
179	功能测试-管理绩效打分-管理绩效打分-异常输入部门绩效	CSYYMMXYZ0102022025	检测异常输入部门绩效是否正常
180	功能测试-管理绩效打分-管理绩效打分-正常输入单位绩效	CSYYMMXYZ0102022026	检测正常输入单位绩效是否正常
181	功能测试-管理绩效打分-管理绩效打分-异常输入单位绩效	CSYYMMXYZ0102022027	检测异常输入单位绩效是否正常
182	功能测试-管理绩效打分-管理绩效打分-默认绩效输入	CSYYMMXYZ0102022028	检测默认绩效输入是否正常
183	功能测试-管理绩效打分-管理绩效打分-取消提交绩效	CSYYMMXYZ0102022029	检测取消提交绩效是否正常
184	功能测试-管理绩效打分-结果查询-打分期间结果查询	CSYYMMXYZ0102023001	检测在打分期间进行结果查询是否正常
185	功能测试-管理绩效打分-结果查询-查询期间结果查询	CSYYMMXYZ0102023002	检测在查询期间进行结果查询是否正常
186	功能测试-管理绩效打分-结果查询-无权限人员结果查询	CSYYMMXYZ0102023003	检测无权限人员进行结果查询是否正常
187	功能测试-管理绩效打分-结果查询-部门主任及副主任结果查询	CSYYMMXYZ0102023004	检测部门主任及副主任进行结果查询是否正常
188	功能测试-管理绩效打分-结果查询-行政助理进行结果查询	CSYYMMXYZ0102023005	检测行政助理进行结果查询是否正常
189	功能测试-管理绩效打分-结果查询-副总经理进行结果查询	CSYYMMXYZ0102023006	检测副总经理进行结果查询是否正常
190	功能测试-管理绩效打分-结果查询-总经理进行结果查询	CSYYMMXYZ0102023007	检测总经理进行结果查询是否正常
191	功能测试-经营数据查询-经营数据查询-总经理进行结果查询	CSYYMMXYZ0102024001	检测总经理进行月度经营数据查询能否正确
192	功能测试-经营数据查询-经营数据查询-项目部主任进行结果查询	CSYYMMXYZ0102024002	检测项目部主任进行月度经营数据查询能否正确
193	功能测试-经营数据查询-经营数据查询-无权限人员进行结果查询	CSYYMMXYZ0102024003	检测无权限人员进行月度经营数据查询能否正确

7.3.3 性能测试

性能测试主要对软件需求规格说明书中的性能需求逐项进行测试。

使用功能分解、等价类分析、场景法等方法设计的性能测试用例如表 7-47 所示。

表 7-47　性能测试用例

用例名称	用例标识	用例描述
20 名用户并发	CSYYMMXYZ0103001001	检测 20 名用户并发时是否能够正常运行

7.3.4　接口测试

接口测试是对软件需求规格说明书中的接口需求逐项进行的测试。使用功能分解、等价类分析、场景法等方法设计的接口测试用例如表 7-48 所示。

表 7-48　接口测试用例

序号	用例名称	用例标识	用例描述
1	接口测试-绩效输入接口-绩效输入界面接收	CSYYMMXYZ0104001001	测试行政助理账号权限的独有功能，绩效输入功能接口的实现与页面跳转是否满足需求
2	接口测试-查询汇总接口-查询汇总界面接收	CSYYMMXYZ0104002001	测试人力专员账号权限的独有功能，查询汇总功能接口的实现与页面跳转是否满足需求
3	接口测试-读取文本文件数据接口-按正确格式输入	CSYYMMXYZ0104003001	测试用户使用文本文件正确上传津贴时，读取文本文件数据接口的实现是否满足需求
4	接口测试-读取文本文件数据接口-文件中存在空格	CSYYMMXYZ0104003002	测试用户上传的文件中，正文前后存在空格时，读取文本文件数据接口的实现是否满足需求
5	接口测试-读取文本文件数据接口-文件中存在空行	CSYYMMXYZ0104003003	测试用户上传的文件中存在空行时，读取文本文件数据接口的实现是否满足需求
6	接口测试-读取文本文件数据接口-无提交津贴月报权限	CSYYMMXYZ0104004001	测试无提交津贴月报权限的用户上传文本文件时，系统能否检测出异常并给出相应提示
7	接口测试-读取文本文件数据接口-无提交津贴项目权限	CSYYMMXYZ0104004002	测试无提交该津贴项目权限的用户上传该项目津贴时，系统能否检测出异常并给出相应提示
8	接口测试-读取文本文件数据接口-未选择文件	CSYYMMXYZ0104004003	测试未选择文件直接单击“上传”按钮时，系统能否检测出异常并给出相应提示
9	接口测试-读取文本文件数据接口-选择非.txt 文本文件	CSYYMMXYZ0104004004	测试用户上传非文本文件时，系统能否检测出异常并给出相应提示

续表

序号	用例名称	用例标识	用例描述
10	接口测试-读取文本文件数据接口-修改非文本文件为.txt 文本文件	CSYYMMXYZ0104004005	测试用户将非文本文件修改为.txt 文件并上传时,系统能否检测出异常并给出相应提示
11	接口测试-读取文本文件数据接口-津贴项目未设置	CSYYMMXYZ0104004006	测试用户上传的文本文件中津贴项目为空时，系统能否检测出异常并给出相应提示
12	接口测试-读取文本文件数据接口-津贴项目错误	CSYYMMXYZ0104004007	测试用户上传的文本文件中津贴项目错误时，系统能否检测出异常并给出相应提示
13	接口测试-读取文本文件数据接口-部门错误	CSYYMMXYZ0104004008	测试用户上传的文本文件中部门错误时，系统能否检测出异常并给出相应提示
14	接口测试-读取文本文件数据接口-部门未输入	CSYYMMXYZ0104004009	测试用户上传的文本文件中部门为空时，系统能否检测出异常并给出相应提示
15	接口测试-读取文本文件数据接口-员工错误	CSYYMMXYZ0104004010	测试用户上传的文本文件中员工姓名错误时，系统能否检测出异常并给出相应提示
16	接口测试-读取文本文件数据接口-员工未输入	CSYYMMXYZ0104004011	测试用户上传的文本文件中员工姓名为空时，系统能否检测出异常并给出相应提示
17	接口测试-读取文本文件数据接口-员工重复输入	CSYYMMXYZ0104004012	测试用户上传的文本文件中同一员工多次出现时，系统能否检测出异常并给出相应提示
18	接口测试-读取文本文件数据接口-金额错误	CSYYMMXYZ0104004013	测试用户上传的文本文件中金额错误时，系统能否检测出异常并给出相应提示
19	接口测试-读取文本文件数据接口-金额未输入	CSYYMMXYZ0104004014	测试用户上传的文本文件中金额为空时，系统能否检测出异常并给出相应提示
20	接口测试-读取文本文件数据接口-输入多个金额	CSYYMMXYZ0104004015	测试用户上传的文本文件中一条记录包含多个金额时，系统能否检测出异常并给出相应提示
21	接口测试-读取文本文件数据接口-非实习员工	CSYYMMXYZ0104004016	测试用户为非实习员工时上传实习补助，系统能否检测出异常并给出相应提示
22	接口测试-读取文本文件数据接口-非 Tab 分隔	CSYYMMXYZ0104004017	测试用户上传的文本文件中部门、员工、金额不以 Tab 键分隔时，系统能否检测出异常并给出相应提示

7.3.5 人机交互界面测试

人机交互界面测试主要对软件测试需求规格说明书中的人机交互界面需求逐项进行测试，测试内容包括：

（1）以非常规操作、误操作、快速操作来检验人机界面的健壮性；

（2）测试对错误指令或非法数据输入的检测能力与提示情况；

（3）测试对错误操作流程的检测与提示；

（4）对照用户手册或操作手册逐条进行操作和观察。

使用功能分解、等价类分析、场景法等方法设计的人机交互界面测试用例如表7-49所示。

表7-49 人机交互界面测试用例

序号	用例名称	用例标识	用例描述
1	人机交互界面测试-登录-主要界面	CSYYMMXYZ0105001001	检测“用户登录”界面的完整性和合理性
2	人机交互界面测试-登录-界面显示	CSYYMMXYZ0105001002	检测“用户登录”界面的完整性和合理性
3	人机交互界面测试-登录-界面操作	CSYYMMXYZ0105001003	检测“用户登录”界面的完整性和合理性
4	人机交互界面测试-登录-界面操作流程	CSYYMMXYZ0105001004	检测“用户登录”界面的完整性和合理性
5	人机交互界面测试-登录-异常关键操作	CSYYMMXYZ0105001005	检测“用户登录”界面的完整性和合理性
6	人机交互界面测试-查询我的个人绩效-主要界面	CSYYMMXYZ0105002001	检测“查询我的个人绩效”界面的完整性和合理性
7	人机交互界面测试-查询我的个人绩效-界面显示	CSYYMMXYZ0105002002	检测“查询我的个人绩效”界面的完整性和合理性
8	人机交互界面测试-查询我的个人绩效-界面操作	CSYYMMXYZ0105002003	检测“查询我的个人绩效”界面的完整性和合理性
9	人机交互界面测试-查询我的个人绩效-界面操作流程	CSYYMMXYZ0105002004	检测“查询我的个人绩效”界面的完整性和合理性
10	人机交互界面测试-查询我的个人绩效-异常关键操作	CSYYMMXYZ0105002005	检测“查询我的个人绩效”界面的完整性和合理性
11	人机交互界面测试-提交津贴月报-主要界面	CSYYMMXYZ0105003001	检测“提交津贴月报”界面的完整性和合理性
12	人机交互界面测试-提交津贴月报-界面显示	CSYYMMXYZ0105003002	检测“提交津贴月报”界面的完整性和合理性
13	人机交互界面测试-提交津贴月报-界面操作	CSYYMMXYZ0105003003	检测“提交津贴月报”界面的完整性和合理性

续表

序号	用例名称	用例标识	用例描述
14	人机交互界面测试-提交津贴月报-界面操作流程	CSYYMMXYZ0105003004	检测“提交津贴月报”界面的完整性和合理性
15	人机交互界面测试-提交津贴月报-异常关键操作	CSYYMMXYZ0105003005	检测“提交津贴月报”界面的完整性和合理性
16	人机交互界面测试-管理绩效打分-主要界面	CSYYMMXYZ0105004001	检测“管理绩效打分”界面的完整性和合理性
17	人机交互界面测试-管理绩效打分-界面显示	CSYYMMXYZ0105004002	检测“管理绩效打分”界面的完整性和合理性
18	人机交互界面测试-管理绩效打分-界面操作	CSYYMMXYZ0105004003	检测“管理绩效打分”界面的完整性和合理性
19	人机交互界面测试-管理绩效打分-界面操作流程	CSYYMMXYZ0105004004	检测“管理绩效打分”界面的完整性和合理性
20	人机交互界面测试-管理绩效打分-异常操作	CSYYMMXYZ0105004005	检测“管理绩效打分”界面的完整性和合理性
21	人机交互界面测试-修改登录密码界面-主要界面	CSYYMMXYZ0105005001	检测“修改登录密码”界面的完整性和合理性
22	人机交互界面测试-修改登录密码界面-界面显示	CSYYMMXYZ0105005002	检测“修改登录密码”界面的完整性和合理性
23	人机交互界面测试-修改登录密码界面-界面操作	CSYYMMXYZ0105005003	检测“修改登录密码”界面的完整性和合理性
24	人机交互界面测试-修改登录密码界面-界面操作流程	CSYYMMXYZ0105005004	检测“修改登录密码”界面的完整性和合理性
25	人机交互界面测试-修改登录密码界面-异常操作	CSYYMMXYZ0105005005	检测“修改登录密码”界面的完整性和合理性

7.3.6 强度测试

强度测试是强制软件运行 3 小时，检查系统是否能正常使用的测试。

使用功能分解、等价类分析、场景法等方法设计的强度测试用例如表 7-50 所示。

表 7-50 强度测试用例

用例名称	用例标识	用例描述
持续运行 3 小时	CSYYMMXYZ0106001001	检测软件持续运行 3 小时后系统是否能正常使用

7.3.7 余量测试

余量测试主要对软件需求规格说明书中的性能需求逐项进行测试，检查是否达到 20%的余量。

使用功能分解、等价类分析、场景法等方法设计的余量测试用例如表 7-51 所示。

表 7-51 余量测试用例

用例名称	用例标识	用例描述
24 名用户并发	CSYYMMXYZ0107001001	检测 24 名用户并发时是否满足系统的余量要求

7.3.8 安全性测试

安全性测试检验软件中已存在的安全性、安全保密性措施是否有效。

使用功能分解、等价类分析、场景法等方法设计的安全性测试用例如表 7-52 所示。

表 7-52 安全性测试用例

序号	用例名称	用例标识	用例描述
1	安全性测试-用户登录-首次登录	CSYYMMXYZ0108001001	检测用户首次登录时是否修改登录密码
2	安全性测试-误操作-未保存退出	CSYYMMXYZ0108002001	检测软件在操作过程中退出是否有提示信息

7.3.9 恢复性测试

恢复性测试主要检测该软件在网络中断后系统重启动并继续提供服务的能力是否满足需求规格说明书的要求。

使用功能分解、等价类分析、场景法等方法设计的恢复性测试用例如表 7-53 所示。

表 7-53　恢复性测试用例

用例名称	用例标识	用例描述
恢复性测试-网络中断	CSYYMMXYZ0109001001	检测软件在网络中断后系统重启动并继续提供服务的能力是否满足需求规格说明书的要求

7.3.10　边界测试

边界测试主要对软件测试需求规格说明书中的边界测试需求逐项进行测试，测试内容包括：

（1）软件输入域或输出域的内边界和外边界的测试；

（2）状态转换的边界或端点的测试；

（3）功能界限的边界或端点的测试。

使用边界值法设计的边界测试用例如表 7-54 所示。

表 7-54　边界测试用例

序号	用例名称	用例标识	用例描述
1	工作态度正常时的上边界值 1	CSYYMMXYZ0110001001	检测工作态度正常时的上边界 1 是否正常
2	工作态度正常时的上边界值 2	CSYYMMXYZ0110001002	检测工作态度正常时的上边界 2 是否正常
3	工作态度异常时的上边界值	CSYYMMXYZ0110001003	检测工作态度异常时的上边界是否正常
4	工作态度正常时的下边界值 1	CSYYMMXYZ0110001004	检测工作态度正常时的下边界 1 是否正常
5	工作态度正常时的下边界值 2	CSYYMMXYZ0110001005	检测工作态度正常时的下边界 2 是否正常
6	工作态度异常时的下边界值	CSYYMMXYZ0110001006	检测工作态度异常时的下边界是否正常
7	响应速度正常时的上边界值 1	CSYYMMXYZ0110001007	检测响应速度正常时的上边界 1 是否正常
8	响应速度正常时的上边界值 2	CSYYMMXYZ0110001008	检测响应速度正常时的上边界 2 是否正常
9	响应速度异常时的上边界值	CSYYMMXYZ0110001009	检测响应速度异常时的上边界是否正常
10	响应速度正常时的下边界值 1	CSYYMMXYZ0110001010	检测响应速度正常时的下边界 1 是否正常
11	响应速度正常时的下边界值 2	CSYYMMXYZ0110001011	检测响应速度正常时的下边界 2 是否正常
12	响应速度异常时的下边界值	CSYYMMXYZ0110001012	检测响应速度异常时的下边界是否正常
13	执行效果正常时的上边界值 1	CSYYMMXYZ0110001013	检测执行效果正常时的上边界 1 是否正常
14	执行效果正常时的上边界值 2	CSYYMMXYZ0110001014	检测执行效果正常时的上边界 2 是否正常
15	执行效果异常时的上边界值	CSYYMMXYZ0110001015	检测执行效果异常时的上边界是否正常
16	执行效果正常时的下边界值 1	CSYYMMXYZ0110001016	检测执行效果正常时的下边界 1 是否正常
17	执行效果正常时的下边界值 2	CSYYMMXYZ0110001017	检测执行效果正常时的下边界 2 是否正常
18	执行效果异常时的下边界值	CSYYMMXYZ0110001018	检测执行效果异常时的下边界是否正常
19	加权得分正常时的上边界值 1	CSYYMMXYZ0110001019	检测加权得分正常时的上边界 1 是否正常
20	加权得分正常时的上边界值 2	CSYYMMXYZ0110001020	检测加权得分正常时的上边界 2 是否正常
21	加权得分异常时的上边界值	CSYYMMXYZ0110001021	检测加权得分异常时的上边界是否正常

续表

序号	用例名称	用例标识	用例描述
22	加权得分正常时的下边界值 1	CSYYMMXYZ0110001022	检测加权得分正常时的下边界 1 是否正常
23	加权得分正常时的下边界值 2	CSYYMMXYZ0110001023	检测加权得分正常时的下边界 2 是否正常
24	加权得分异常时的下边界值	CSYYMMXYZ0110001024	检测加权得分异常时的下边界是否正常

7.3.11 数据处理测试

数据处理测试主要对软件中专门数据处理功能进行测试。

使用功能分解、等价类分析、场景法等方法设计的数据处理测试用例如表 7-55 所示。

表 7-55 数据处理测试用例

序号	用例名称	用例标识	用例描述
1	数据处理测试-数据采集功能	CSYYMMXYZ0111001001	检测数据采集功能是否正常
2	数据处理测试-数据精准性	CSYYMMXYZ0111002001	检测数据精准性是否正常

7.3.12 安装性测试

安装性测试主要对软件的安装过程是否符合安装规程进行测试，包括：

（1）不同配置下的安装和卸载测试；

（2）安装规程的正确性测试。

使用功能分解法设计的安装性测试用例如表 7-56 所示。

表 7-56 安装性测试用例

序号	用例名称	用例标识	用例描述
1	安装 Microsoft SQL Server 2012	CSYYMMXYZ0112001001	检测软件是否能够在服务器端正常安装 Microsoft SQL Server 2012
2	安装 IIS	CSYYMMXYZ0112001002	检测软件是否能够在服务器端正常安装 IIS
3	安装 Internet Explorer 8.0	CSYYMMXYZ0112002001	检测软件是否能够在客户端正常安装 Internet Explorer 8.0
4	安装 Chrome 66	CSYYMMXYZ0112002002	检测软件是否能够在客户端正常安装 Chrome 66
5	安装 Firefox 59	CSYYMMXYZ0112002003	检测软件是否能够在客户端正常安装 Firefox 59

7.3.13 容量测试

容量测试检验软件的用户并发的最大负载数最高能达到什么程度。

使用功能分解、等价类分析、场景法等方法设计的容量测试用例如表 7-57 所示。

表 7-57 容量测试用例

用例名称	用例标识	用例描述
用户最大负载量	CSYYMMXYZ0113001001	检测用户并发的最大负载数是否满足要求

7.3.14 兼容性测试

兼容性测试主要验证被测软件与其他软件的兼容性。

使用功能分解、等价类分析、场景法等方法设计的兼容性测试用例如表 7-58 所示。

表 7-58 兼容性测试用例

序号	用例名称	用例标识	用例描述
1	Internet Explorer 8.0 浏览器	CSYYMMXYZ0114001001	检测软件是否兼容 Internet Explorer 8.0 浏览器
2	Chrome 66 浏览器	CSYYMMXYZ0114001002	检测软件是否兼容 Chrome 66 浏览器
3	Firefox 59 浏览器	CSYYMMXYZ0114001003	检测软件是否兼容 Firefox 59 浏览器
4	版本升级	CSYYMMXYZ0114002001	检测软件升级后，能否继续使用低版本使用过的数据
5	与质量管理系统共同运行	CSYYMMXYZ0114003001	检测软件是否能够与质量管理系统共同正常运行

7.4 测试执行

按照测试说明执行，记录测试结果和问题，因篇幅限制，本节主要描述测试中发现的具体问题，包括严重问题和一般问题。

7.4.1 严重问题

严重问题如表 7-59 和表 7-60 所示。

表 7-59 提交津贴月报不选择部门，系统显示服务器错误

<table>
<tr><td colspan="2">问题标识</td><td>BGYYMMXYZ0201</td><td>报告日期</td><td colspan="2">XXXX-MM-DD</td><td>报告人</td><td>SJRY</td></tr>
<tr><td rowspan="2">问题性质</td><td>类别</td><td>程序问题☑</td><td colspan="2">文档问题□</td><td colspan="2">设计问题□</td><td>其他问题□</td></tr>
<tr><td>级别</td><td>致命问题□</td><td colspan="2">严重问题☑</td><td colspan="2">一般问题□</td><td>轻微问题□</td></tr>
<tr><td colspan="2">问题追踪</td><td colspan="6">CSYYMMXYZ0102007008：功能测试-提交津贴月报-添加实习补助-不选择部门
CSYYMMXYZ0102008008：功能测试-提交津贴月报-添加差旅补助-不选择部门
CSYYMMXYZ0102009008：功能测试-提交津贴月报-添加值班费-不选择部门
CSYYMMXYZ0102010008：功能测试-提交津贴月报-添加研发创新基金津贴-不选择部门
CSYYMMXYZ0102011008：功能测试-提交津贴月报-添加保密津贴-不选择部门
CSYYMMXYZ0102012008：功能测试-提交津贴月报-添加其他-不选择部门
CSYYMMXYZ0102013008：功能测试-提交津贴月报-添加项目提成奖励-不选择部门
CSYYMMXYZ0102015008：功能测试-提交津贴月报-添加重点产品线的产品经理津贴-不选择部门
CSYYMMXYZ0102016008：功能测试-提交津贴月报-添加重点产品线的销售经理津贴-不选择部门
CSYYMMXYZ0102017008：功能测试-提交津贴月报-添加激励基金-不选择部门
CSYYMMXYZ0102018008：功能测试-提交津贴月报-添加职称及职业资格奖励-不选择部门</td></tr>
<tr><td colspan="8">问题描述：
单击“提交津贴月报”按钮，在“请选择部门”下拉列表中不选择部门，系统显示服务器错误
注：系统涉及此下拉列表的功能均存在此问题</td></tr>
</table>

"/"应用程序中的服务器错误。

运行时错误

说明：服务器上出现应用程序错误，此应用程序的当前自定义错误设置禁止远程查看应用程序错误的详细信息（出于安全原因）。但可以通过在本地服务器计算机上运行的浏览器查看。

详细信息：若要使他人能够在远程计算机上查看此特定错误消息的详细信息，则请在位于当前 Web 应用程序根目录下的“web.config”配置文件中创建一个<customErrors>标记，应将此<customErrors>标记的“mode”特性设置为“off”。

```
<!-- Web.Config 配置文件 -->

<configuration>
    <system.web>
        <customErrors mode="Off"/>
    </system.web>
</configuration>
```

通过修改应用程序的<customErrors>配置标记的“defaultRedirect”特性，使之指向自定义错误页的 URL，可以用自定义错误页替换所看到的当前错误页

```
<!-- Web.Config 配置文件 -->

<configuration>
    <system.web>
        <customErrors mode="RemoteOnly" defaultRedirect="mycustompage.htm"/>
    </system.web>
</configuration>
```

表 7-60 提交津贴月报-无添加销售提成功能

问题标识		BGYYMMXYZ0202	报告日期	XXXX-MM-DD	报告人	SJRY
问题性质	类别	程序问题☑	文档问题☐	设计问题☐	其他问题☐	
	级别	致命问题☐	严重问题☑	一般问题☐	轻微问题☐	
问题追踪		CSYYMMXYZ0102014001：功能测试-提交津贴月报-添加销售提成				
问题描述： 项目和知识管理部用户登录系统，单击“提交津贴月报”按钮后，无添加销售提成功能						

7.4.2 一般问题

一般问题如表 7-61～表 7-64 所示。

表 7-61 提交津贴月报-实习补助金额框输入负数时添加成功

问题标识		BGYYMMXYZ0203	报告日期	XXXX-MM-DD	报告人	SJRY
问题性质	类别	程序问题☑	文档问题☐	设计问题☐	其他问题☐	
	级别	致命问题☐	严重问题☐	一般问题☑	轻微问题☐	
问题追踪		CSYYMMXYZ0102007007：功能测试-提交津贴月报-添加实习补助-金额为负数 CSYYMMXYZ0102008007：功能测试-提交津贴月报-添加差旅补助-金额为负数 CSYYMMXYZ0102009007：功能测试-提交津贴月报-添加值班费-金额为负数 CSYYMMXYZ0102010007：功能测试-提交津贴月报-添加研发创新基金津贴-金额为负数 CSYYMMXYZ0102011007：功能测试-提交津贴月报-添加保密津贴-金额为负数 CSYYMMXYZ0102012007：功能测试-提交津贴月报-添加其他-金额为负数 CSYYMMXYZ0102013007：功能测试-提交津贴月报-添加项目提成奖励-金额为负数 CSYYMMXYZ0102015007：功能测试-提交津贴月报-添加重点产品线-产品经理津贴-金额为负数 CSYYMMXYZ0102016007：功能测试-提交津贴月报-添加重点产品线-销售经理津贴-金额为负数 CSYYMMXYZ0102017007：功能测试-提交津贴月报-添加激励基金-金额为负数 CSYYMMXYZ0102018007：功能测试-提交津贴月报-添加职称及职业资格奖励-金额为负数					
问题描述： 在提交津贴月报功能下的金额框中，输入负数，可以正常地添加实习补助金额						

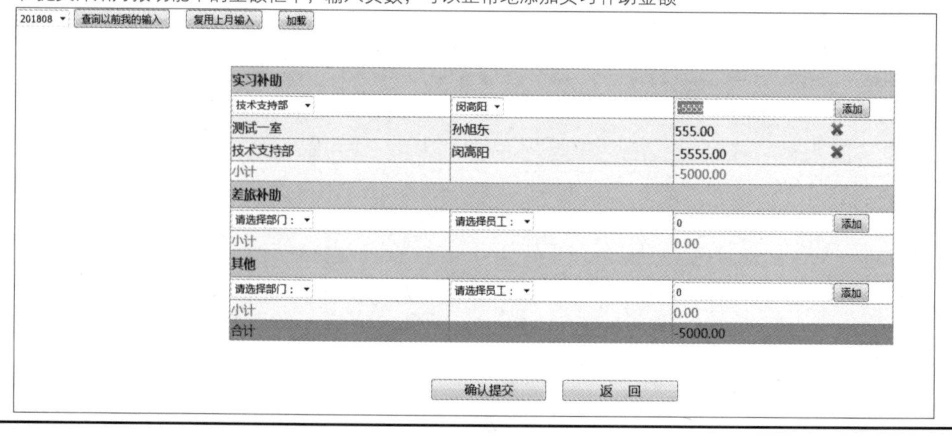

表 7-62 取消修改密码软件应返回到主界面

<table>
<tr><td colspan="2">问题标识</td><td>BGYYMMXYZ0204</td><td>报告日期</td><td>XXXX-MM-DD</td><td>报告人</td><td>SJRY</td></tr>
<tr><td rowspan="2">问题性质</td><td>类别</td><td>程序问题☑</td><td colspan="2">文档问题□</td><td>设计问题□</td><td>其他问题□</td></tr>
<tr><td>级别</td><td>致命问题□</td><td colspan="2">严重问题□</td><td>一般问题☑</td><td>轻微问题□</td></tr>
<tr><td colspan="2">问题追踪</td><td colspan="5">CSYYMMXYZ0102003007：功能测试-登录与注销-修改登录密码-取消修改密码</td></tr>
<tr><td colspan="7">问题描述：
登录系统，进入修改密码页面，输入新密码“1”，单击“退出”按钮，软件未退出到主界面，直接退出到登录界面</td></tr>
</table>

表 7-63 缩放浏览器后主界面的文字重叠

<table>
<tr><td colspan="2">问题标识</td><td>BGYYMMXYZ0501</td><td>报告日期</td><td>XXXX-MM-DD</td><td>报告人</td><td>SJRY</td></tr>
<tr><td rowspan="2">问题性质</td><td>类别</td><td>程序问题☑</td><td colspan="2">文档问题□</td><td>设计问题□</td><td>其他问题□</td></tr>
<tr><td>级别</td><td>致命问题□</td><td colspan="2">严重问题□</td><td>一般问题☑</td><td>轻微问题□</td></tr>
<tr><td colspan="2">问题追踪</td><td colspan="5">CSYYMMXYZ010500101：人机交互界面测试-登录-主界面</td></tr>
<tr><td colspan="7">问题描述：
缩放浏览器，主界面的文字重叠</td></tr>
</table>

表 7-64 “查询我的个人绩效”界面中部分表格不显示

<table>
<tr><td colspan="2">问题标识</td><td>BGYYMMXYZ0502</td><td>报告日期</td><td>XXXX-MM-DD</td><td>报告人</td><td>SJRY</td></tr>
<tr><td rowspan="2">问题性质</td><td>类别</td><td>程序问题☑</td><td colspan="2">文档问题□</td><td>设计问题□</td><td>其他问题□</td></tr>
<tr><td>级别</td><td>致命问题□</td><td colspan="2">严重问题□</td><td>一般问题☑</td><td>轻微问题□</td></tr>
<tr><td colspan="2">问题追踪</td><td colspan="5">CSYYMMXYZ0105002002：人机交互界面测试-“查询我的个人绩效”界面-界面显示</td></tr>
<tr><td colspan="7">问题描述/影响分析：
“查询我的个人绩效”界面中部分表格不显示</td></tr>
</table>

7.5 测试总结

根据测试记录和问题，对测试工作进行总结，因篇幅限制，本节主要描述测试结果、评价结论与改进意见。

7.5.1 测试结果

测试结果描述了测试用例的执行情况、软件问题、软件问题概述、遗留问题分析。

7.5.1.1 测试用例的执行情况

本次测试执行两轮，首轮测试执行了设计的全部测试用例，共 286 个。回归测试采用执行全部测试用例的测试策略。

首轮测试和回归测试的测试用例执行结果如表 7-65 所示。

表 7-65 首轮测试和回归测试的测试用例执行结果

序号	测 试 阶 段	用 例 总 数	执行用例总数	未执行用例数
1	首轮测试	286	286	0
2	回归测试	286	286	0

1．测试用例执行情况统计

两轮测试用例执行情况如表 7-66 所示，通过率为测试用例通过数占执行用例总数的百分比。

表 7-66 两轮测试用例执行情况

系统名称	首轮测试用例			回归测试用例		
	执行数	通过数	通过率	执行数	通过数	通过率
SDRC 绩效考核评测系统软件	286	260	90.91%	286	286	100%

2．按测试类型统计测试用例执行情况

按测试类型统计测试用例执行结果如表 7-67 所示，通过率为测试用例通过数占执行用例总数的百分比。

表 7-67 按测试类型统计测试用例执行结果

序号	测试类型	首轮测试用例			回归测试用例		
		执行数	通过数	通过率	执行数	通过数	通过率
1	文档审查	3	3	100%	3	3	100%
2	功能测试	193	169	88.09%	193	193	100%
3	性能测试	1	1	100%	1	1	100%
4	接口测试	22	22	100%	22	22	100%
5	人机交互界面测试	25	23	92.00%	25	25	100%

续表

序号	测试类型	首轮测试用例			回归测试用例		
		执行数	通过数	通过率	执行数	通过数	通过率
6	强度测试	1	1	100%	1	1	100%
7	余量测试	1	1	100%	1	1	100%
8	安全性测试	2	2	100%	2	2	100%
9	恢复性测试	1	1	100%	1	1	100%
10	边界测试	24	24	100%	24	24	100%
11	数据处理测试	2	2	100%	2	2	100%
12	安装性测试	5	5	100%	5	5	100%
13	容量测试	1	1	100%	1	1	100%
14	兼容性测试	5	5	100%	5	5	100%
	总计	286	260	90.91%	286	286	100%

7.5.1.2 软件问题

两轮测试中共发现 6 个问题。

1. 按测试轮次统计

测试问题按测试轮次统计如表 7-68 所示。

表 7-68 测试问题按测试轮次统计

序号	测试阶段	新增问题	遗留问题	总计
1	首轮测试	6	0	6
2	回归测试	0	0	0

2. 按问题级别统计

测试问题按问题级别统计如表 7-69 所示。

表 7-69 测试问题按问题级别统计

问题级别	测试阶段		合计
	首轮测试	回归测试	
致命问题	0	0	0
严重问题	2	0	2
一般问题	4	0	4
轻微问题	0	0	0
合计	6	0	6

3. 按测试类型统计

测试问题按测试类型统计如表 7-70 所示。

表 7-70 测试问题按测试类型统计

序号	测试类型	测试阶段		合计
		首轮测试	回归测试	
1	文档审查	0	0	0
2	功能测试	4	0	4
3	性能测试	0	0	0
4	接口测试	0	0	0
5	人机交互界面测试	2	0	2
6	强度测试	0	0	0
7	余量测试	0	0	0
8	安全性测试	0	0	0
9	恢复性测试	0	0	0
10	边界测试	0	0	0
11	数据处理测试	0	0	0
12	安装性测试	0	0	0
13	容量测试	0	0	0
	总计	6	0	6

7.5.1.3 软件问题概述

软件测试过程中一共发现 6 个软件问题。软件问题主要表现在功能测试、人机交互界面测试方面，详细问题描述及处理结果见“SDRC 绩效考核评测系统软件测试问题报告”。软件各类型问题的主要表现形式如下。

（1）功能问题主要表现在软件部分功能未正确实现，如在“提交津贴月报”界面中“添加销售提成”功能未实现。

（2）人机交互界面的问题主要表现在软件界面显示不正确和界面风格不一致，如“查询我的个人绩效”界面中，部分表格不显示。

软件测试问题单提交至承研方之后，得到了承研方的高度重视，并及时组织人员进行了修改。经过两轮测试后，最终无遗留问题。

7.5.1.4 遗留问题分析

无遗留问题。

7.5.2 评价结论与改进意见

本节描述了评价结论和改进建议。

7.5.2.1 评价结论

依据“SDRC 绩效考核评测系统软件测试大纲”的测试要求，软件测试中心对 SDRC 绩效考核评测系统软件 V1.0/V2.0 进行了系统测试，测试类型包括文档审查、功能测试、人机交互界面测试、接口测试、边界测试、安装性测试、安全性测试、性能测试、余量测试、强度测试、数据处理测试、容量测试、兼容性测试。

测试结果表明，SDRC 绩效考核评测系统软件 V2.0 满足软件需求规格说明书中规定的各项功能、性能等指标要求。系统运行稳定、界面友好，文档内容与格式符合委托方的规定，所有软件问题均得到有效处理，符合“SDRC 绩效考核评测系统软件测试大纲”规定的通过准则，即通过软件测试。

7.5.2.2 改进建议

（1）优化系统软件界面，提升用户体验；

（2）增强系统运行的稳定性。

参考文献

[1] Ron Patton. 软件测试[M]. 2 版. 张小松，王钰，曹越，译. 北京：机械工业出版社，2006.

[2] Glenford J. Myers，Tom Badgett. 软件测试的艺术[M]. 3 版. 张晓明，黄琳，译. 北京：机械工业出版社，2012.

[3] 朱少民. 软件测试方法和技术[M]. 2 版. 北京：清华大学出版社，2014.

[4] Ian Sommerville. 软件工程[M]. 10 版. 赵鑫，赵文耘，等译. 北京：机械工业出版社，2018.

[5] 朱少民. 全程软件测试[M]. 3 版. 北京：人民邮电出版社，2019.

[6] 郑人杰，马素霞. 软件工程概论[M]. 3 版. 北京：机械工业出版社，2019.

[7] 中国国家标准化管理委员会. 信息技术 软件工程术语：GB/T 11457—2006[S]. 北京：中国标准出版社，2006.

[8] 中国国家标准化管理委员会. 计算机软件测试规范：GB/T 15532—2008[S]. 北京：中国标准出版社，2008.

[9] 中国国家标准化管理委员会. 软件工程 软件评审与审核：GB/T 32421—2015[S]. 北京：中国标准出版社，2015.

[10] 中国国家标准化管理委员会. 软件工程 软件异常分类指南：GB/T 32422—2015[S]. 北京：中国标准出版社，2015.

[11] 中国国家标准化管理委员会. 检测和校准实验室能力的通用要求：GB/T 27025—2019[S]. 北京：中国标准出版社，2019.

[12] 中国国家标准化管理委员会. 系统与软件工程 系统与软件质量要求和评价（SQuaRE）第 10 部分：系统与软件质量模型：GB/T 25000.10—2016[S]. 北京：中国标准出版社，2016.

[13] 中国国家标准化管理委员会. 系统与软件工程 系统与软件质量要求和评价（SQuaRE）第 51 部分：就绪可用软件产品（RUSP）的质量要求和测试细则：GB/T 25000.51—2016[S]. 北京：中国标准出版社，2016.

[14] 中国国家标准化管理委员会. 系统与软件工程 软件测试 第 1 部分：概念和定义：GB/T 38634.1—2020[S]. 北京：中国标准出版社，2020.

[15] 中国国家标准化管理委员会. 系统与软件工程 软件测试 第 2 部分：测试过程：GB/T 38634.2—2020[S]. 北京：中国标准出版社，2020.

[16] 中国国家标准化管理委员会. 系统与软件工程 软件测试 第 3 部分：测试文档：GB/T 38634.3—2020[S]. 北京：中国标准出版社，2020.

[17] 中国国家标准化管理委员会. 系统与软件工程 软件测试 第 4 部分：测试技术：GB/T 38634.4—2020[S]. 北京：中国标准出版社，2020.

反侵权盗版声明

举报电话：（010）88254396；（010）88258888
传　　真：（010）88254397
E-mail：　dbqq@phei.com.cn
通信地址：北京市万寿路 173 信箱
　　　　　电子工业出版社总编办公室
邮　　编：100036